高等职业教育土建施工类专业"立体化"系列教材

建筑工程项目管理与实务学生学习手册

主　编　李君宏　　马俊文
副主编　邵海东　　陶　晖
　　　　杨艳凤　　程玉强

前　言

　　本系列教材依据高职院校的办学宗旨和办学理念,结合高职高专院校土建施工类专业人才培养需求,以"教、学、做"模式为手段,以"图""册""库""教本"为组成元素,以强化学生实践操作能力和职业能力为核心目的编写而成。"立体化"教材的开发和使用将带动土建施工类专业课程的调整与建设,引导课程内容改革,促进"理实一体化"教学模式的建设。

　　本课程"立体化"教材由本课程的教师教学手册、学生学习手册、《建筑工程技术专业核心课实训导图》、本课程教学资源库及教本五部分组成。本课程教本是该课程"立体化"教材的一个组成元素,是教师教学和学生学习过程中的主要学习工具和参考资料。以课程教本内容为依据,以教师教学手册为指导,在《建筑工程技术专业核心课实训导图》的驱动下,依托本课程教学资源库,完成学生学习手册中的学习任务。将五部分内容紧密结合起来,完成本课程的教学任务,真正实现"做中学、学中做",达到培养高水平技能应用型人才的目的。

　　本手册由李君宏、马俊文担任主编,邵海东、陶晖、杨艳凤、程玉强担任副主编。具体编写分工如下:李君宏编写情境二,马俊文编写情境八、情境九,邵海东编写情境七,陶晖编写情境四、情境六,杨艳凤编写情境三、情境五,程玉强编写情境一、情境十。全手册由李君宏负责统稿。

编　者

2017 年 8 月

学生学习任务导航

依据本课程教学内容,以及课程教学中每个情境或模块的核心知识和关键技能拟订学生学习手册,包括课程理论知识的掌握程度、单项能力考查及实操训练。采用"填空""选择""判断""分析""识图""绘图""简答"等多种形式,协助学生系统地掌握本课程的相关知识。

工作思路:倡导团队协同工作、分组考查、学生互评、教师总评的工作和效果考评理念。

工作手段:将授课班级分组,每组4~6人,每组选出一名学生担任组长,每次任务要抓住内容的基本知识点、核心知识点及拓展知识点,以简答、绘图、改错、计算及案例等多种形式拟订学生学习的考核内容。

工作成果:以学生学习手册为载体,分组完成每个情境或模块的学习任务,课堂分组讨论完成核心知识点和核心技能点的任务,课后完成基本知识点和拓展知识点的相关任务,每个任务利用1~2个课时完成学生学习任务成果互评工作。

成果评价:教师在每组随机抽取一本作业批阅,写出评语,随机提问掌握每组的团队合作情况和全员参与情况。结合学生学习手册中的教师评价标准和学生互评标准给出每组的综合成绩。

工作延伸:学生学习手册后可附与本课程紧密相关的规范及相关资料,课后学生按照本课程提供的教学资源库完成拓展技能实训。

目　录

情境一 概 述

一题一进步

学生学习任务(一)

课程名称:建筑工程项目管理与实务 专业: 授课教师:

课程内容	情境一 概 述	日期	
任务题目			

一、理论问答题

(一)基础知识题

1.简述一般工程项目的基本特征。

2.工程项目投资建设周期可划分为哪几个阶段?

3.简述业主方管理模式的优缺点。

4.简述项目管理规划大纲和项目管理规划文件的内容。

(二)核心知识题

1.简述工程项目的阶段划分。

2.简述工程项目管理的概念、任务及内涵。

3.简述施工方在项目实施阶段的主要任务。

4.简述政府管理的作用。

5.项目管理规划文件有哪两类?

(三)拓展知识题

1.简述建筑工程管理的现状。

2.简述政府对项目的管理的特点。

3.简述银行对项目的管理。

4.简述工程项目融资管理模式。

二、实务操练题

（一）实训目标

1.大致了解本教材的内容。

2.让学生了解各参与方及其各自承担的主要任务。

3.熟悉项目管理规范相关内容。

（二）实训内容

1.粗略翻阅教材，对本课程内容有总体上的认识（以提问的形式了解学生的认识）。

2.根据课堂学习的内容，让学生讨论各参与方涉及项目管理的客体（学生讨论完选举代表回答）。

3.让学生说出印象最深刻的管理模式，并说出其使用范围。

4.让学生查阅项目管理规范中项目管理规划的内容，并解读重点条目。

三、附加题

1.下列项目中，属于工程项目的是（　　　）。

A.一次载人飞船发射　　　　　　　　B.“五个一”工程

C.开发一个软件　　　　　　　　　　D.京沪快速铁路建设

2.下列项目中，能称为工程项目的有（　　　）。

A.大型国产新飞机研制项目

B.“神舟六号”发射项目

C.国家体育场建设项目

D.武广铁路客运专线建设项目

E.国庆 60 周年阅兵项目

3.每个工程项目都有确定的起点和终点，这是工程项目的（　　　）特征。

A.唯一性　　　　　B.一次性　　　　　C.目的性　　　　　D.同一性

4.工程项目的决策阶段包括（　　　）。

A.可行性研究　　　　　　　　　　　B.项目建议书

C.初步设计　　　　　　　　　　　　D.技术设计

5.投资少、利益大、时间短、质量合格，这是（　　　）对工程项目的要求和期望。

A.项目业主　　　　B.咨询机构　　　　C.金融机构　　　　D.政府部门

6. 在工程设计过程中最有可能对项目的"可施工性"考虑不够,不利于总投资控制的项目管理模式是(　　)。

    A. 项目管理承包模式(PMC)　　　　　　B. 设计-采购-施工模式(EPC)

    C. 设计-招投标-建造模式(DBB)　　　　　D. 建筑工程管理模式(CM)

7. 政府对项目管理的特点不包括(　　)。

    A. 行政权威性　　　　　　　　　　　　B. 法律严肃性

    C. 手段多样性　　　　　　　　　　　　D. 保证项目盈利性

8. 政府对重要资源的管理包括(　　)。

    A. 土地资源　　　　　B. 自然资源　　　　　C. 外汇　　　　　D. 网络资源

9. 需要审批的工程项目,项目业主完成项目环境影响评价工作的时间应在(　　)。

    A. 报送项目建议书前

    B. 报送可行性研究报告前

    C. 项目开工前

    D. 可行性研究报告批准后,进行初步设计前

小组成员 (姓名、学号)		组号	
		组长	

学生学习任务(一)评价标准及评语

评价标准			
理论知识训练			实务操练
★ 基础知识	★ 核心知识	拓展知识	（50分）
（15分）	（25分）	（10分）	
评语			
授课教师 评语			
			教师签名：

情境二 建筑工程项目前期策划

一题一进步

学生学习任务(二)

课程名称:建筑工程项目管理与实务 专业: 授课教师:

课程内容	情境二 建筑工程项目前期策划	日期	
任务题目			

一、理论问答题

(一)基础知识题

1.简述项目决策遵循的原则。

2.投资机会研究、初步可行性研究、可行性研究的目的分别是什么?

3.如何选择咨询评估机构?

4.简述市场调查的类型及方法。

5.投资项目的主要风险有哪几个方面?

(二)核心知识题

1.简述决策过程的四个阶段。

2.简述可行性研究与初步可行性研究的联系和区别。

3.项目节能评估如何实行分类管理?

4.简述环境影响评价证书的使用范围及有效期限。

5.简述社会评价的主要内容。

6.投资估算不同阶段准确度有什么要求?

(三)拓展知识题

1.简述可行性研究报告与项目申请报告的联系和区别。

2.产品生命周期通常分为哪几个阶段?

3.配套工程包含哪几个部分?

4.简述建设项目环境影响评价资质管理范围。

5.列举项目总投资的构成。

6.盈利能力分析通常有哪几个指标?

二、实务操练题

(一)实训目标

1.了解 SWTO 分析及波士顿矩阵。

2.掌握建设期利息估算。

3.熟悉名义利率与实际利率。

(二)实训内容

1.下列关于采用 SWOT 分析进行企业战略选择的说法,正确的有( )。

A. 面临外部机会,但缺乏内部条件的企业,应采取扭转性战略

B. 既面临外部威胁,自身条件也存在问题的企业,应采取防御性战略

C. 具有较大的内部优势,又要面临外部挑战的企业,应采取一体化战略

D. 拥有强大的内部优势和众多机会的企业,应采取增长性战略

E. 既面临外部威胁,自身条件也存在问题的企业,应采取多元化战略

2. 某公司有关市场数据见下表,据此判断甲、乙两类产品分别属于(　　)业务。

产品	销售额/ 万元	最大竞争对手销售额/ 万元	全国市场销售总额/ 万元	今年全国市场增长率/% (历史峰值为20%)
甲	2100	1300	16000	13
乙	14500	11000	64000	1

A. 明星、金牛　　　　B. 瘦狗、金牛　　　　C. 明星、瘦狗　　　　D. 问题、明星

3. 假定借款在各年年内均衡发生,关于建设期利息计算结果的说法,正确的是(　　)。

A. 计算的建设期利息小于借款在各年年初发生时计算的建设期利息

B. 计算的建设期利息大于借款在各年年初发生时计算的建设期利息

C. 计算的建设期利息等于借款在各年年初发生时计算的建设期利息

D. 建设期利息大小与借款在各年年内是否均衡发生无关

4. 某投资项目建设期为 3 年,第一年借款 400 万元,第二年借款 800 万元,两年借款均在年内均衡发生,有效年利率为 7.5%,建设期内不支付利息。则该项目的建设期利息约为(　　)万元。

A. 0　　　　　　　B. 76.13　　　　　　　C. 171.84　　　　　　　D. 221.42

5. 一笔流动资金贷款 100 万元,年利率为 12%,按季度计息,求一年后应归还的本利和。

三、附加题

1. 下列项目决策的做法,符合民主决策原则的有(　　)。

A. 对于企业投资项目,采取个人独立决策的形式

B. 对于企业投资项目,采取先决策后评估的方式

C. 政府投资项目,聘请符合资质要求的咨询机构进行评估论证

D. 涉及公共利益的项目,采取适当形式广泛征求公众意见与建议

E. 企业投资项目,聘请外部咨询机构提供咨询服务

2. 下列有关建设项目投资决策的说法,正确的是(　　)。

A. 重大政府投资项目实行专家评议制度

B. 政府对其审批的项目承担相应风险责任

C. 企业在决策前采用科学的方法调研项目的客观条件

D. 政府对其采用资本金注入方式的项目进行产品技术方案决策

E. 企业在进行项目决策时兼顾社会责任

3. 下列关于初步可行性研究的说法,错误的是(　　　)。

A. 初步可行性研究的重点是研究论证项目建设的可行性

B. 初步可行性研究的主要目的是判断项目是否需要继续进行深入研究

C. 初步可行性研究的内容深度一般介于机会研究和可行性研究之间

D. 一般由企业自行决定是否编制企业投资项目的初步可行性研究报告

4. 下列关于项目申请报告、可行性研究报告及其主要区别的说法,正确的有(　　　)。

A. 可行性研究报告是项目决策分析与评价的客观要求

B. 可行性研究报告的目的是论证项目的必要性和可能性

C. 项目申请报告是政府对项目核准的行政许可要求

D. 项目申请报告更关注项目的外部影响

E. 项目申请报告无须说明所采用工艺技术方案的先进性

5. 下列关于项目市场调查方法的说法,正确的有(　　　)。

A. 重点调查适用于市场范围小,母本数量少,调查时间比较充裕的情况

B. 市场普查可以就市场的某一方面进行专项普查

C. 问卷调查法的关键是问卷调查结果的分析

D. 典型调查的优点之一是费用开支较省

E. 文案调查法是最简单、最常用的方法

6. 下列关于建设项目技术和设备来源方案研究的说法,正确的是(　　　)。

A. 在研究设备来源时,应根据设备的复杂程度来确定是否需要引进

B. 对国内尚无制造经验的关键设备,通常应组织国内外制造方联合攻关生产并提供

C. 对国内外都有的成熟技术,可以采用国内外公开招标,同等条件下优先选择国外技术

D. 国内有先进、成熟、可靠的自主开发技术,且已有工业化业绩,一般应采用国内技术

7. 下列关于工业建设项目场(厂)址选择的说法,正确的有(　　　)。

A. 场(厂)址应尽量选择荒地或劣地

B. 拟在工业园区建设的项目不需要进行场(厂)址比较

C. 地震断层和抗震设防强度高于六度的区域不得选作场(厂)址

D. 不得选择国家规定的风景区、森林或自然保护区作为场(厂)址

E. 场(厂)址上的工程建设和生产运营不应对公众利益造成损害

8. 下列关于项目用地合理性的说法,正确的是(　　　)。

A. 及时并足额支付土地补偿费的项目可以占用基本农田

B. 经批准占用的耕地应异地补充数量和质量相当的耕地

C. 征收农民集体所有的土地可不需要异地移民安置

D. 政府投资项目占用基本农田可不需要经过批准

9. 在资源开发项目的决策分析与评价阶段,应首先进行资源条件评价。资源条件评价的目的是(　　　)。

A. 了解资源分布的不均衡性　　　　　　　　B. 为进行矿产储量计算分析提供依据

C.为项目建设规模的确定奠定基础　　D.为开发方案的设计提供依据

E.为开发效益的评价提供数据

10.下列措施中,符合节约用水要求的有( )。

A.提高水的重复利用率　　　　　　B.采用节水技术和设备

C.加强用水管理和监督　　　　　　D.鼓励利用地下深井水

E.提高用水计量技术水平

11.下列措施中,不属于项目节能措施的是( )。

A.采用节能设备　　　　　　　　　B.资源综合利用

C.加强能源管理　　　　　　　　　D.降低能效标准

12.国家对建设项目环境保护实行分类管理,下列关于环境影响评价分类和环境敏感区的说法,正确的是( )。

A.建设单位应当按规定分别编制环境影响报告书或填报环境影响登记表

B.跨行业和复合型建设项目,其环境影响评价类别按其中各单项等级综合确定

C.项目所处环境的敏感性质和敏感程度是确定环境影响评价类别的重要依据

D.按《建筑项目环境影响评价技术导则 总纲》(HJ 2.1—2016)规定,环境影响报告书和环境影响报告表统称为环境影响评价文件

E.可能对环境造成轻度影响的建设项目,应按规定填报环境影响登记表

13.完成 BOT、PPP、PFI 模式的比较。

(1)结构比较:

(2)各方责任比较:

(3)参与程度和获益比较:

小组成员 (姓名、学号)		组号	
		组长	

学生学习任务(二)评价标准及评语

评价标准			
理论知识训练			实务操练
★ 基础知识	★ 核心知识	拓展知识	（50分）
（15分）	（25分）	（10分）	
评语			
授课教师 评语			
		教师签名：	

情境三　范围管理、信息管理、风险管理

一题一进步

学生学习任务(三)

课程名称:建筑工程项目管理与实务　专业:　　　　　　授课教师:

课程内容	情境三　范围管理、信息管理、风险管理	日期	
任务题目			

一、理论问答题

(一)基础知识题

1.范围的含义是什么?

2.WBS 是什么?

3.BIM 是什么?

4.什么是风险?

5.什么是风险管理?

(二)核心知识题

1.简述工程项目范围管理的概念。

2.简述范围定义的目的。

3.简述范围定义的依据。

4.简述范围变更控制的依据。

5.简述建设项目信息管理的内容。

6.简述建设项目信息的分类。

7.简述风险识别的特点和原则。

8.简述风险识别的方法。

(三)拓展知识题

风险应对计划的编制内容有哪些?

二、实务操练题

【背景资料】　某市拟在第二大街地下 0.7m 深处铺设一条污水管道,为了不破坏路面,准备采用顶管施工,该工程由某建筑公司第一工程处承接。2012 年 9 月 4 日,项目经理通过电话安排 3 名工人进行前期准备工作,在南城立交桥北侧 100m 处的污水管道井内,开出一条直径为 110mm、长 12m 的管道,将与道路东侧雨水收集井相连接。3 名工人到现场后,1名工人下井到 1.2m 深处用电钻进行钻孔,工作不到 1h 就出现中毒症状并晕倒在井下,地面上 2 人见状相继下井抢救,因未采取任何保护措施,也相继中毒窒息晕倒,结果 3 人全部死亡。

【问题】

(1)请简要分析这起事故发生的主要原因。

(2)建筑企业常见的主要危险因素有哪些?可导致何种事故?

(3)请简述建筑工程施工危险源辨识的基本程序。

（4）应急预案应包括哪些核心内容？应急演练有哪几种方式？

三、附加题

1.工程项目范围管理的内容不包括（　　）。

A.范围界定　　　　　B.范围确认　　　　　C.范围控制　　　　　D.范围评估

2.范围界定的依据不包括（　　）。

A.业主需求文件　　　　　　　B.项目约束条件

C.历史资料　　　　　　　　　D.资源估算

3.下列不属于界定工程项目范围采用的方法是（　　）。

A.工作分解结构法　　　　　　B.项目生命周期法

C.专家判断法　　　　　　　　D.工程项目分析法

4.关于工作分解结构（WBS）的说法,正确的是（　　）。

A.建立WBS不必满足项目各层次管理者的需要

B.建立WBS的主要目的是将项目划分为多个合同

C.参照类似项目的WBS是进行工程项目范围定义的方法之一

D.WBS是以可交付成果为对象的层次化的网状结构

5.进行工程项目范围确认的方法不包括（　　）。

A.专家评定法　　　　　　　　B.试验法

C.第三方评定法　　　　　　　D.分解法

6.下列不属于咨询工程师批准工作范围变更原则的是（　　）。

A.变更后使用标准不降低　　　B.变更在技术上可行

C.业主同意支付变更费用　　　D.变更的工作量不大

7.下列建设项目信息中,属于经济类信息的是（　　）。

A.编码信息　　　　　　　　　B.质量控制信息

C.工作量控制信息　　　　　　D.设计技术信息

8.对一个建设工程项目而言,项目信息门户的主持者一般是项目的（　　）。

A.业主　　　B.设计单位　　　C.主管部门　　　D.施工单位

9.建设工程项目管理应重视利用信息的手段进行信息管理,其核心的手段是（　　）。

A.服务于信息处理的应用软件

B.收发电子邮件的专用软件

C.基于网络的信息处理平台

D.基于企业内部信息管理的网络系统

10.项目管理信息系统是基于计算机项目管理的信息系统,主要用于项目的（　　）。

A.信息检索和查询　　　　　　B.目标控制

C.人、财、物的管理　　　　　D.信息收集和存储

11. 在固定总价合同形式下,承包人承担的风险是( )。

A. 全部工程量的风险,不包括通货膨胀的风险

B. 全部工程量和通货膨胀的风险

C. 工程变更的风险,不包括工程量和通货膨胀的风险

D. 通货膨胀的风险,不包括工程量的风险

12. 下列工程项目风险管理工作中,属于风险评估阶段的是( )。

A. 确定风险因素 　　　　　　B. 编制项目风险识别报告

C. 确定各种风险的风险量和风险等级 　D. 对风险进行监控

13. 预付款担保的主要作用是( )。

A. 促使承包商履行合同约定,保护业主的合法权益

B. 确保工程费用及时支付到位

C. 保证承包人能够按合同规定进行施工,偿还发包人已支付的全部预付金额

D. 保护招标人不因中标人不签约而遭受经济损失

14. 按照我国保险制度,建筑安装工程一切险( )。

A. 由承包人担保 　　　　　　B. 包含执业责任险

C. 包含人身意外伤害险 　　　　D. 投保人应以双方名义共同投保

15. 下列事件中属于特殊风险索赔事件的是( )。

A. 洪涝灾害 　　　　　　　　B. 百年不遇的暴风雪

C. 暴动 　　　　　　　　　　D. 海啸

16. 用事故发生的频率和事故后果的严重程度来判断安全风险的等级时,若事故发生的频率极小,事故后果的严惩程度为重大损失(严重伤害),则安全风险所属的等级为( )。

A. Ⅰ——可忽略风险 　　　　B. Ⅱ——可容许风险

C. Ⅲ——中度风险 　　　　　　D. Ⅳ——重大风险

小组成员 (姓名、学号)		组号	
		组长	

学生学习任务(三)评价标准及评语

评价标准			
理论知识训练			实务操练
★ 基础知识	★ 核心知识	拓展知识	（50分）
（15分）	（25分）	（10分）	
评语			
授课教师 评语			
			教师签名：

情境四 资源管理

一题一进步

学生学习任务（四）

课程名称：建筑工程项目管理与实务 专业：　　　　　　授课教师：

课程内容	情境四 资源管理	日期	
任务题目			

一、理论问答题

（一）基础知识题

1. 项目资源的种类主要有哪些？

2. 项目资源管理计划的内容有哪些内容？

3. 项目人力资源管理计划包括哪些？

4. 技术交底有哪些形式和内容？

5.项目资金流动计划包含哪些内容?

(二)核心知识题

1.资源调配法在操作时,如何使工期延长时间最短?

2.简述材料 ABC 分类法的原理。

3.简述材料进场的验收程序。

4.简述限额领料的程序。

5.简述折算费用选择法的适用范围。

(三)拓展知识题

1.简述正激励与负激励的区别。

2.简述材料最优采购批量的计算方法。

二、实务操练题

(一)实训目标

1.会使用材料 ABC 分类法对材料进行合理的分类管理。

2.会利用单位工程量成本比较法进行机械选择。

3.会利用折算费用选择法确定机械是否应购置。

(二)实训内容

1.某教学楼,结构形式为框架结构,建筑高度为 25m,建筑面积为 19100.8m²。某建筑装饰公司承包该教学楼所有装饰工程,装饰材料购置清单见下表:

序号	材料名称	材料数量	单位	材料单价/元
1	细木工板	12	m³	930.0
2	砂	32	m³	24.0
3	实木装饰门扇	120	m²	200.0
4	铝合金窗	100	m²	130.0
5	白水泥	9000	kg	0.4
6	胶水	220	kg	5.6
7	石膏板	150	m	12.0
8	地板	92	m²	62.0
9	醇酸磁漆	80	kg	17.08
10	大理石瓷砖	266	m²	37.0

问:使用材料 ABC 分类法对材料进行分类管理。

2.有三种挖土机,相关参数见下表,预计每月使用时间为 160h,问选择哪一台更经济?

机器种类	月租金/元	台班费用/元	台班产量/m³
PC01	50000	1180	600
PC02	72000	1860	1000
PC09	76000	2260	1120

3.某施工企业现有机械设备不能满足新工程施工要求,因此,企业做出购买新设备或租赁设备来满足施工要求的决定,下表是购买和租赁相关参数表,试计算比较。

方案	一次投资/元	年使用费/元	使用年限	残值/元	年复利率/%	年租金/元
自购	100000	35000	8	10000	8.5%	—
租赁	—	25000	—	—	—	40000

小组成员 (姓名、学号)		组号	
		组长	

学生学习任务（四）评价标准及评语

评价标准			
理论知识训练			实务操练
★ 基础知识	★ 核心知识	拓展知识	（50分）
（15分）	（25分）	（10分）	
评语			
授课教师 评语			
		教师签名：	

情境五　进度控制

一题一进步

学生学习任务(五)

课程名称:建筑工程项目管理与实务　专业:　　　　　　授课教师:

课程内容	情境五　进度控制	日期	
任务题目			

一、理论问答题

(一)基础知识题

1.流水施工的特点是什么?

2.三种流水施工参数所包含的内容有哪些?

3.简述四种流水施工形式的异同点。

4.简述双代号网络图的基本符号。

5.双代号网络图工作时间参数的定义是什么？

6.网络进度计划优化的意义是什么？

(二)核心知识题

1.组织流水施工的条件有哪些？

2.简述流水节拍的确定方法及需考虑的因素。

3.简述虚工作的三种作用的应用。

4.简述线路、关键线路、关键工作的定义。

5.简述双代号网络图绘制方法。

(三)拓展知识题

1.简述《建设工程项目管理规范》(GB/T 50326—2006)中对项目进度计划编制的相关规定。

2.简述单代号网络图绘制及时间参数计算。

3.简述工期、费用、资源优化的方法。

4.简述网络计划的检查与调整。

二、实务操练题

(一)实训目标

1.能够自己组织流水施工,并能结合实际情况来确定工程进度。

2.能结合图纸及横道图绘制双代号网络图并进行参数计算。

(二)实训内容

1.现有混凝土浇筑作业工程量为 $100m^3$,混凝土工 4 人,一班制施工,求流水节拍。

2.已知某工程任务有 5 个施工过程,分为 5 个施工段,流水节拍均为 3d,在第二个施工过程结束后有 2d 技术间歇,试计算工期并绘制进度计划。

3.某分部工程有 4 个施工过程,分为 4 个施工段,流水节拍分别为:$t_a=2d$,$t_b=4d$,$t_c=2d$,$t_d=2d$,试组织成倍节拍流水施工。

4.某工程由 A、B、C 三个分项工程组成,分为 6 个施工段。各分项工程在各个施工段上的持续时间依次为 6d、2d、4d,试编制成倍节拍流水施工方案。

5.某地下工程由 4 个分项组成,划分为 6 个施工段。各施工过程在各施工段上持续时间依次为 6d、4d、6d、2d,各施工过程完成后都有 1d 技术间歇,试编制时间最短的流水施工方案。

6.某施工项目共 4 个施工过程,分为 6 个施工段,各分项持续时间见下表。第Ⅱ施工过程完成后有 2d 组织间歇,试编制流水施工方案。

分项工程名称	持续时间/d					
	①	②	③	④	⑤	⑥
Ⅰ	3	2	3	3	2	3
Ⅱ	2	3	4	4	3	2
Ⅲ	4	2	3	3	4	2
Ⅳ	3	3	2	2	2	4

7.识读以下网络图。

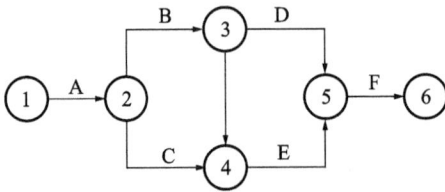

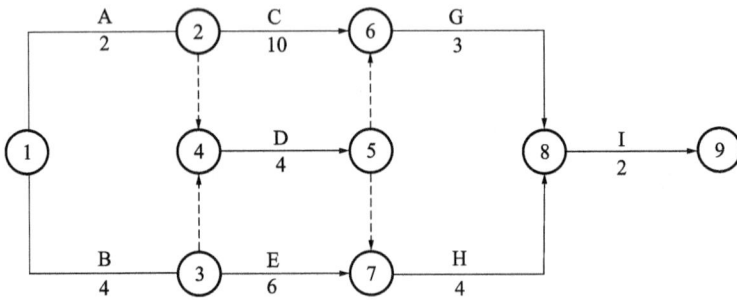

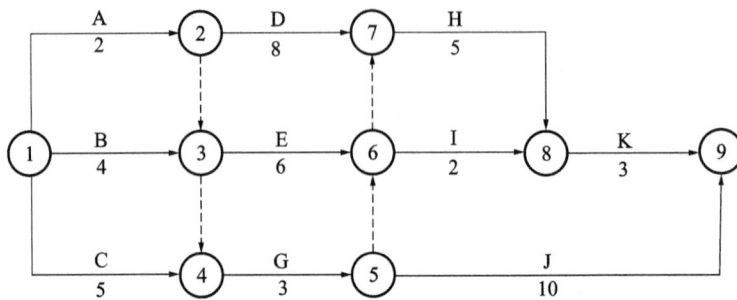

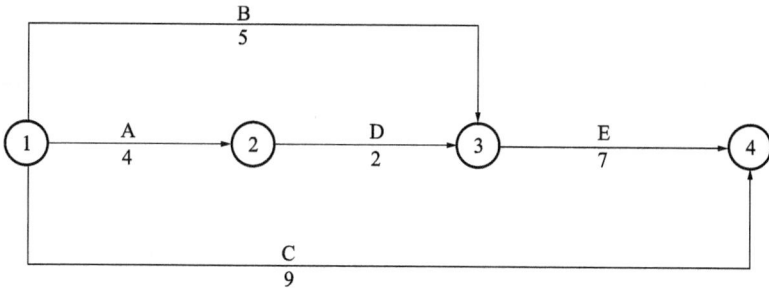

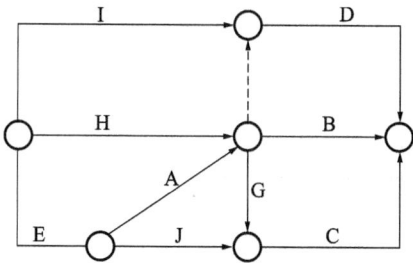

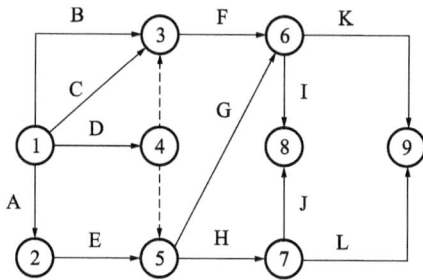

8.依据如下逻辑关系表,绘制双代号网络图。

工作名称	A	B	C	D	E	F	G
紧前工作	—	—	A	A	A、B	C、D、E	E

工作名称	A	B	C	D	E	G	H
紧前工作	—	—	A	—	B	C、D	D、E

工作名称	A	B	C	D	E	G	H
紧前工作	—	—	A	A	A、B	C	E

工作名称	A	B	C	D	E	F	G	H	I	J
紧前工作	C	F、G	H	H	H、I、J	H、I、J	I、J	—	—	—

9. 依据如下逻辑关系表,先绘图,再计算时间参数。

工作名称	A	B	C	D	E	G
持续时间	12	10	5	7	6	4
紧前工作	—	—	—	B	B	C、D

工作名称	A	B	C	D	E	F	G	H	I
持续时间	4	6	5	8	3	4	5	7	6
紧后工作	D	D、E、H	F、D、G	I	—	—	I	I	

工作名称	A	B	C	D	E	F	G	H	I
持续时间	3	5	6	8	7	2	3	5	8
紧后工作	B、C	D、E	F、D	G、H	G	H	I	I	—

10. 将下面非时标网络图改画为时标网络图并找出关键线路。

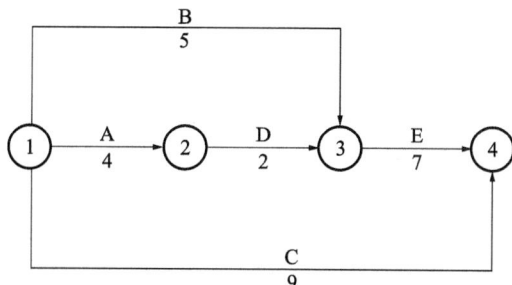

11. 某工程双代号网络图如下所示,图中箭线上方括号外为工作名称,括号内为优选系数,箭线下方括号外为工作正常持续时间,括号内为工作最短持续时间。现假定要求工期为 30d,试对其进行工期优化(写出工期压缩过程)。

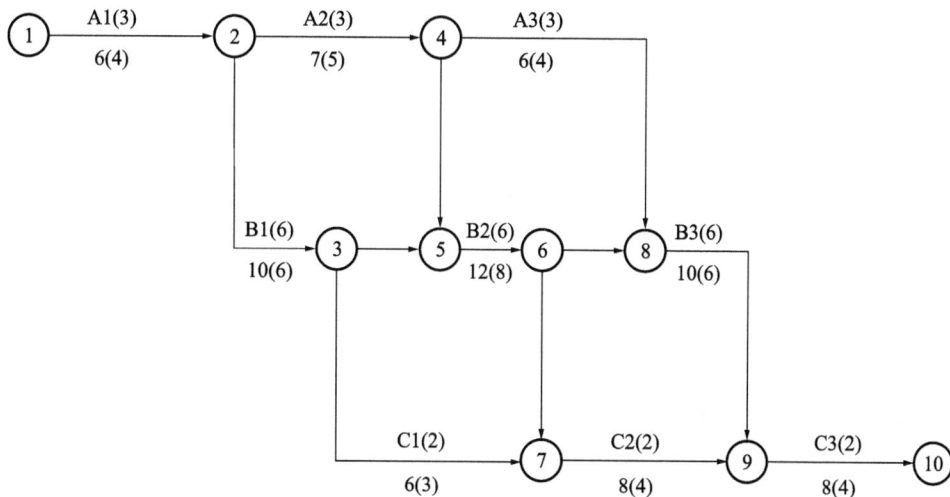

12. 如下图所示,某工程工期为 14 周,第 6 周检查时发现 A 工作已完成,G 工作尚未开始,H 工作已开始 1 周,E 工作还剩 1 周就可以完成。试采用前锋线法比较实际进度与计划进度的差异。

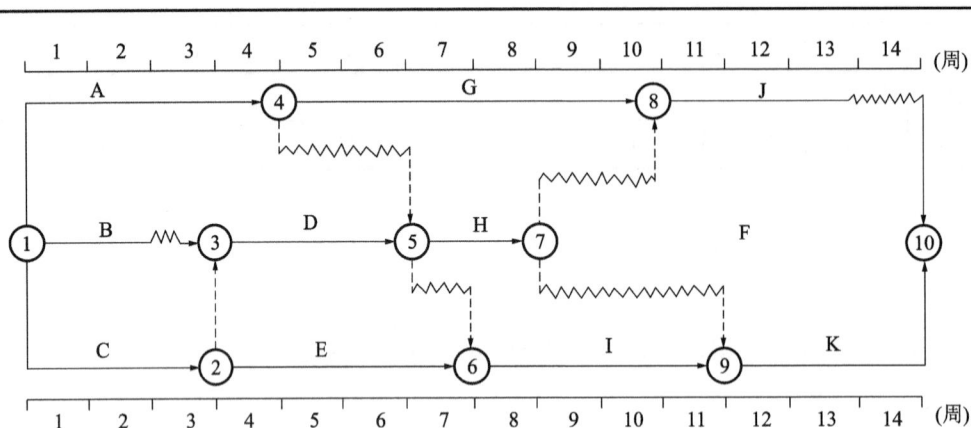

13.根据《建筑工程技术专业核心课实训导图》(以下简称《实训导图》)来确定主体结构施工中第二至三层的工程量,并结合各工种工作面、最小劳动组合要求及施工定额来确定相应流水节拍,组织流水施工并绘制横道图。

14.将上题中第二层的横道图改画为双代号网络图并进行时间参数计算(算出8个时间参数)。

15.某工程网络计划如下图。要求工期为15d,试进行优化。

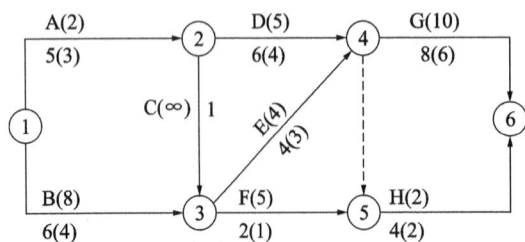

三、附加题

1.我国常用的工程网络计划中,以箭线及其两端节点的编号表示工作的网络图称为(   )。

A. 双代号网络图   B. 单代号网络图

C. 事件节点网络图   D. 单代号搭接网络图

2. 双代号网络图中既有内向箭线又有外向箭线的节点是( )。

A. 起点节点   B. 中间节点

C. 终点节点   D. 交叉节点

3. 为实现工程项目进度目标,应选择合理的合同结构,以避免过多的( )。

A. 参与单位   B. 合同交界面

C. 资源投入   D. 技术风险

4. 网络计划中为了优化工期,可以缩短( )。

A. 要求工期   B. 计算工期

C. 计划工期   D. 合同工期

5. 在网络计划中,总时差是可以利用的机动时间,前提是不影响( )。

A. 后续工作的最早开始时间   B. 紧后工作的最早开始时间

C. 紧后工作的最迟开始时间   D. 紧后工作的最早完成时间

小组成员 (姓名、学号)		组号	
		组长	

学生学习任务(五)评价标准及评语

评价标准			
理论知识训练			实务操练
★ 基础知识	★ 核心知识	拓展知识	(50分)
(15分)	(25分)	(10分)	
评语			
授课教师 评语			
			教师签名:

情境六 费用管理

一题一进步

学生学习任务(六)

课程名称:建筑工程项目管理与实务 专业： 授课教师：

课程内容	情境六 费用管理	日期	
任务题目			

一、理论问答题

(一)基础知识题

1. 简述我国现行建设工程总投资的构成。

2. 简述建筑安装工程费用的组成。

3. 在编制成本计划时可能导致成本支出加大的因素有哪些？

4. 简述项目成本控制的步骤。

5.项目成本核算的方法有哪些?

(二)核心知识题

1.简述分部分项工程费用的构成。

2.简述措施项目费的构成。

3.价值工程方法中提高价值的途径有哪些?

4.简述挣值法三个费用值的计算方法。

5.简述因素分析法的原理。

(三)拓展知识题

1.简述工程预付款与起扣点的计算方法。

2.《建设工程施工合同(示范文本)》(GF—2013-0201)对工程进度款计算的规定有哪些?

二、实务操练题

(一)实训目标

1.能够运用挣值法进行施工项目成本控制。

2.能够运用因素分析法进行施工项目成本分析。

(二)实训内容

1.某装饰公司承接一项酒店装修工程,合同价为1500万元,总工期为6个月。前5个月完成费用情况见下表。

月份	BCWS/万元	已完工作量/%	ACWP/万元	挣得值/万元
1	180	95	185	
2	220	100	205	
3	240	110	250	
4	300	105	310	
5	280	100	275	

问题:

(1)计算各月已完工程预算费用BCWP及5个月的BCWP。

(2)计算5个月累计的计划完成预算费用BCWS、实际完成预算费用ACWP。

(3)计算5个月的费用偏差CV和进度偏差SV,并分析成本和进度情况。

(4)计算5个月的费用绩效指数CPI和进度绩效指数SPI,并分析成本和进度情况。

2.某工程所使用的商品混凝土目标成本是443040元,实际成本是473697元,比目标成本增加了30657元,资料如下表所示:

项目	单位	目标	实际	差额
产量	m³	600	630	+30
单价	元	710	730	+20
损耗率	%	4	3	-1
成本	元	44304	47369	+306

问题:利用因素分析法分析成本增加的原因。

三、附加题

1.根据挣值分析,描述的进度偏差SV和项目状态是(　　)。

A.-300美元;项目提前完成　　　　B.+200美元;项目提前完成

C.+8000美元;项目按时完成　　　　D.-200美元;项目比原计划滞后

2.在进行成本估计时,必须考虑直接成本、间接成本、一般管理成本和总的管理成本。下列不是直接成本的是(　　)。

A.项目经理的工资　　　　B.项目所用的材料

C.分包商的费用　　　　D.电力费用

3.编制竞争性成本计划的目的是进行(　　)。

A.施工成本核算　　　　B.施工成本考核

C.施工成本控制　　　　D.施工成本估算

4.挣值法作为一项先进的项目管理技术,可以用来综合分析和控制工程项目的(　　)。

A.质量和费用　　　　B.安全和进度

C.进度和质量　　　　D.进度和费用

5.进行工程竣工结算时,竣工结算报表的审核人是(　　)。

A.承包人　　　　B.发包人

C.专业监理工程师　　　　D.总监理工程师

小组成员 (姓名、学号)		组号	
		组长	

学生学习任务(六)评价标准及评语

评价标准			
理论知识训练			实务操练
★ 基础知识	★ 核心知识	拓展知识	（50分）
（15分）	（25分）	（10分）	
评语			
授课教师 评语			
			教师签名：

情境七 质量管理

一题一进步

学生学习任务(七)

课程名称:建筑工程项目管理与实务 专业: 授课教师:

课程内容	情境七 质量管理	日期	
任务题目			

一、理论问答题

(一)基础知识题

查阅《质量管理体系 基础和术语》(GB/T 19000—2016),解释下列名词:
质量;工程项目质量;质量管理;工程项目质量管理;质量控制;工程项目质量控制。

(二)核心知识题

1.简述质量管理八项原则的内容。

2.简述 PDCA 循环原理。

3.简述现场质量检查的内容及方法。

4.简述质量事故的分类。

5.因果分析图法应用时的注意事项有哪些？

(三)拓展知识题

1.简述项目质量管理体系的建立和运行。

2.简述质量改进的意义。

二、实务操练题

1.某工程建筑面积为35000m²,建筑高度为115m,为36层现浇框架-剪力墙结构,地下2层;抗震设防烈度为8度,由某市建筑公司总承包,工程于2014年2月18日开工。工程开工后,由项目经理部质量负责人组织编制施工项目质量计划。

问题:

(1)项目经理部质量负责人组织编制施工项目质量计划的做法对吗？为什么？

(2)施工项目质量计划的编制要求有哪些？

(3)项目质量控制的方针和基本程序是什么？

2.某承包商承接某工程,占地面积为1.63万平方米,建筑层数为地上22层,地下2层,基础类型为桩基筏式承台板,结构形式为现浇剪力墙。混凝土采用商品混凝土,强度等级有C25、C30、C35、C40级,钢筋采用HRB355级。屋面防水采用SBS改性沥青防水卷材,外墙面面和顶棚刮腻子和喷大白。屋面保温采用憎水珍珠岩,外墙保温采用聚苯保温板。

喷涂,内墙根据要求,该工程实行工程监理。

问题：

(1)对进场材料质量管理的基本要求是什么？

(2)承包商对进场材料如何向监理报验？

(3)该工程的钢筋工程验收要点有哪些？

3.某市银行大厦是一座现代化的智能型建筑,建筑面积为 5 万平方米,施工总承包单位是该市第一建筑公司,由于该工程设备先进,要求高,因此该公司将机电设备安装工程分包给具有相应资质的某合资安装公司。

问题：

(1)工程质量验收分为哪几类？

(2)该银行大厦主体和其他分部工程验收的程序和组织是什么？

(3)该机电设备安装分包工程验收的程序和组织是什么？

4.某建筑公司承接一项综合楼任务,建筑面积为 109828m²,地下 3 层,地上 26 层,箱形基础,主体为框架结构。该项目地处城市主要街道交叉路口,是该地区的标志性建筑物。因此,施工单位在施工过程中加强了对工序质量的控制。在第 5 层楼板钢筋隐蔽工程验收时发现整个楼板受力钢筋型号不对,位置放置错误,施工单位非常重视,及时进行了返工处理;在第 10 层混凝土部分试块检测时发现强度达不到设计要求,但实体经有资质的检测单位检测鉴定,强度达到了要求。由于加强了预防和检查,没有再发生类似情况。该楼最终顺利完工,达到验收条件后,建设单位组织了竣工验收。

问题：

(1)工序质量控制的内容有哪些？

(2)简述第 5 层钢筋隐蔽工程验收的要点。

(3)第 10 层混凝土试块的质量问题是否需要处理？请说明理由。

(4)如果第 10 层混凝土强度经检测达不到要求,则施工单位应如何处理？

(5)该综合楼达到什么条件后方可竣工验收？

5.某三层砖混结构教学楼二楼悬挑阳台突然断裂,阳台悬挂在墙面上。幸好是夜间发生,没有人员伤亡。经事故调查和原因分析发现,造成该质量事故的主要原因是施工队伍素质差,在施工时将本应放在上部的受拉钢筋放在阳台板的下部,使得悬臂结构受拉区无钢筋而产生脆性破坏。

问题:

(1)如果该工程施工过程中实施了工程监理,监理单位对该起质量事故是否应承担责任?为什么?

(2)针对工程项目的质量问题,现场常用的质量检查方法有哪些?

(3)施工过程可以采用的质量控制对策主要有哪些?

(4)项目质量因素的"4MIE"是指哪些因素?

三、附加题

1.在工程勘察设计、招标采购、施工安装、竣工验收等各个阶段,建设工程项目参与各方的质量控制,均应围绕致力于满足(　　　)的质量总目标而展开。

A.法律法规　　　B.工程建设标准　　　C.业主要求　　　D.设计文件

2.根据《质量管理体系　基础和术语》(GB/T 19000—2016),质量控制是质量管理的一部分,是致力于满足质量要求的一系列相关活动,这些活动主要包括(　　　)。

A.设定标准　　　B.质量策划　　　C.测量结果

D.评价　　　　　E.纠偏

3.根据《质量管理体系　基础与术语》(GB/T 19000—2016),建设工程质量控制的定义是(　　　)。

A.参与工程建设者为了保证工程项目质量所从事工作的水平和完善程度

B.对建筑产品具备的满足规定要求能力的程度所作的系统的检查

C.工程项目质量管理的一部分,致力于满足质量要求的一系列相关活动

D. 为达到工程项目质量要求所采取的作业技术和活动

4. 下列关于质量控制与管理的说法,正确的有(　　)。

A. 质量管理就是对施工作业技术活动的管理

B. 质量控制的致力点在于构建完善的质量管理体系

C. 质量控制是质量管理的一部分

D. 建设工程质量控制活动只涉及施工阶段

E. 质量控制活动包含作业技术活动和管理活动

5. 建设工程项目建成后,在规定的使用年限和正常的使用条件下,应保证工程项目使用安全,建筑物、构筑物和设备系统性能稳定,这是项目质量的(　　)要求。

A. 经济性　　　　　　B. 功能性　　　　　　C. 观感性　　　　　　D. 可靠性

6. 在建设工程项目质量的形成过程中,能在建设项目的(　　)阶段完成质量需求的识别。

A. 设计　　　　　　B. 竣工验收　　　　　　C. 决策　　　　　　D. 施工

7. 建设工程项目质量的形成过程,体现细化到目标实现的系统过程,而质量目标的决策是(　　)的职能。

A. 建设单位　　　　　　　　　　　　B. 设计单位

C. 项目管理咨询单位　　　　　　　　D. 建设项目工程总承包单位

8. 对于建设工程项目管理者而言,一般情形下对项目质量起决定性的因素是(　　)。

A. 人的因素　　　　B. 社会因素　　　　C. 管理因素　　　　D. 技术因素

9. 项目质量的影响因素中,属于作业环境因素的是(　　)。

A. 通风　　　　　　　　　　　　　　B. 地下障碍物

C. 法规执行力度不够　　　　　　　　D. 质量管理体系

10. 根据全面质量管理的思想,工程项目的全面质量管理是指对(　　)的全面管理。

A. 工程质量形成过程　　　　　　　　B. 工程建设各参与方

C. 工程质量和工作质量　　　　　　　D. 工程建设所需的材料、设备

11. 建设工程项目质量管理的PDCA循环中,质量计划阶段的主要任务是(　　)。

A. 展开工程项目的施工作业技术活动

B. 明确质量目标并制定实现目标的行动方案

C. 对计划实施工程进行科学管理

D. 对质量问题进行原因分析,采取措施予以纠正

12. 下列质量管理的职能活动中,属于PDCA循环中"D"职能的活动是(　　)。

A. 制定实现质量目标的行动方案　　　　B. 明确项目质量目标

C. 专职质检员检查产品质量　　　　　　D. 行动方案的部署和交底

13. 质量管理的PDCA循环中,"D"的职能是(　　)。

A. 将质量目标值通过投入产出活动转化为实际值

B. 对质量检查中的问题或不合格及时采取措施纠正

C. 确定质量目标和制定实现质量目标的行动方案

D. 对计划执行情况和结果进行检查

14. 下列关于建设工程项目质量控制系统特点的说法,正确的是( )。

A. 项目质量控制系统建立的目的是建筑业企业的质量管理

B. 项目质量控制系统的目标就是某一建筑业企业的质量管理目标

C. 项目质量控制系统仅服务于某一个承包企业或组织机构

D. 项目质量控制系统是一次性的质量工作系统

15. 建设工程项目质量控制系统呈多层次、多单元的结构形态。在实行"交钥匙"承包的情况下,第一层面的质量控制系统应由( )负责建立。

A. 工程总承包企业的项目管理机构　　　B. 施工承包企业的项目管理机构

C. 建设单位委托的管理机构　　　D. 建设单位的项目管理机构

16. 项目各参与方应分别进行不同层次和范围的建设工程项目质量控制,这是建立建设工程项目质量控制体系时( )原则的体现。

A. 目标分解　　　B. 质量责任制

C. 系统有效性　　　D. 分层次规划

17. 建立工程项目质量控制系统时,确定质量责任静态纠偏的依据是法律法规、合同条件和( )。

A. 设计与施工单位间的责任划分　　　B. 质量管理的资源配置

C. 组织内部职能分工　　　D. 质量控制协调制度

18. 建设工程项目质量控制系统运行的约束机制,取决于( )。

A. 各质量责任主体对利益的追求　　　B. 各主体内部的自我约束能力

C. 质量信息反馈的及时性和准确性　　　D. 外部的监控效力

E. 工程项目管理文化建设的程度

19. 建设工程项目质量控制体系运行的核心机制是( )。

A. 约束机制　　　B. 反馈机制　　　C. 动力机制　　　D. 持续改进机制

20. 为顺利地实施建设工程项目的进度控制,项目管理者应当强化( )的管理观念。

A. 与供方互利　　　B. 系统方法

C. 动态控制　　　D. 以顾客为关注焦点

E. 多方案比选

21. 关于质量管理体系八项要素的说法,正确的有( )。

A. 将相关资源和活动作为过程进行管理

B. 领导者确立本项目统一的质量宗旨和方向

C. 全员参与

D. 以事实为依据做出决策

E. 以产品为关注焦点

22. 质量手册是规定建筑业企业建立质量管理体系的文件,其内容包括( )。

A. 质量手册的发行数量　　　B. 企业的质量方针和目标

C. 体系基本控制程序　　　D. 管理标准和规章制度

E. 质量手册的评审、修改和控制的管理方法

23.有组织、有计划地开展内部质量审核活动的目的之一是（　　）。

A.记载关键活动的质量参数

B.反映针对不足所采取的纠正措施及纠正效果

C.证明产品质量达到合同要求及质量保证的满足程度

D.向外部审核单位提供体系有效的证据

24.某企业通过质量管理体系认证后，由于管理不善，经认证机构调查做出了撤销认证的决定，则该企业（　　）。

A.不能提出申诉，不能再重新提出认证申请

B.不能提出申诉，但在一年后可以重新提出认证申请

C.可以提出申诉，并在一年后可重新提出认证申请

D.可以提出申诉，并在半年后可重新提出认证申请

25.某企业在通过质量体系认证后由于管理不善，认证机构对其做出了撤销认证的决定。关于该企业重新申请认证的说法，正确的是（　　）。

A.一年后方可重新提出认证申请　　　　　B.不能再重新提出认证申请

C.半年后方可重新提出认证申请　　　　　D.三个月后方可重新提出认证申请

26.建设工程施工质量的事后控制是指（　　）。

A.质量活动结果的评价和认定　　　　　　B.质量活动的检查和监控

C.质量活动的行为约束　　　　　　　　　D.质量偏差的纠正

E.已完施工的成品保护

27.下列质量管理的内容中，属于施工质量计划基本内容的是（　　）。

A.质量控制点的控制要求　　　　　　　　B.项目部的组织机构设置

C.质量手册的编制　　　　　　　　　　　D.施工质量体系的认证

28.关于施工质量计划的说法，正确的是（　　）。

A.施工质量计划是以施工项目为对象，由业主编制的质量计划

B.施工质量计划一经审核批准后不得修改

C.施工总承包单位对分包单位编制的施工质量计划不需要审核

D.施工质量计划中包括施工技术方案

29.工程质量控制点应选择技术要求高，对工程质量影响大或是发生质量问题时危害大或（　　）的对象进行设置。

A.劳动强度大　　　　　　　　　　　　　B.施工难度大

C.施工技术先进　　　　　　　　　　　　D.施工管理要求高

30.施工质量计划的审批包括施工企业内部的审批和（　　）的审查。

A.建设行政主管部门　　　　　　　　　　B.项目经理部

C.业主方　　　　　　　　　　　　　　　D.项目监理机构

31.关于施工质量计划，下列说法正确的是（　　）。

A.施工质量计划应由业主组织编制

B.施工质量计划应包含施工技术方案

C.施工质量计划经总监理工程师审核批准后，不得修改

D. 施工质量计划编制范围应与施工单位已有的质量管理体系的范围一致

32. 根据《建设工程监理规范》(GB/T 50319—2013),施工组织设计经总监理工程师审核、签认后还应报( )。

  A. 建设单位   B. 工程质量监督机构

  C. 设计单位   D. 当地建设行政主管部门

33. 下列各施工生产要素的质量控制手段中,属于对劳动主体质量控制的有( )。

  A. 合理布置施工总平面图   B. 坚持特殊工种持证上岗制度

  C. 禁止使用明令淘汰的施工方法   D. 坚持分包商资质考核制度

  E. 组织项目管理者培训学习

34. 施工生产要素的质量控制中,对模板、脚手架等施工设施,除按适用的标准定型选用外,一般应按( )要求进行专项设计。

  A. 施工质量   B. 设计及施工   C. 施工工艺   D. 现场安全

35. 下列影响建设工程项目质量的环境因素中,属于劳动作业环境因素的有( )。

  A. 地下水位   B. 风力等级   C. 照明方式

  D. 验收程序   E. 围挡设施

36. 下列影响施工质量的生产要素中,只能通过采取预测预防的控制方法消除其对施工质量不利影响的是( )。

  A. 施工人员   B. 环境因素   C. 材料设备   D. 施工机械

37. 在施工准备阶段,绘制模板配板图属于( )的质量控制工作。

  A. 计量控制准备   B. 施工技术准备

  C. 测量控制准备   D. 施工平面控制

38. 下列质量控制工作中,属于施工技术准备工作的是( )。

  A. 做好施工现场的质量检查记录 B. 审核复查各种施工详图

  C. 复核测量控制点   D. 按规定维修和校验计量器具

39. 施工承包企业应对建设单位提供的原始坐标点、基准线和水准点等测量控制点进行复核,并将复测结果上报( )审批,批准后才能建立施工测量控制网,进行工程定位和标高基准的控制。

  A. 项目技术负责人   B. 企业技术负责人

  C. 业主   D. 监理工程师

40. 根据《建筑工程施工质量验收统一标准》(GB 50300—2013),建筑工程质量验收逐级划分为( )。

  A. 分部工程、分项工程和检验批

  B. 分部工程、分项工程、隐蔽工程和检验批

  C. 单位工程、分部工程、分项工程和检验批

  D. 单位工程、分部工程、分项工程、隐蔽工程和检验批

41. 关于施工过程作业质量控制的说法,正确的是( )。

  A. 工序施工效果的控制属于事前质量控制

  B. 在施工阶段,施工承包方和监理方都是质量自控主体

C. 工序质量控制包括作业者的自我控制和作业者外部的检查、监督

D. 工序施工质量控制主要包括工序施工效果控制和纠正质量偏差

42. 下列施工现场质量检查的内容中,属于"三检"制度范围的有(　　)。

A. 巡视检查　　　　　B. 平行检查　　　　　C. 自省自查

D. 互检互查　　　　　E. 专职管理人员的质量检查

43. 某建设工程项目施工采用了施工总承包方式,其中幕墙工程、设备安装工程分别进行了专业分包。对幕墙工程施工质量实施监督控制的主体是(　　)等。

A. 幕墙玻璃供应商　　　　　　　　B. 建设行政主管部门

C. 幕墙设计单位　　　　　　　　　D. 设备安装单位

E. 建设单位

44. 下列现场质量检查方法中,属于无损检测方法是(　　)。

A. 托线板挂锤吊线检查　　　　　　B. 超声波探伤检查

C. 铁锤敲击检查　　　　　　　　　D. 留置试块试验检查

45. 对装饰工程中的水磨石、面砖、石材饰面等现场检查时,均应进行敲击检查其铺贴质量。该方法属于现场质量检查方法中的(　　)

A. 目测法　　　　B. 实测法　　　　C. 记录法　　　　D. 试验法

46. 施工方对施工图纸的某些要求不甚明白,需要通过设计单位明确或确认的,施工方必须以技术核定单的方式向(　　)提出,报送设计单位核准确认。

A. 建设单位　　　　　　　　　　　B. 质量监督部门

C. 施工图审查部门　　　　　　　　D. 监理工程师

47. 根据《关于做好房屋建筑和市政基础设施工程质量事故报告和调查处理工作的通知》(建质〔2010〕111 号),按事故造成的损失程度,工程质量事故分为(　　)。

A. 特别重大事故　　　　　　　　　B. 重大事故

C. 较大事故　　　　　　　　　　　D. 微小事故

E. 一般事故

48. 某工程施工中,由于施工方在低价中标后偷工减料,导致出现重大工程质量事故,该质量事故发生的原因属于(　　)。

A. 社会、经济原因　　　　　　　　B. 管理原因

C. 技术原因　　　　　　　　　　　D. 人为事故原因

49. 在施工质量事故预防的具体措施中,"首先要做好可行性论证,不可未经深入的调查分析和严格论证就盲目拍板定案"是(　　)措施的具体体现。

A. 严格按照基本建设程序办事

B. 加强施工过程的管理

C. 做好应对不利施工条件和各种灾害的预案

D. 加强施工安全与环境管理

50. 下列导致施工质量事故发生的原因中,属于管理原因的是(　　)。

A. 材料检验不严　　　　　　　　　B. 施工工艺错误

C. 盲目追求利润,偷工减料　　　　D. 操作者选用不合适施工方法

51. 工程施工质量事故的处理工作包括：①事故调查；②事故原因分析；③事故处理；④事故处理的鉴定验收；⑤制定事故处理方案。正确的处理程序是(   )。

    A. ①→②→⑤→③→④   B. ①→②→③→④→⑤

    C. ②→①→③→④→⑤   D. ④→②→⑤→③→①

52. 某工程第三层混凝土现浇楼面的平整度偏差达到 10mm,其后续作业为平层和面层的施工,这时应该(   )。

    A. 加固处理   B. 补休处理   C. 限制使用   D. 不做处理

53. 某工程质量事故发生后,对该事故进行调查,经过原因分析判定该事故不需要处理,其后续工作有(   )。

    A. 做出结论   B. 提交处理报告

    C. 补充调查   D. 检查验收

    E. 实施防护措施

54. 某混凝土试块强度值不满足设计要求,但经法定检测单位对混凝土实体强度进行法定检测后,其实际强度达到规范允许和设计要求值。此时正确的处理方式是(   )。

    A. 不做处理   B. 修补处理   C. 返工处理   D. 加固处理

55. 某砖混结构住宅楼墙体砌筑时,监理工程师发现由于施工放线错误,山墙上窗户的位置偏离 30cm,正确的处理方法是(   )。

    A. 加固处理   B. 修补处理   C. 不做处理   D. 返工处理

56. 对工程质量状况和质量问题,按总承包、专业分包和劳务分包分门别类地进行调查和分析,以准确有效地找出问题及其原因所在。这是质量管理统计方法中(   )的基本思想。

    A. 因果分析图法   B. 分层法

    C. 排列图法   D. 直方图法

57. 关于因果分析图法应用的说明,正确的是(   )。

    A. 一张因果分析图可以分析多个质量问题

    B. 通常采用 QC 小组活动的方式进行

    C. 具有直观、主次分明的特点

    D. 可以了解质量统计表数据的分布特征

58. 某钢结构厂房在结构安装过程中,发现构件焊接出现不合格,施工项目部采用逐层深入排查的方法分析确定构件焊接不合格的主次原因,这种工程质量分析方法是(   )。

    A. 排列图法   B. 因果分析图法

    C. 控制图法   D. 直方图法

小组成员 (姓名、学号)		组号	
		组长	

学生学习任务(七)评价标准及评语

评价标准			
理论知识训练			实务操练
★ 基础知识	★ 核心知识	拓展知识	(50分)
(15分)	(25分)	(10分)	
评语			
授课教师 评语			
			教师签名:

情境八　环境管理

学生学习任务(八)

课程名称:建筑工程项目管理与实务　专业:　　　　　授课教师:

课程内容	情境八　环境管理	日期	
任务题目			

一、理论问答题

(一)基础知识题

1.我国当前环境主要存在哪些方面的污染?

2.与建筑工程环境管理相关的制度有哪些?

3.简述绿色施工管理的内容。

4.绿色建筑评价指标体系中"四节一环一运"分别指的是什么?

5.文明施工的主要内容有哪些?

6.现场平面布置图包括的主要内容有哪些?

7.写出常见的室内污染物的种类及装饰装修材料中的主要来源。

(二)核心知识题

1.依据我国环境管理体系标准中的规定,写出 10 个核心要素。

2.什么是绿色施工?

3.文明施工检查评定的项目有哪些?

4.简述现场平面布置的步骤。

5.查规范写出属于Ⅰ类民用建筑工程的建筑物。

6.结合规范写出室内空气质量验收的一般规定。

(三)拓展知识题

写出下列最新版本的规范编号。

(1)《建设工程项目管理规范》。

(2)《环境管理体系　原则、体系和支持技术通用指南》。

(3)《环境管理体系　要求及使用指南》。

(4)《绿色建筑评价标准》。

(5)《建筑施工安全检查标准》。

（6）《民用建筑工程室内环境污染物控制规范》。

二、实务操练题

（一）实训目标

1. 会编制文明施工专项方案。

2. 会对施工现场做简单的平面布置。

3. 熟悉室内空气质量检测及结果合格评定。

（二）实训内容

1. 各小组根据所学知识通过讨论，写出现场文明施工专项实施方案的目录（两级）。

2. 结合文明施工完成实训图纸上现场平面布置的内容。

图例说明

图例	名称	图例	名称
▭	围墙	▭	水泥
▭	砾石，碎石堆	▭	钢筋堆场
▭	模板	▭	脚手
▭	原木堆场	▭	胶合板
—·—	供水线	▭	水源
▭	临时水池	▭	水塔
▭	临时排水沟	○	贮水池
▭	水箱	—·—	供电线
▭	电源	▭	发电站
▭	总降压变电站	▭	塔吊
▭	井架	▭	卷扬机
▭	混凝土搅拌机	◎	水泥罐
▭	灰浆搅拌机	▭	磅秤

一、单位工程施工平面图包含内容：
1.施工区域内，将已建和拟建的地上、地下的建筑物及构筑物的平面尺寸、位置标注出来；
2.拟建工程所需起重机械、垂直运输机械、搅拌设备及其他机械的布置位置，起重机械开行线路及方向；
3.施工道路布置、现场出入口布置；
4.各种预制构件堆放及预制场地所需面积、布置位置，大宗材料堆场的面积、位置确定，仓库的面积和位置确定；
5.生产机非生产性临时设施的名称、面积、位置的确定；
6.临时供水、供电、供热等管线的布置，水源、电源、变压器位置确定，现场排水沟渠及排水方向的考虑；
7.土方工程的取土及弃土地点等内容的考虑；
8.劳动保护、安全、防火及防洪设施布置及其他需布置的内容。

二、施工平面图布置步骤及要点
1.设置大门，引入场外道路
　尽量设置2个以上的大门，宽度、高度满足运输车辆的要求；
2.布置大型机械
　塔吊、施工电梯、混凝土泵等应考虑覆盖范围，使用方便；
3.布置仓库、堆场
　接近使用地点、运输方便，装卸时间长的仓库应远离路边；
4.布置加工厂
　使材料、构件运输量小，关联的加工厂适当集中；
5.布置内部临时道路
　主干道宽度单行道不小于4m，双行道不小于6m。木材场两侧应有6m宽通道，端头处应有12m×12m回车场；消防车道不小于4m，载重车转弯半径不宜小于15m；
6.布置临时房屋
　办公室、宿舍、食堂、浴室、厕所、门卫室、饮水处、吸烟处等；
7.布置临时水电管网、消防、排污等
　临时水、电可计算，特殊厕所安全照明电压，消防及排水设置等。

实训任务一：

请在施工平面图中布置：钢筋堆场、碎石堆、水泥堆、仓库、临时消火栓、厕所。

实训任务二：

请在施工平面图中的道路尺寸标注线上标出道路宽度。

实训任务三：

1.请写出卸料平台周边防护的支设方式；
2. 请写出预留洞口周边防护的支设方式；
3. 请写出电梯井口防护的支设方式。

实训任务四：

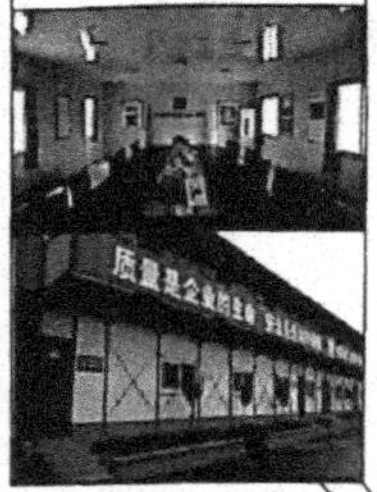

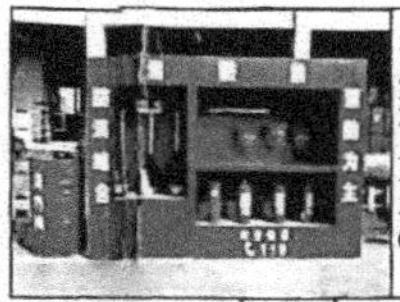

噪声限值表

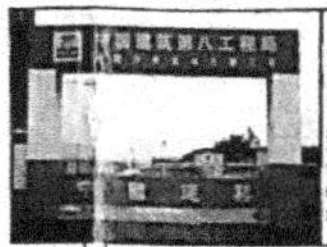

施工阶段	主要噪声源	噪声限值(dB) 昼间	夜间
土石方	推土机、挖掘机、装载机、汽车	75	55
打桩	各种打桩机、振捣棒、混凝土罐车	85	禁止施工
结构	混凝土搅拌机、振捣棒、混凝土罐车、电锯等	70	55
装修	吊车、升降机、切割机等	65	55

本工程正处于主体施工阶段，钢筋混凝土框架结构问题1. 请说明白天施工噪声限值是多少。
　2. 请说明夜间能否施工，夜间施工的时间段。

施工现场办公室、会议室应采用彩钢房，铝塑推拉窗、金属防盗门。由于其属于(　)性临时设施分开设置，并尽可能布置在(　)风向。

在施工现场及重点部位应设置消防器材，架体采用金属材料制作，(　)色漆饰面。要害部位配备不少于(　)个灭火器，设置明显防火标志，配备足够的水龙带，周围(　)米内不能堆放物品。

施工现场的大门和门柱应牢固美观，高度不低于(　)m，标有企业标识。
现场大门口明显位置设置(　)牌和(　)牌，尺寸为(　)m×(　)m

1. 现场宿舍必须设置可开启窗户，床铺不超过(　)层，室内净高不得低于(　)m，通道宽度不得小于(　)m，每间宿舍居住人数不超过(　)人，且不得使用通铺。

2. 食堂应设置独立制作间、储藏室，门扇下方应设不低于(　)m防鼠挡板，食堂必须办理(　)许可证，炊事人员必须持(　)证上岗。

脚手架外侧满挂(　)，脚手架钢管表面刷(　)色油漆，剪刀撑和踢脚板表面刷(　)警示色漆。

施工现场扬尘控制：裸露土方、场地必须采用(　)覆盖严密，搅拌设备安装(　)装置，减少扬尘。

光污染控制：焊接作业时，设置(　)，防止强光外射对工地区域周围造成影响；对于高大钢结构焊接，可采用(　)进行搭设；室外照明灯加设(　)，保证强光线不射向工地外围。

施工现场实行(　)式管理，围墙坚固、严密，高度在城市主要道路不得低于(　)m、非主干道不得低于(　)m，围挡材质应使用(　)或(　)，严禁在墙上乱涂、乱画。

施工现场大门内应设置五牌一图：
1.
2.
3.
4.
5.
6.
围板高宽比或长宽比为(　)

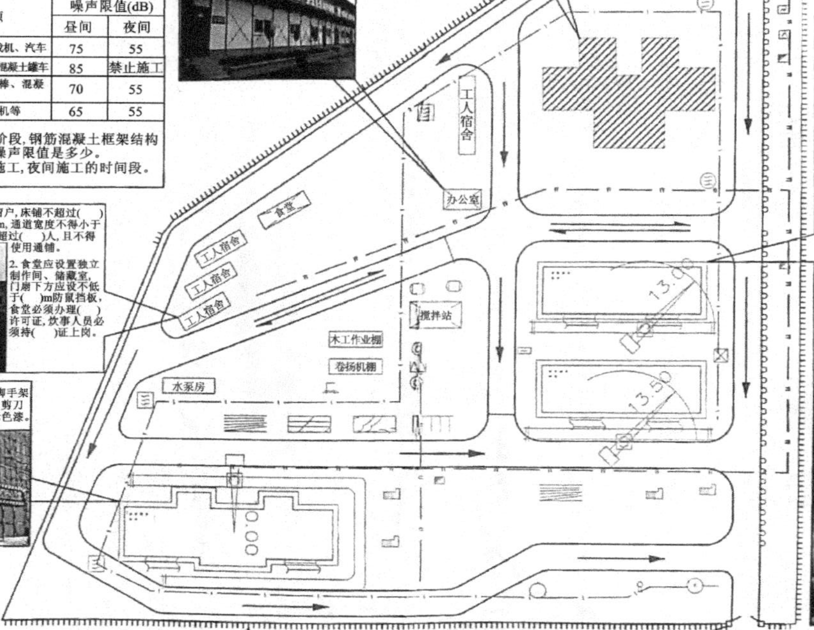

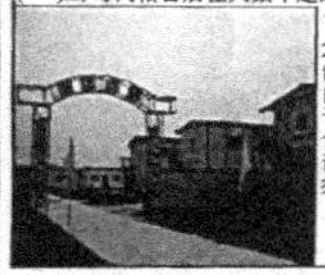

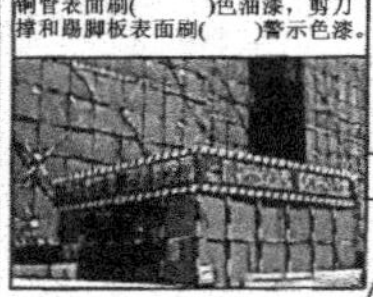

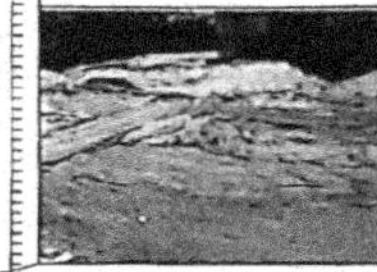

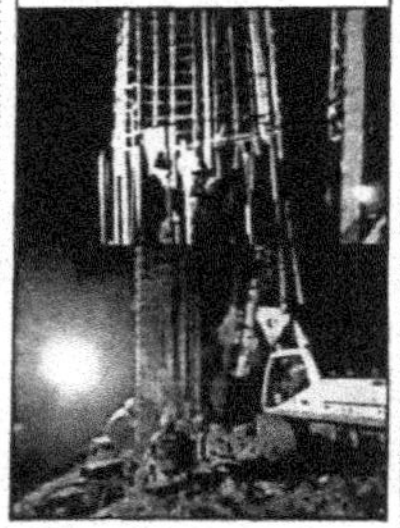

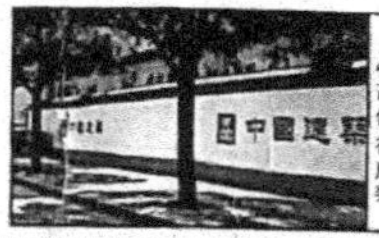

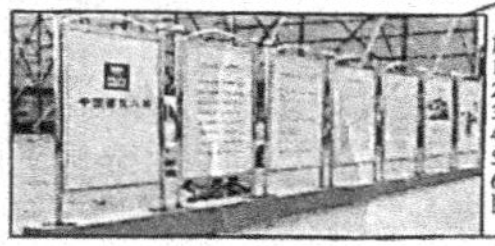

3.若本工程涉及夜间施工,作为项目经理针对夜间施工应采取哪些措施?

三、附加题

1.施工现场必须设有"五牌一图",其中"一图"是指( )。

A.项目部组织机构图   B.施工现场平面图

C.工程用地规划布置图   D.建筑总平面布置图

2.下列有关建设工程现场文明施工管理措施的表述,正确的是( )。

A.对于达到一定规模的项目,施工现场需要有消防平面布置图

B.施工现场作业区主干道地面必须用一定厚度的混凝土硬化

C.严禁泥浆、污水、废水外流或堵塞下水道和排水河道

D.应确立项目经理为现场文明施工的第一责任人

E.宿舍内应有保暖、消暑、电饭煲、热得快等设施、器具

3.控制强噪声施工作业应做到( )。

A.凡在人口稠密区进行强噪声作业时,须严格控制作业时间

B.遇特殊情况必须昼夜施工时,只经建设单位批准即可

C.一般晚 11 点到第二天早 5 点之间停止强噪声作业

D.特殊情况必须昼夜施工时,尽量采取降低噪声措施,并会同建设单位找当地居委会、村委会或当地居民协调,发出安民告示,求得群众谅解

E.特殊情况必须昼夜施工时,施工单位可直接安排施工

4.根据施工现场噪声污染国家标准《建筑施工场界环境噪声排放标准》(GB 12523—2011)的规定,夜间混凝土搅拌机噪声限值为( )。

A.50dB(A)   B.55dB(A)   C.65dB(A)   D.75dB(A)

5.为防治施工环境污染,正确的做法有( )。

A.尽量选用低噪声或备有消声降噪设备的机械

B.拆除旧建筑物前,应适当洒水

C.将有害废弃物集中后做土方回填

D.对土方的运输,采取封盖措施

E.现场存放油料,对库房地面进行防渗处理

6.施工现场的临时食堂,用餐人数在( )以上,应设置简易有效的隔油池,定期清理,防止污染。

A.50 人   B.70 人   C.90 人   D.100 人

小组成员 (姓名、学号)		组号	
		组长	

学生学习任务(八)评价标准及评语

评价标准			
理论知识训练			实务操练
★ 基础知识	★ 核心知识	拓展知识	（50分）
（15分）	（25分）	（10分）	
评语			
授课教师 评语			
		教师签名：	

情境九　安全管理

一题一进步

学生学习任务(九)

课程名称:建筑工程项目管理与实务　专业:　　　　　　　　授课教师:

课程内容	情境九　安全管理	日期	

任务题目

一、理论问答题

(一)基础知识题

1.简述建筑工程施工安全管理的特点。

2.简述"三同时"制度的内容。

3.简述事故处理四不放过原则。

(二)核心知识题

1.哪些工程需要编制安全专项方案?哪些还需组织专家进行论证?

2.简述专项施工方案专家论证制度的内容。

3.简述安全措施计划的内容。

4.简述安全警示牌的布置原则。

二、实务操练题

1.某写字楼工程外墙装修用脚手架为一字形钢管脚手架,脚手架东西长 68m,高 36m。2016 年 10 月 10 日,项目经理安排 3 名工人对脚手架进行拆除,由于违反拆除作业程序,当局部刚刚拆除到 24m 左右时,脚手架突然向外整体倾覆,正在脚手架上作业的 3 名工人一同坠落,后被紧急送往医院抢救,2 人脱离危险,1 人因抢救无效死亡。经调查,拆除脚手架作业的 3 名工人刚刚进场两天,并非专业架子工,进场后并没有接受三级安全教育。在拆除作业前,项目经理也没有对他们进行相应的安全技术交底。

问题:

(1)何谓特种作业?建筑工程施工中哪些人员为特种作业人员?

(2)何谓三级安全教育?请简述三级安全教育的内容和课时要求。

(3)建筑工程施工安全技术交底的基本要求及应包括的主要内容有哪些?

(4)建筑工程施工安全管理目标包含哪些具体控制指标?

2.某商厦建筑面积为 14800m²,钢筋混凝土框架结构,地上 5 层,地下 2 层,由市建筑设计院设计,某建筑工程公司施工,2014 年 4 月 8 日开工。在主体结构施工到地上 2 层时,柱混凝土施工完毕。为使楼梯能跟上主体施工进度,施工单位在地下室楼梯未施工的情况下直接支模施工第一层楼梯混凝土。支模方法是:在 0.00m 处的地下室楼梯间侧壁混凝土墙板上放置四块预应力混凝土空心楼板,在楼梯上面进行一楼楼梯支模,在地下室楼梯间采取分层支模的方法对上述四块预制楼板进行支撑,地下 1 层的支撑柱直接顶在预制楼板下面。7 月 30 日中午开始浇筑一层楼梯混凝土,当混凝土浇筑即将完工时,楼梯整体突然坍塌,致使 7 名现场施工人员坠落并被砸入地下室楼梯间内,造成 4 人死亡,3 人轻伤,直接经济损失达 10.5 万元的重大事故。经事后调查发现,第一层楼梯混凝土浇筑的技术交底和安全交底均为施工单位为逃避责任而后补。

问题:

(1)本工程中这起重大事故可定为哪种等级的重大事故? 依据是什么?

(2)分部(分项)工程安全技术交底的要求和主要内容是什么?

(3)伤亡事故处理的程序是什么?

3.某工程项目部项目经理在 7 月中旬依据《建筑施工安全检查标准》(JGJ 59—2011),组织对现场脚手架和临时用电情况进行了专项检查。该现场搭设的是一双排落地式钢管脚手架,架高 54m。临时用电系统为"三相五线制"TN-S 系统。经检查评分,在"施工用电检查评分表"中,外电防护实得 20 分,接地与接零保护系统实得 10 分,配电箱与开关箱实得 13 分,现场照明实得 6 分,配电线路实得 14 分,电器装置实得 9 分,变配电装置实得 0 分,用电档案实得 9 分。

问题:

(1)落地式外脚手架检查评分表中哪几个检查项目为保证项目? 保证项目在检查评分表中起何作用?

(2)请计算施工用电检查评分表实得分为多少? 换算到汇总表中应为多少分?

4.某写字楼工程地处市中心,建筑面积为 110000m² ,地下 2 层,地上 28 层,为框架剪力墙结构,由某建筑集团公司承建,2014 年 8 月 10 日正式开工。在主体施工阶段,公司组织相关管理部门依据《建筑施工安全检查标准》(JGJ 59—2011)对该项目进行了检查和评分,各检查评分表实得分数分别为:安全管理 86 分,文明施工 88 分,脚手架 80 分,基坑支护与模板工程 91 分,"三宝""四口"防护 79 分,施工用电 92 分,物料提升机与外用电梯 94分,塔吊 96 分,起重吊装施工机械 72 分。

问题:

(1)请根据各检查评分表实得分数,计算出评分汇总表的总得分。

(2)请结合评分汇总表的总得分,依据《建筑施工安全检查标准》(JGJ 59—2011),指出该项目安全生产评价结果是不合格、合格还是优良。

三、附加题

1.根据《特种作业人员安全技术培训考核管理规则》,下列建设工程活动中,属于特种作业的有(　　)。

A.建筑登高架设作业　　　　　　　B.钢筋焊接作业

C.卫生洁具安装作业　　　　　　　D.起重机械操作作业

E.建筑外墙抹灰作业

2.根据《建设工程安全生产管理条例》,施工单位应当组织专家进行论证、审查的专项施工方案有(　　)。

A.深基坑工程　　　　　　　　　　B.起重吊装工程

C.脚手架工程　　　　　　　　　　D.拆除、爆破工程

E.高大模板工程

3.根据《建设工程安全生产管理条例》,下列分部分项工程中,应当组织专家进行施工方案论证的有(　　)。

A.深基坑工程　　　　　　　　　　B.地下暗挖工程

C.脚手架工程　　　　　　　　　　D.高大模板工程

E.爆破工程

4.根据《建设工程安全生产管理条例》,下列施工起重机械进行登记时提交的资料中,属于机械使用有关情况的是(　　)。

A.制造质量证明书　　　　　　　　B.检验证书

C.使用说明书　　　　　　　　　　D.起重机械的管理制度

5.建筑施工企业安全生产管理中,(　　)是清除隐患,防止事故,改善劳动条件的重要手段。

A.安全监督制度　　　　　　　　　B.安全管理报告管理制度

C.三同时制度　　　　　　　　　　D.安全检查制度

6.《中华人民共和国安全生产法》规定,生产经营单位新建工程项目的安全设施必须与

主体工程同时（　　　）。

A. 设计　　　　B. 招标　　　　C. 施工　　　　D. 验收　　　　E. 使用

7. 建设工程施工安全控制的具体目标包括（　　　）。

A. 改善生产环境和保护自然环境　　　B. 减少或消除人的不安全行为

C. 提高员工安全生产意识　　　D. 减少或消除设备、材料的不安全状态

E. 安全事故整改

8. 施工安全控制程序包括：①安全技术措施计划的落实和实施；②编制建设工程项目安全技术措施计划；③安全技术措施计划的验证；④确定每项具体建设工程项目的安全目标；⑤持续改进。其正确顺序是（　　　）。

A. ②→④→①→③→⑤　　　　B. ④→②→①→③→⑤

C. ④→②→③→①→⑤　　　　D. ②→③→④→①→⑤

9. 施工安全技术措施应能够在每道工序中得到贯彻实施，既要考虑保证安全要求，又要考虑现场环境条件和施工技术。这表明施工安全技术措施要（　　　）。

A. 具有针对性和可操作性　　　　B. 具有针对性和全面性

C. 具有可行性和可操作性　　　　D. 力求全面、具体、可靠

10. 施工项目的安全检查应由（　　　）组织，定期进行。

A. 项目技术负责人　　　　B. 项目经理

C. 专职安全员　　　　D. 企业安全生产部门

11. 为了贯彻实施安全生产管理制度，工程承包企业应结合自身实际情况建立健全本企业的安全生产规章制度，一般包括（　　　）等。

A. 安全值班制度　　　　B. 各种安全技术操作规程

C. 安全事故预报制度　　　　D. 加班加点审批制度

E. 防火、防爆、防雷、防静电制度

12. 建设工程生产安全检查的主要内容包括（　　　）。

A. 管理检查　　　　B. 思想检查　　　　C. 危险源检查

D. 隐患检查　　　　E. 整改检查

13. 下列建设工程安全隐患的不安全因素中，属于"物的不安全状态"的是（　　　）。

A. 物体存放不当　　　　B. 个人防护用品缺陷

C. 未正确使用个人防护用品　　　　D. 对易燃、易爆等危险品处理不当

14. 某工程施工期间，安全人员发现作业区内有一处电缆井盖遗失，随即在现场设置防护安全网及警示牌，并设照明及夜间警示红灯，这是建设安全事故隐患处理中（　　　）原则的具体体现。

A. 动态治理　　　　B. 单项隐患综合治理

C. 冗余安全度治理　　　　D. 直接隐患与间接隐患并治

15. 下列建设工程生产安全事故应急预案的具体内容中，属于现场处置方案的是（　　　）。

A. 信息发布　　　　B. 应急处置　　　　C. 经费保障　　　　D. 事故征兆

16. 建设工程安全生产事故应急预案中，针对深基坑开挖可能发生的事故、相关危险源和应急保障而制定的计划属于（　　　）。

A. 综合应急预案　　　　　　　　B. 现场处置方案

C. 专项应急预案　　　　　　　　D. 现场应急预案

17. 施工现场应急处置方案的内容主要是(　　)。

A. 应急工作原则　　　　　　　　B. 信息发布

C. 应急组织与职责　　　　　　　D. 应急预案体系

18. 应急预案的评审或者论证应当注重应急预案基本要素的(　　)。

A. 完整性　　　B. 针对性　　　C. 实用性　　　D. 操作性

19. 应急预案的评审或者论证应当注重应急预案响应程序的(　　)。

A. 完整性　　　B. 针对性　　　C. 实用性　　　D. 操作性

20. 关于安全生产事故应急预案管理的说法,正确的是(　　)。

A. 非参建单位的安全生产及应急管理方面的专家,均可受邀参加应急方案评审

B. 应急预案应报同级人民政府和上一级安全生产监督管理部门备案

C. 生产经营单位应每半年至少组织一次现场处置方案演练

D. 生产经营单位应每年至少组织两次综合应急预案演练或者专项应急预案演练

21. 根据《生产安全事故报告和调查处理条例》(国务院令〔2007〕493 号),下列安全事故中属于重大事故的是(　　)。

A. 3 人死亡,10 人重伤,直接经济损失达 2000 万元

B. 36 人死亡,50 人重伤,直接经济损失达 6000 万元

C. 2 人死亡,100 人重伤,直接经济损失达 1.2 亿元

D. 12 人死亡,直接经济损失达 960 万元

22. 建设工程安全事故处理的原则有(　　)。

A. 事故单位未受到处理不放过

B. 事故原因未查清不放过

C. 事故责任人未受到处理不放过

D. 事故未制定整改措施不放过

E. 事故有关人员未受到教育不放过

23. 根据《生产安全事故报告和调查处理条例》(国务院令〔2007〕493 号),事故调查报告的内容主要有(　　)。

A. 事故发生单位概况

B. 事故发生经过和事故救援情况

C. 事故责任者的处理结果

D. 事故造成人员伤亡和直接经济损失

E. 事故发生的原因和事故性质

24. 发生建设工程重大安全事故时,负责事故调查的人民政府应当自收到事故调查报告起(　　)d 内做出批复。

A. 30　　　　　　B. 45　　　　　　C. 60　　　　　　D. 15

25. 某工程施工中,因脚手架坍塌导致了 650 万元的直接经济损失。该事件的正确处理做法是(　　)。

A. 向当地建设行政主管部门报告

B. 负责事故调查的人民政府应当自收到事故调查报告之日起 30d 内做出批复

C. 向设区的当地市级人民政府安全生产监督管理部门报告

D. 该施工单位可以自行组织事故调查组进行调查

E. 事故调查要确定事故的直接责任者、间接责任者和主要责任者

26. 根据《企业职工伤亡事故分类标准》(GB 6441—1986),下列事故中属于与建筑业有关的职业伤害事故有( )。

A. 物体打击   B. 触电   C. 机械伤害

D. 辐射伤害   E. 火药爆炸

小组成员 (姓名、学号)		组号	
		组长	

学生学习任务(九)评价标准及评语

评价标准			
理论知识训练			实务操练
★ 基础知识	★ 核心知识	拓展知识	（50分）
（15分）	（25分）	（10分）	
评语			
授课教师 评语			
			教师签名：

情境十　项目收尾管理与后评价

学生学习任务(十)

课程名称:建筑工程项目管理与实务　专业:　　　　　　授课教师:

课程内容	情境十　项目收尾管理与后评价	日期	
任务题目			

一、理论问答题

(一)基础知识题

1.简述项目收尾管理的内容。

2.简述编制项目竣工决算应遵循的程序。

3.项目后评价主要有哪几个特点?

(二)核心知识题

1.谁应全面负责项目竣工收尾工作?

2.项目竣工结算应由哪方编制？由哪方审查？

3.哪方应制定项目回访和保修制度并纳入质量管理体系？

4.项目建成后评价主要从哪几个方面进行判定？

(三)拓展知识题

1.简述竣工计划应包括的内容。

2.项目后评价基本指标包括哪几个方面？

二、附加题

1.项目的竣工验收是投资由建设转入生产、使用和运营的标志,是( )。

A.全面考核和检查建设工作是否符合设计要求的重要环节

B.项目单位、合同商向投资者汇报建设成果的过程

C.向投资者交付新增固定资产的过程

D.出资人验收项目监理服务质量的过程

E.全面考核和检查建设工程质量的重要环节

2.工程项目竣工报告工作的程序和内容中不包括( )。

A.编写项目验收报告　　　　　　　　B.对项目施工和供货商的预验收

C.编制竣工决算书　　　　　　　　　D.准备竣工资料

3.我国开展项目后评价是( )的一项基础工作。

A.建立和实施政府投资项目行政问责制　　B.建立法律责任追究制

C. 建立政府项目管理体制   D. 实施政府监管职能

4. 项目后评价是对已建成项目的(　　)进行系统、客观的分析。

A. 评价时点以后的工作   B. 投资主体的工作

C. 规划目标   D. 执行过程

E. 作用和影响

5. 下列工作中,不属于投资项目后评价任务的是(　　)。

A. 项目效益评价   B. 项目效果评价

C. 总结经验教训   D. 追究项目决策失误责任

6. 与投资项目前评估相比,后评价的最大特点是(　　)。

A. 独立性   B. 公正性   C. 信息反馈   D. 客观性

7. 与投资项目前期评估相比,后评价的特定功能是(　　)。

A. 评价功能   B. 论证功能   C. 反馈功能   D. 预测功能

8. 投资项目后评价的技术安全评价,应分析项目所采用技术的可靠性、(　　)、安全运营水平等。

A. 主要技术风险   B. 技术先进性

C. 安全管理水平   D. 安全操作规程

9. 投资项目技术后评价,主要是评价项目所采用的工艺技术与装备水平的(　　)。

A. 领先性、合理性、经济性、安全性

B. 可靠性、可用性、科学性、安全性

C. 可靠性、合理性、经济性、科学性

D. 先进性、适用性、经济性、安全性

10. 项目后评价的环境影响后评价内容包括(　　)。

A. 项目目标评价   B. 项目污染控制   C. 项目就业影响

D. 项目区域生态平衡   E. 项目环境管理

11. 投资项目环境影响后评价的内容一般包括(　　)等。

A. 项目控制污染的能力

B. 项目对环境质量标准的影响

C. 项目对区域生态平衡的影响

D. 环境管理规划合理性

E. 自然资源利用情况

12. 项目后评价中,项目可持续性分析的要素包括(　　)等。

A. 财务   B. 污染控制   C. 技术水平

D. 社会就业   E. 政策调整

小组成员 (姓名、学号)		组号	
		组长	

学生学习任务(十)评价标准及评语

评价标准			
理论知识训练			实务操练
★ 基础知识	★ 核心知识	拓展知识	（50分）
（15分）	（25分）	（10分）	
评语			
授课教师 评语			
			教师签名：

高等职业教育土建施工类专业"互动化"系列教材

互联网+
全媒体

建筑工程项目管理与实务

◆ 主　编　李君宏　　马俊文
◆ 副主编　邵海东　　陶　晖
　　　　　　杨艳凤　　程玉强

微课版

WUHAN UNIVERSITY PRESS
武汉大学出版社

图书在版编目(CIP)数据

建筑工程项目管理与实务/李君宏,马俊文主编.—武汉:武汉大学出版社,2017.11(2023.5重印)
高等职业教育土建施工类专业"立体化"系列教材
ISBN 978-7-307-19638-4

Ⅰ.建… Ⅱ.①李… ②马… Ⅲ.建筑工程—工程项目管理—高等职业教育—教材 Ⅳ.TU71

中国版本图书馆 CIP 数据核字(2017)第 201050 号

责任编辑:孙 丽 杨赛君　　责任校对:方竞男　　　　装帧设计:吴 极

出版发行:**武汉大学出版社** （430072 武昌 珞珈山）
　　　（电子邮箱:whu_publish@163.com 网址:www.stmpress.cn）
印刷:武汉市金港彩印有限公司
开本:787×1092 1/16 印张:17.5 字数:442 千字
版次:2017 年 11 月第 1 版 2023 年 5 月第 3 次印刷
ISBN 978-7-307-19638-4 定价:64.00 元

特别提示

　　教学实践表明,有效地利用数字化教学资源,对于学生学习能力以及问题意识的培养乃至怀疑精神的塑造具有重要意义。

　　通过对数字化教学资源的选取与利用,学生的学习从以教师主讲的单向指导模式转变为建设性、发现性的学习,从被动学习转变为主动学习,由教师传播知识到学生自己重新创造知识。这无疑是锻炼和提高学生的信息素养的大好机会,也是检验其学习能力、学习收获的最佳方式和途径之一。

　　本系列教材在相关编写人员的配合下,逐步配备基本数字教学资源,主要内容包括:

　　文本:课程重难点、思考题与习题参考答案、知识拓展等。

　　图片:课程教学外观图、原理图、设计图等。

　　视频:课程讲述对象展示视频、模拟动画,课程实验视频,工程实例视频等。

　　音频:课程讲述对象解说音频、录音材料等。

数字资源获取方法:

① 打开微信,点击"扫一扫"。

② 将扫描框对准书中所附的二维码。

③ 扫描完毕,即可查看文件。

更多数字教学资源共享、图书购买及读者互动敬请关注"开动传媒"微信公众号!

丛 书 序

信息技术促使高等教育新一轮改革,我国高等教育正处在"教育改革促进教育信息化发展,教育信息化支撑教育改革"的关键时期。在移动互联网时代,知识以"碎片化"的方式呈现在我们面前,学习也表现出碎片化的特征。面对这样一场改革,高等教育工作者唯有充分发挥主观能动性,深刻理解这一历史性变革的本质和特征,才能在信息化浪潮中不断促进高等教育的改革与创新,担负起时代赋予的神圣使命。

本丛书依据土建类高职院校的办学宗旨和办学理念,响应《教育部关于全面提高高等教育质量的若干意见》(教高〔2012〕4 号)和《教育部关于全面提高高等职业教育教学质量的若干意见》(教高〔2006〕16 号)文件精神,结合高职高专土建施工类专业——建筑工程技术专业核心岗位能力需求编写而成,提出以"图、册、库、教本"为四大构成元素的"立体化"教材编写思路。

☆"图"指《建筑工程技术专业核心课实训导图》;

☆"册"指与课程教材配套的"教师教学手册"和"学生学习手册";

☆"库"指在"互联网+"背景下的多种媒体形式的课程教学资源库;

☆"教本"指课程教材,是教师教学和学生学习的主要工具和参考资料。

"立体化"教材倡导以"应用"为主旨,采用"教、学、做"一体化教学模式开展教学活动。"教师教学手册"主要综合建筑工程技术专业核心课程内容,确定课程标准,提炼核心知识点和核心技能点,设计教学过程,为教师完成"教"的过程提供有力支撑;"学生学习手册"将专业课核心知识围绕案例资料设计成学生学习任务,为学生开展学习活动中的"学"提供重要学习资料;《建筑工程技术专业核心课实训导图》和课程教学资源库为"做中学、学中做"建立良好纽带,并提供案例支撑。

"立体化"教材的四个元素高效运用的前提是创建教学场景,组建学习团队。教学过程中以《建筑工程技术专业核心课实训导图》为纽带,以"教师教学手册"和"学生学习手册"为载体,以课程教学资源库为保障,实现"案例引领,团队合作"模式的教学活动,使学生在学习过程中占据主导地位。

"立体化"教材倡导"营造情境、案例引领、任务驱动、团队合作、师生互评、教学做融合"的教学模式,这符合国家当前对高等职业教育的要求。本丛书在使用过程中可促使教学计划、课程大纲不断更新,也可促进双师型教师队伍建设,更重要的是能够促进教学方法改革,改进传统教学方式,使教学过程变成一种交流活动,这对于加强学生的团队意识、提高学生的动手能力有很大帮助。

数字化课程教学资源库与课程理论知识的深度融合是本丛书的一大亮点,依托全媒体和移动互联网技术,将传统纸质教材和网络资源有机地集成到一起形成数字化教材,使学生在任何时间、任何地点都能学习,学习活动更加自主化,学习方式更加多样化。

本丛书在中国建设教育协会成人与高职委员会三分会西北协作组各位专家的大力支持下出版,在此表示由衷的感谢!

2017 年 4 月

前　言

本系列教材依据高职院校的办学宗旨和办学理念,结合高职高专院校土建施工类专业人才培养需求,以"教、学、做"模式为手段,以"图""册""库""教本"为组成元素,以强化学生实践操作能力和职业能力为核心目的编写而成。"立体化"教材的开发和使用将带动土建施工类专业课程的调整与建设,引导课程内容改革,促进"理实一体化"教学模式的建设。

本课程"立体化"教材由本课程的教师教学手册、学生学习手册、《建筑工程技术专业核心课实训导图》、本课程教学资源库及教本五部分组成。本课程教本是该课程"立体化"教材的一个组成元素,是教师教学和学生学习过程中的主要学习工具和参考资料。以课程教本内容为依据,以教师教学手册为指导,在《建筑工程技术专业核心课实训导图》的驱动下,依托本课程教学资源库,完成学生学习手册中的学习任务。将五部分内容紧密结合起来,完成本课程的教学任务,真正实现"做中学、学中做",达到培养高水平技能应用型人才的目的。

本书包括十部分内容:概述,建筑工程项目前期策划,范围管理、信息管理、风险管理,资源管理,进度管理,费用管理,质量管理,环境管理,安全管理,项目收尾管理与后评价。

本书是高等职业教育土建施工类专业"立体化"系列教材之一。本书适用于高职高专建筑工程技术、建设工程监理、工程管理、工程造价、建筑设计等专业,也可作为土建行业技术人员的参考用书。

本书由李君宏、马俊文担任主编,邵海东、陶晖、杨艳凤、程玉强担任副主编。具体编写分工如下:李君宏编写情境八,马俊文编写情境二、情境三,邵海东编写情境四,陶晖编写情境五、情境七,杨艳凤编写情境六、情境九,程玉强编写情境一、情境十。全书由李君宏负责统稿。

本书微课视频由马俊文、邵海东、陶晖、杨艳凤、程玉强录制。具体录制分工如下:马俊文录制情境二、情境八,邵海东录制情境七、情境九,陶晖录制情境四、情境六,杨艳凤录制情境三、情境五,程玉强录制情境一、情境十。

　　本书在编写过程中得到了甘肃建筑职业技术学院及中国建设教育协会成人与高职委员会三分会西北协作组各位专家的大力支持,在此一并致谢!

　　由于编者水平有限,书中难免存在漏误之处,恳请读者批评指正,以便及时修改。

编　者

2017 年 8 月

"立体化"教材成果简介

目　　录

数字资源目录

情境一　概　述

5分钟看完
情境一

情境目标

1.理解项目管理相关概念,熟悉工程项目的生命周期及阶段划分。

2.了解工程项目管理常见的几种模式。

3.掌握建设工程项目中涉及的各参与方及其责任。

4.掌握项目管理大纲及项目管理实施规划的内容。

情境内容

1.工程项目管理背景。

2.工程项目管理及建设工程生命周期。

3.工程项目管理模式。

4.建设工程中各参与方的项目管理。

5.项目管理规划。

情境一　概述微课

情境知识点和技能点

知识领域		知识单元	知识点
知识领域	核心知识单元	工程项目管理相关概念	1. 工程项目的概念及分类; 2. 工程项目管理的概念、任务及内涵
		生命周期	1. 工程项目投资建设周期; 2. 阶段划分
		工程项目管理模式	1. 业主方管理模式; 2. 融资管理模式; 3. 承发包管理模式
		各参与方的项目管理	1. 业主对项目的管理; 2. 设计方对项目的管理; 3. 施工方对项目的管理; 4. 供货方对项目的管理; 5. 政府对项目的管理; 6. 银行对项目的管理
		项目管理规划	1. 项目管理规划大纲; 2. 项目管理实施规划
	拓展知识单元	工程项目管理的背景、现状	1. 工程管理的背景; 2. 建筑工程管理的现状
技能领域		技能单元	技能点
技能领域	核心技能单元	工程项目投资建设周期	能划分建设周期的阶段
		工程项目管理模式	能正确选择适用的管理模式
	拓展技能单元	项目管理规划文件的编制	1. 能编制项目管理规划大纲; 2. 能编制项目管理实施规划

情境案例

某大型建设工程项目从开始筹建到正式运行,在"多方人员"协同参与下历时5年,终于完工并交付使用,在工程建设期间,因为资金不足曾向银行贷款。

问题:

(1)"多方人员"分别指哪些参与方?

(2)该工程从规划到正式运行,经历了哪些阶段?

(3)各个参与方的主要任务是什么?

模块一　工程项目管理背景与现状

项目管理作为工程建设中策划和组织的手段,是人类智慧数千年的积淀,城市化、工业化的发展都离不开工程项目管理。

一、国外项目管理的发展

(1)在 20 世纪 60 年代末和 20 世纪 70 年代初期,工业发达国家开始将项目管理的理论和方法应用于建设工程领域,并于 20 世纪 70 年代中期前后在大学开设了与工程管理相关的专业。

(2)项目管理的应用首先在业主方的工程管理中,随后逐步在承包方、设计方和供货方中得到推广。

(3)20 世纪 70 年代中期前后兴起了项目管理咨询服务,项目管理咨询公司的主要服务对象是业主,但它也服务于承包方、设计方和供货方。

(4)国际咨询工程师联合会(FIDIC)于 1980 年颁布了《业主方与项目管理咨询公司的项目管理合同条件》。该文本明确了代表业主方利益的项目管理方的地位、作用、任务和责任。

(5)在许多国家,项目管理由专业人士担任,如建造师可以在业主方、承包方、设计方和供货方从事项目管理工作,也可以在教育、科研和政府等部门从事与项目管理有关的工作。

二、国内项目管理的发展

(1)我国从 20 世纪 80 年代初期开始引进建设工程项目管理的概念(在云南鲁布革水电站项目中首次引入),世界银行和一些国际金融机构要求接受贷款的业主方应用项目管理的思想、组织、方法和手段,组织实施建设工程项目。

(2)我国于 1983 年由国家计划委员会提出推行项目前期项目经理负责制。

(3)我国于 1988 年开始推行建设工程监理制度。

(4)1995 年,我国建设部颁发了《建筑施工企业项目经理资质管理办法》,推行项目经理负责制。

(5)为了加强建设工程项目总承包与施工管理,保证工程质量和施工安全,根据《中华人民共和国建筑法》和《建设工程质量管理条例》的有关规定,原人事部、建设部决定,对建设工程项目总承包及施工管理的专业技术人员实行建造师执业资格制度。2002 年我国人事部和建设部颁布了《建造师执业资格制度暂行规定》(人发〔2002〕111 号)的通知。

(6)2003 年我国建设部发布《关于建筑业企业项目经理资质管理制度向建造师执业资格制度过渡有关问题的通知》。

(7)为了适应投资建设项目管理的需要,经原人事部、国家发展和改革委员会研究决定,对投资建设项目高层专业管理人员实行职业水平认证制度。2004 年人事部与国家发展和改革委员会颁布了国人部发〔2004〕110 号关于印发《投资建设项目管理师职业水平认证制度暂行规定》和《投资建设项目管理师职业水平考试实施办法》的通知。

(8)2006 年 6 月我国发布了《建设工程项目管理规范》(GB/T 50326—2006)。

三、建筑工程项目管理现状

(一)国内外工程理念的差异

1.国外工程理念和工程界的热点问题

国外对建筑工程的基本认识:在达到工程功能目标的前提下,具有可施工性、可维护性、可扩展性、可回收性,而且应符合低碳、低能耗、生态化、人性化、全寿命期费用优化等要求。大规模工程建设已经过去,目前的重点是加固、改造、在用工程的健康管理、工程拆除后的生态复原等。

2.国内关注的问题

我国虽然有科学发展观、建设资源节约型和环境友好型社会、以人为本、循环经济等基本战略,但真正的指导思想仍以促进经济发展为核心。

(二)我国工程项目管理状况

1.基本评价

(1)我国是建筑大国,建筑工程最为兴旺,并不缺少实践方法和工具,专业工程技术、施工技术、管理工具(网络技术、软件)、高科技硬件等基本上与国外同步,但对工程项目管理的研究和应用却相对落后;

(2)工程领域从高层决策,到规划设计、施工、采购存在非理性思维;

(3)严重拖延工期,超支现象普遍,重大事故频繁发生。

2.工程及管理易发问题

(1)安全、质量事故频发;

(2)材料浪费、环境污染;

(3)拆迁已成社会问题;

(4)腐败重灾区。

大连建筑工地
坍塌事故视频

3.工程管理方面取得的成绩

(1)管理倡导务实性。

工程管理依托实践,不墨守成规,因时因地因人制宜,针对不同的项目进行不同的管理,体现工程管理求真务实的特点。

(2)管理目标的可度量性。

管理目标包括投资目标、进度目标、质量目标。因此,管理目标的可度量性就体现在以下几个方面。

①投资目标的可度量性,如工程量清单等方法;

②进度目标的可度量性,如网络计划技术、S形曲线等各种技术;

③质量目标的可度量性,如质量控制图、因果分析图、直方图等方法和国家的质量管理技术规范。

(3)管理效果的可验证性。

实践是检验真理的唯一标准,通过实践反馈回来的信息可以验证项目管理的效果,具体如下。

①项目是否按时完成;

②成本控制是否在预算范围内;

③是否出现质量缺陷;

④是否发生安全事故;

⑤生产效率的高低;

⑥项目收益的好坏。

(4)管理的信息化。

如今,工程管理信息化被广泛采用,计算机和软件已经成为工程管理极为重要的方法和手段。

(5)管理呼吁可持续发展。

在人们日益重视生态、资源、环境问题的今天,可持续发展越来越成为人们关注的热点,社会呼吁可持续的绿色工程和绿色工程管理。

模块二　工程项目管理及生命周期

一、工程项目

1.工程项目的概念和分类

(1)概念。

工程项目是指为了形成特定的生产能力或使用效能而进行投资和建设,并形成固定资产的各类项目,包含建筑安装工程和设备购置。

(2)分类。

依据不同的标准,工程项目有着不同的分类方式。

①按投资来源,其可分为政府投资项目、企业投资项目、利用外资项目及其他投资项目。

②按建设性质,其可分为新建项目、改建项目、迁建和扩建项目。

③按项目用途,其可分为生产性项目和非生产性项目。

④按生产领域,其可分为工业项目、交通运输项目、农林水利项目和社会事业项目等。

⑤按照项目经济特征,其可分为竞争性项目、公共项目和其他项目。

2.工程项目的特征

(1)具有一般项目的典型特征。

①项目的一次性。每个项目都有确定的开始和结束时间,属于一次性的任务,不是持续不断的。

②项目的唯一性。每个项目由于其建设时间、地点和条件的因素,会表现出与其他项目不一样的特点。项目一般都有自己的目标、内容和生产过程,其结果只有一个。也就是说,世界上没有哪两个项目是完全一样的,这就是项目的唯一性。只有认识了项目的唯一性,才能有针对性地根据项目的特殊情况和要求进行管理。

③项目相关条件的约束性。凡是项目都有约束条件,项目只有满足约束条件才能成功。

限定的时间、限定的费用、限定的质量,通常称这三个约束条件为项目的三大目标,它是项目目标完成的前提。

④项目目标的明确性。每个项目都有明确的目标,包括成果性目标和约束性目标。

(2)工程项目与一般项目相比,更具复杂性,主要表现在以下几个方面。

①工程项目交易及生产过程的复杂性(先交易,后生产);

②工程项目组织的复杂性(目标多、涉及面广、群体作业);

③工程项目环境的复杂性(政治局势,社会、经济、法律、文化环境,项目的建设条件和自然条件)。

二、工程项目管理

1.工程项目管理的概念

所谓工程项目管理,就是运用科学的理念、程序和方法,采用先进的管理技术和现代化管理手段,对工程项目投资建设进行策划、组织、协调和控制的系列活动。

工程项目管理
相关概念

2.工程项目管理的任务

选择合适的管理方式,构建科学的管理体系,进行规范有序的管理,力求在项目决策和实施中各阶段、各环节的工作协调、顺畅、高效,以达到工程项目的投资建设目标,实现项目建设投资省、质量优、效果好的目的。

3.工程项目管理的内涵

工程项目管理的内涵是自项目开始至项目完成,通过项目策划和项目控制,使项目的费用目标、进度目标和质量目标得以实现。该定义有关字段的含义如下:

(1)"自项目开始至项目完成"指的是项目的实施阶段;

(2)"项目策划"指的是目标控制前的一系列筹划和准备工作;

(3)"费用目标"对业主而言是投资目标,对施工方而言是成本目标。

由于项目管理的核心任务是项目的目标控制,因此按项目管理学的基本理论,没有明确目标的建设工程不是项目管理的对象。在工程实践意义上,如果一个建设项目没有明确的投资目标、进度目标和质量目标,就没有必要进行管理,也无法进行定量的目标控制。

一个建设工程项目往往由许多参与单位承担不同的建设任务和管理任务(如勘察、土建设计、工艺设计、工程施工、设备安装、工程监理、建设物资供应、业主方管理、政府主管部门的管理和监督等),各参与单位的工作性质、工作任务和利益不尽相同,因此就形成了代表不同利益方的项目管理。由于业主方是建设工程项目实施过程的总集成者,即人力资源、物质资源和知识的集成,同时也是建设工程项目生产过程的总组织者,因此对于一个建设工程项目而言,业主方的项目管理往往是该项目的项目管理核心。

4.工程项目管理的类型

按建设工程项目不同参与方的工作性质和组织特征,项目管理有如下几种类型:

(1)业主方的项目管理(如投资方和开发方的项目管理,或由工程管理咨询公司提供的代表业主方利益的项目管理服务);

(2)设计方的项目管理;

(3)施工方的项目管理(施工总承包方、施工总承包管理方和分包方的项目管理);

(4)建设物资供应方的项目管理(材料和设备供应方的项目管理);

(5)建设项目总承包(或称为建设项目工程总承包)方的项目管理,如设计和施工任务综合的承包的项目管理,或设计、采购和施工任务综合的承包(简称 EPC)的项目管理等。

三、建设工程项目的全寿命周期及阶段划分

建设工程项目全寿命周期可划分为三个阶段:决策阶段、实施阶段、使用阶段(运营阶段或运行阶段)。

1.决策阶段

从项目建设意图的酝酿开始,到调查研究,编写和报批项目建议书,编制和报批项目的可行性研究等项目前期的组织、管理、经济和技术方面的论证,都属于项目决策阶段的工作。项目立项(立项批准)是项目决策的标志。决策阶段管理工作的主要任务是确定项目的定义,一般包括如下内容:

①确定项目实施的组织;

②确定和落实建设地点;

③确定建设任务和建设原则;

④确定和落实项目建设的资金;

⑤确定建设项目的投资目标、进度目标和质量目标等。

大体来说,决策阶段又可分为项目建议书阶段和可行性研究阶段。

(1)项目建议书阶段。

项目建议书是建设单位向主管部门提出的要求建设某一项目的建议性文件,是对拟建项目的轮廓设想,主要论证拟建项目的必要性。项目建议书一般包括以下内容:

①建设项目提出的必要性和依据;

②拟建工程规模和建设地点的初步设想;

③资源情况、建设条件、协作关系等的初步分析;

④投资估算和资金筹措的初步设想;

⑤经济效益和社会效益的估计。

(2)可行性研究阶段。

项目建议书经批准后,应紧接着进行可行性研究工作。可行性研究是项目决策的核心,是对建设项目在技术上是否可行,经济上是否合理,进行全面的科学分析论证工作,是对建设项目技术性、经济性的深入论证阶段,为项目决策提供可靠的技术经济依据。其主要内容包括:

①建设项目提出的背景、必要性、经济意义和依据;

②拟建项目规模、产品方案、市场预测;

③技术工艺、主要设备、建设标准；

④资源、材料、燃料供应和运输及水、电条件；

⑤建设地点、场地布置及设计方案；

⑥环境保护、防洪、防震等要求与相应措施；

⑦劳动定员及培训；

⑧建设工期和进度建议；

⑨投资估算和资金筹措方式；

⑩经济效益和社会效益分析。

可行性研究的主要任务是对多种方案进行分析、比较，提出科学的评价意见，推荐最佳方案。在可行性研究的基础上，编制可行性研究报告。经批准的可行性研究报告是初步设计的依据，不得随意修改和变更。如果在建设规模、产品方案等主要内容上需要修改或突破投资控制数，则应经原批准单位复审同意。

2. 实施阶段

项目的实施阶段包括设计准备阶段、设计阶段、施工阶段、动用前准备阶段。项目实施阶段管理的主要任务是通过管理使项目的目标得以实现。建设工程项目管理的时间范畴是建设工程项目的实施阶段，本阶段在工程项目建设周期中工作量最大，投入的人力、物力和财力也最多。

（1）设计准备阶段。

设计准备阶段是项目实施的第一个阶段，即从项目立项到设计开始前的准备阶段。设计准备阶段最主要的工作是编制设计任务书，其主要内容有：

①设计项目名称、建设地点。

②批准设计项目的文号、协议书文号及其有关内容。

③设计项目的用地情况，包括建设用地范围、地形、场地内原有建筑物、构筑物、要求保留的树木及文物古迹的拆除和保留情况等，还应说明场地周围道路及建筑等环境情况。

④工程所在地区的气象、地理、水文条件、建设场地的工程地质条件。

⑤水、电、气、燃料等能源供应情况，公共设施和交通运输条件。

⑥环保、卫生、消防、人防、抗震等要求和依据资料。

⑦材料的供应及施工条件。

⑧工程设计的规模和项目组成。

⑨项目的使用要求或生产工艺要求。

⑩项目的设计标准及总投资。

（2）设计阶段。

一般项目进行两阶段设计，即初步设计和施工图设计。技术上比较复杂和缺少设计经验的项目采用三阶段设计，即在初步设计后面增加技术设计。

①初步设计。

初步设计是对批准的可行性研究报告所提出的内容进行概略的设计，做出初步的实施方案，进一步论证该建设项目在技术上的可行性和经济上的合理性，解决工程建设中重要的技术和经济问题,并通过对工程项目所做出的基本技术经济规定,编制项目总概算。

初步设计由建设单位组织审批,初步设计经批准后,不得随意改变建设规模、建设地址、主要工艺过程、主要设备和总投资等控制指标。

②技术设计。

技术设计是在初步设计的基础上,根据更详细的调查研究资料,进一步确定建筑、结构、工艺、设备等的技术要求,使建设项目的设计更具体、更完善,技术经济指标达到最优。

③施工图设计。

施工图设计是在前一阶段的设计基础上,进一步具体化、明确化,完成建筑、结构、水、电、气、工业管道以及场内道路等全部施工图纸、工程说明书、结构计算书以及施工图预算等。

(3)施工阶段。

施工阶段是将计划和施工图变成实物的过程,是建设程序中的一个重要环节。施工之前要认真做好图纸会审工作,编制施工预算和施工组织设计,明确投资、进度、质量的控制要求。施工中要严格按照施工图和图纸会审记录施工,如需变动则应取得建设单位和设计单位的同意;要严格执行有关施工标准和规范,确保工程质量;按合同规定的内容全面完成施工任务。

(4)动用前准备阶段。

动用前准备阶段,是项目投产前由建设单位进行的一项重要工作,是由建设阶段转入生产运营的必要条件。建设单位应适时做好有关生产准备工作,其主要内容包括:

①生产组织准备。建立生产经营的管理机构及其相应管理制度。

②人员的培训。按照生产运营的要求,配备生产管理人员,并通过多种形式的培训提高人员素质,使之满足运营要求。

③生产技术准备。主要包括技术资料的汇总、运行技术方案的制订、岗位操作规程的制订和新技术准备。

④生产物资准备。主要是落实投产运营所需要的原材料、协作产品、工器具、备品备件等。

⑤其他必需的生产准备。

3. 使用阶段

对于经营性工程项目,如高速公路、垃圾处理厂等,其使用阶段工作较为复杂,包括经营和维护两大任务;对于非经营性工程项目,如住宅地产等,使用阶段主要通过鉴定、修缮、加固、拆除等活动,保证工程项目的功能、性能能够满足正常使用的要求。

从工程项目管理的角度看,在项目运营期间,主要工作有工程的保修、回访、相关后续服务、项目后评价等。

模块三 工程项目管理模式

一、工程项目管理模式的种类

工程项目管理模式的选择是项目策划阶段的重要工作之一,它规定了工程项目投资建设的基本组织模式,以及在完成项目过程中各参与方所扮演的角色及合同关系。工程项目的管理模式确定了工程项目管理的总体框架,项目各参与方的职责、义务和风险分担,因而在很大程度上决定了项目的合同管理方式、建设速度、工程质量和造价。

工程项目的管理模式分为业主方管理模式、项目融资管理模式、承发包管理模式。

1. 工程项目业主方管理模式

(1)业主自行管理模式。

业主自行管理模式的优缺点如下。

优点:

①充分保障业主方对工程项目的控制;

②随时采取措施保障业主利益的最大化。

缺点:

①组织机构庞大,建设管理费用高;

②对于缺少连续性项目的业主而言,不利于管理经验的积累。

(2)业主委托管理模式。

①项目管理(Project Management,简称 PM)服务模式。

PM 服务是指从事工程项目管理的企业受业主委托,按照合同约定,代表业主对工程项目的组织实施进行全过程或若干阶段的管理和服务。项目管理企业不直接与该工程项目的总承包企业或勘察、设计、供货、施工等企业签订合同。项目管理企业一般应按照合同约定承担相应的管理责任。该模式由项目管理企业代替业主进行管理与协调,其优缺点和适用范围如下。

优点:

a. 充分发挥项目经理的经验和优势,且管理思路前后统一;

b. 当业主同时开发多个项目时,可以避免本单位项目管理人员经验不足的缺陷,有效避免失误和损失;

c. 业主可以比较方便地提出必要的设计和施工方面的变更。

缺点:

a. 增加了业主的额外费用;

b. 不利于提高沟通质量;

c. 项目管理单位的职责不易明确。

适用范围:主要用于大型项目或复杂项目,特别适用于业主管理能力不强的项目。

②项目管理承包(Project Management Contracting,简称 PMC)模式。

PMC 模式是指由业主通过招标方式聘请项目管理承包商,作为业主代表或业主的延伸,对项目全过程进行集成化管理。该模式下,PMC 承包商需与业主签订合同,并与业主聘用的咨询单位、专业咨询顾问密切合作,对工程进行计划、管理、协调和控制。业主一般不与施工单位和材料、设备供应商签订合同,但对某些专业性很强的工程内容和工程专用材料、设备,业主可直接与施工单位和材料、设备供应商签订合同。业主与 PMC 承包商所签订的合同既包括管理服务的内容,也包括工程施工承包的内容。PMC 模式的优缺点如下。

优点:

a. 充分发挥管理承包商在项目管理方面的专业技能;

b.统一协调和管理项目的设计与施工,以减少矛盾;

c.有利于减少设计变更;

d.业主与管理承包商的合同关系简单;

e.缩短项目工期。

缺点:

a.由于业主与施工承包商没有合同关系,控制施工难度较大;

b.业主对工程费用不能直接控制,存在很大风险。

③代理型 CM(Agency CM)模式。

CM(Construction Management)模式又称为阶段发包方式或快速轨道方式。其特点是由业主委托的 CM 模式项目负责人(Construction Manager,以下简称 CM 经理)与设计单位、咨询工程师组成联合小组,共同负责组织和管理工程的规划、设计和施工。

CM 模式的优点有:

a.缩短工程项目从规划、设计到竣工的周期;

b.节约投资,减少投资风险,较早地取得收益;

c.预先考虑施工因素,以改进设计的可施工性;

d.可运用价值工程改进设计,以节省投资;

e.进行分项设计,分项竞争性招标,并及时施工,因而设计变更较少。

CM 模式的缺点是:可能导致承包费用较高,因而要做好分析比较,研究项目分项的多少,充分发挥专业分包商的专长。

CM 模式可分为代理型和风险型两种,如图 1-1 所示。

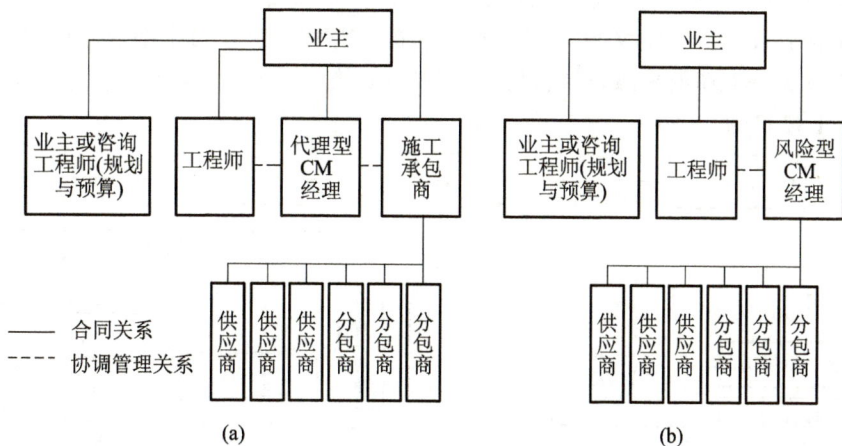

图 1-1 代理型 CM 模式和风险型 CM 模式
(a)代理型 CM 模式;(b)风险型 CM 模式

代理型 CM 模式的特点有:

a. CM 经理按照项目规模、服务范围和时间收取服务费,一般采用固定酬金加管理费(成本补偿合同)的方式。

b.业主在各施工阶段和承包商签订工程施工合同,可以有完善的管理与技术支持。但是在明确整个项目的成本之前,投入较大,索赔与变更的费用可能较高。

c.由于分阶段招标,CM 经理不可能对进度和成本做出保证,业主方投资风险较大。

④"代建制"模式。

"代建制"模式是指投资方经过规定的程序,委托或聘用具有相应资质的工程管理公司或具备相应工程管理能力的其他企业,代理投资人或建设单位组织和管理项目建设的模式。

"代建制"模式除项目管理的内容外,还包括项目策划,报批,办理规划、土地、环评、消防、市政、人防、绿化、开工等手续,选择施工承包商和监理服务单位等内容。

a."委托代理合同"模式。由"项目法人"(或"项目业主")采用招投标方式选定一个工程管理单位作为"代建单位",与"代建单位"(受托方)签订"代建合同"。由代建单位代行项目业主的职能,依据国家有关法律、法规,办理有关审批手续,自主选择工程服务商和承包商。项目建成后协助委托人组织项目的验收。

b.以常设性事业单位为主,实行相对集中的专业化管理,即成立政府投资项目建设管理机构,全权负责公益性项目的建设实施,建成后移交使用单位。

⑤设计-管理(Design-Management)模式。

设计-管理模式通常是指由同一单位向业主提供设计和施工管理服务的项目管理方式。业主与设计-管理公司和施工总承包商分别签订合同,由设计-管理公司负责设计并对项目实施进行管理。该模式通常以设计单位为主,可对总承包商或分包商采用阶段发包方式,从而加快工程进度,其优缺点如下。

a.优点:设计能力相对较强,能充分发挥其在设计方面的优势。

b.缺点:施工管理能力较差,因此无法有效管理施工承包商。

2. 工程项目融资管理模式

工程项目融资管理模式决定了项目的治理机构,是项目策划阶段的首要工作。广义的项目融资包括股权融资和债权融资;狭义的项目融资是指通过项目来融资,由项目公司的期望现金收入作为全部还款来源,还款保证仅限于项目资产、项目合同协议下的利益和权益。

(1)BOT模式(图1-2)。

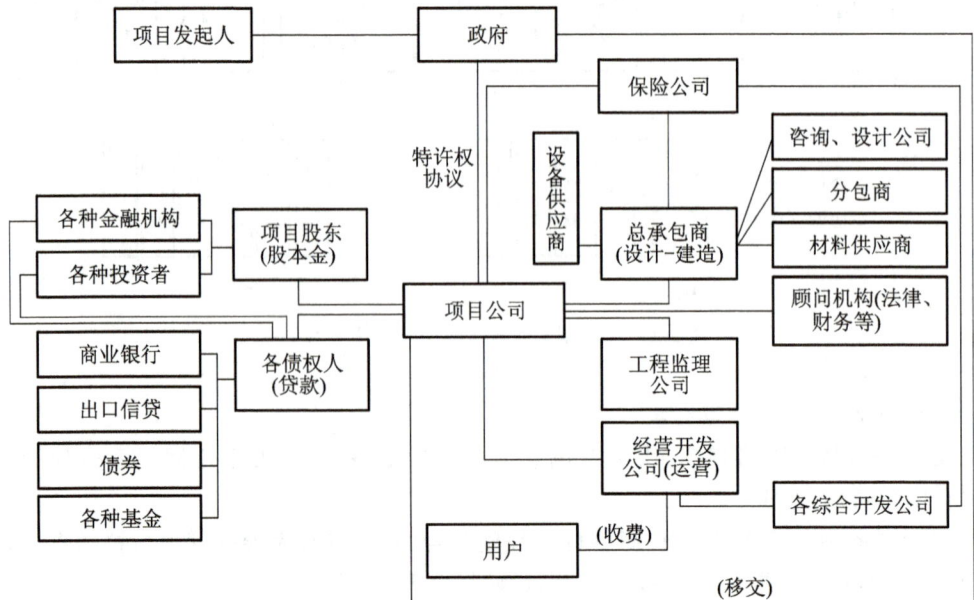

图1-2 BOT典型结构框架

BOT(Build-Operate-Transfer,建造-运营-移交)模式,有时也称为"特许经营权"(Concession)模式,它是指某一财团或若干投资人作为项目的发起人,从一个国家的中央或地方政府获得某项基础设施的特许建造经营权,然后由此类发起人联合其他各方组建股份制的项目公司,负责整个项目的融资、设计、建造和运营的模式。在整个特许期内,项目公司通过项目的运营获得利润,项目公司以运营和经营所得利润偿还债务以及向股东分红。在特许期届满时,整个项目由项目公司无偿或以极低的名义价格移交给国家或地方政府。

(2)PFI 和 PPP 模式。

PFI 和 PPP 模式是指利用私人或私营企业资金、人员、技术和管理优势,向社会提供长期优质公共产品和服务的模式。

BOT、PFI、PPP 三者在本质上是一致的,都是采取由私营企业来负责或承担大部分项目融资的方式,实现了资源在项目全寿命周期的优化配置。政府一般提供政策支持,但不直接参与或少量参与该类项目的管理工作。

3.工程项目承发包管理模式

工程项目承发包模式是指业主单位向项目实施单位购买产品的方式。

(1)传统的发包模式。

传统的发包模式即 DBB(Design-Bid-Build,设计-招标-建造)模式,将设计、施工分别委托不同单位承担。该模式的核心组织为"业主-咨询工程师-承包商"。

这种模式由业主单位委托咨询工程师进行前期的可行性研究等工作,待项目立项后再进行设计,设计基本完成后通过招标选择承包商。业主单位和承包商签订工程施工合同和设备供应合同,由承包商与分包商和供应商单独订立分包及材料的供应合同并组织实施。业主单位一般指派业主代表(可由本单位选派,或从其他公司聘用)与咨询方和承包商联系,负责有关的项目管理工作。施工阶段的质量控制和安全控制等工作一般授权监理工程师进行。

优点:

①由于这种模式被长期、广泛地在世界各地采用,因而管理方法成熟,各方对有关程序熟悉;

②业主可自由选择设计人员,便于控制设计要求,施工阶段也比较容易掌控设计变更;

③可自由选择监理人员监理工程;

④可采用各方均熟悉的标准合同文本(如 FIDIC 施工合同条件),有利于合同管理和风险管理。

缺点:

①项目设计-招标-建造的周期较长,监理工程师对项目的工期不易控制;

②管理和协调工作较复杂,业主管理费用较高,前期投入较高;

③对工程总投资不易控制,特别在设计过程中对"可施工性"考虑不足时,容易产生变更,从而引起较多的索赔;

④出现质量事故时,设计方和施工方容易互相推诿责任。

(2)DB(Design-Build,设计-建造)模式。

DB 模式是指工程总承包企业按照合同约定,承担工程项目设计和施工,以及大多数材料和工程设备的采购,但业主可能保留对部分重要工程设备和特殊材料的采购权。

DB 模式通常采用总价合同,但允许价格调整,也允许某些部分采用单价合同。咨询单位管理的内容有设计管理和施工监理等。由于采用总价合同,承包商承担了大部分责任和风险。DB模式常用于房屋建筑和大中型土木、电力、水利、机械等工程项目,其优缺点如下。

优点:

①由于设计工作由承包商负责,减少了索赔;

②施工经验能够融入设计过程中,有利于提高可建造性;

③对投资和完工日期有实质的保障。

缺点:

①业主无法参与设计单位的选择,对最终设计和细节的控制能力降低;

②总价包干可能影响项目的设计和施工质量。

(3)EPC/T(Engineer-Procurement-Construction/Turnkey,设计-采购-施工/交钥匙)模式。

EPC/T模式是指工程总承包企业按照合同约定,承担工程项目的设计、采购、施工、试运行服务等工作,并对承包工程的质量、安全、工期、造价全面负责,使业主获得一个现成的工程,由业主"转动钥匙"就可以运行。

EPC/T模式的优点有:

①能充分发挥市场机制的作用,促使承包商、设计师、建筑师共同寻求最经济、最有效的方法实施工程项目;

②通过EPC工程项目公司的总承包,可以比较容易地解决设计、采购、施工、试运转整个过程的不同环节中存在的突出问题,使工程项目实施获得优质、高效、低成本的效果。

EPC/T模式主要适用于化工、冶金、电站、铁路等大型基础设施工程,以及含有机电设备的采购和安装的工程项目等。

(4)风险型CM(At-Risk CM)模式。

CM经理在开发和设计阶段相当于业主的顾问,在施工阶段担任总承包商的角色。该模式保证最大工程费用(Guaranteed Maximum Price,简称GMP),如工程结算超过GMP,由CM经理公司赔偿;如果低于GMP,节约的投资归业主所有,但可按约定给予CM经理公司一定比例的奖励性提成。GMP包括工程的预算总成本和CM经理的酬金,但不包括业主方的不可预见费、管理费、设计费、土地费、拆迁费和其他业主自行采购、发包的工作费用等。

(5)DBO(Design-Build-Operate,设计-施工-运营)模式。

DBO模式是指由一个承包商设计并建设一个公共设施或基础设施,并且运营该设施,满足在工程使用期间公共部门的运作要求。承包商负责设施的维修和保养,以及更换在合同期内已经超过其使用期的资产。该合同期满后,资产所有权移交给公共部门。该模式目前通常应用于污水处理领域。DBO模式的合同关系和协调管理关系见图1-3。

相比于传统的发包模式,该模式下承包商不仅承担工程的设计施工,在移交给业主之前的一段时间内还要负责其所建设工程的运营。DBO模式不涉及融资,承包商收回成本的唯一途径就是公共部门的付款,项目所有权始终归公共部门所有。设计和施工成本在竣工时由政府全额支付(或者有些情况下在竣工后分期支付),运营期间由政府部门对承包商的运营服务付费。

DBO模式的优点有:

①责任主体比较单一,设计、施工、运营三个过程均由一个责任主体来完成;

②可以优化项目的全寿命周期成本;

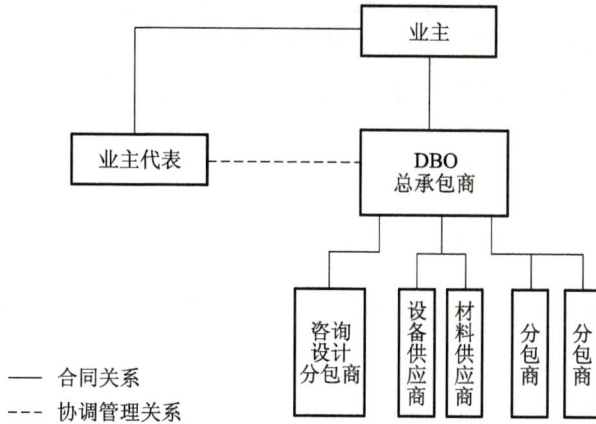

图 1-3 DBO 模式的合同关系和协调管理关系

③使施工的周期更为合理;

④可以保证项目质量长期的可靠性;

⑤从财务角度看,DBO 模式下仅需要承担简单的责任而同时拥有长期的承诺保障。

DBO 模式的缺点是:责任范围的界定容易引起较多争议,招标过程较长,需要专业的咨询公司介入。

二、工程项目管理模式的选择

多种工程项目管理模式是在国内外长期实践中形成的,并得到普遍认可的一系列惯例,这些模式还在不断得到创新和完善。每一种模式都有其优势和局限性,适应于不同种类的工程项目。项目管理者可根据工程项目的特点选择合适的工程项目管理模式。工程项目管理模式所涵盖的服务范围如图 1-4 所示。

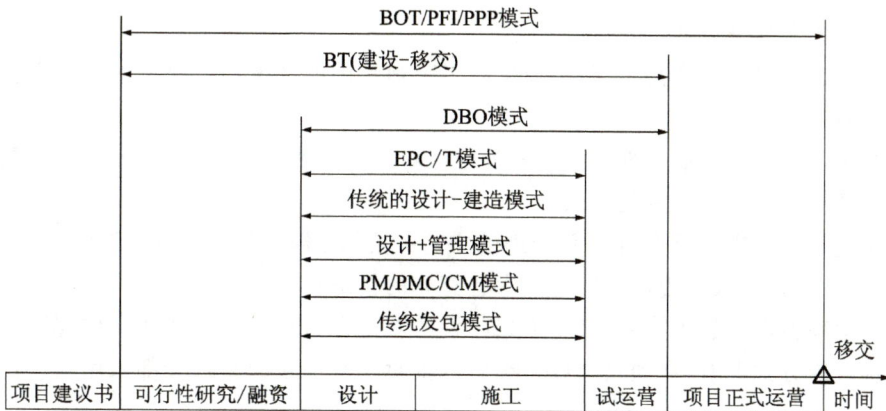

图 1-4 不同项目管理模式所涵盖的服务范围

业主方在选择工程项目管理模式时,应考虑的主要因素包括:

(1)项目的复杂性和对项目的进度、质量、投资等方面的要求;

(2)投资、融资有关各方对项目的特殊要求;

(3)法律法规、部门规章以及项目所在地政府的要求;

（4）项目管理者和参与者对该管理模式认知和熟悉的程度；

（5）项目的风险分担，即项目各方承担风险的能力和管理风险的水平；

（6）项目实施所在地建设市场的适应性，在市场上能否找到合格的实施单位（承包商、管理分包商等）。

模块四　各参与方的项目管理

工程项目涉及多个利益方。这些利益方在不同程度上都需要了解或参与工程项目的管理。

一、项目业主对项目的管理

1.项目业主的含义

广义上讲，项目业主是指项目的出资人（包括资金、技术提供者及其他资产入股者等）；狭义上讲，项目业主是指项目在法律意义上的所有人，可以是单一的投资主体（即投资者），可以是自然人、法人或政府，也可以是各投资主体按照一定法律关系组成的法人形式。

2.业主方项目管理的目的

业主对工程项目的管理，是指项目业主为实现投资目标，运用所有者的权利组织或委托有关单位，对建设项目进行筹划和实施的有关计划、组织、指挥、协调等过程。业主对工程项目管理的主要目的是：

（1）实现投资主体的投资目标和期望；

（2）将工程项目投资控制在预定可接受的范围内；

（3）保证工程项目建成后在项目功能与质量上达到设计标准。

3.业主方项目管理的特点

业主对工程项目管理的特点是由业主在工程项目中的特殊地位决定的。业主方项目管理工作的特点如下：

（1）业主对工程项目的管理代表了投资主体对项目的要求，因此业主要协调各投资主体的关系，协调项目与社会各方的关系。

（2）业主是对工程项目进行全面管理的中心。按照"谁投资、谁决策、谁收益、谁承担风险"的原则，业主在国家法规许可的范围内有充分的投资自主权。业主既是工程项目的决策者，又是工程项目实施的主持者；既是未来收益的获得者，也是可能风险的承担者。

（3）从管理方式上看，在项目建设过程中业主对工程项目的管理大都采用间接而非直接方式。

4.业主管理的主要任务

在工程项目的不同阶段内，业主对工程项目管理的主要任务是不相同的。

（1）决策阶段的主要任务。

业主在工程项目决策阶段的主要工作任务是围绕项目策划、项目建议书、项目可行性研究、项目核准、项目备案、资金申请及相关报批工作开展项目的管理工作，具体包括：

①对投资方向和内容作初步构想,择优聘请有资质、信誉好的专业咨询机构对企业或行业、地区等进行深入分析,开展专题研究及投资机会研究工作,并编制企业发展战略或规划。

②选择咨询机构。

③组织对工程项目建议书和可行性研究报告进行评审,并落实项目资金、建设用地、技术设备、配套设施等建设相关条件。

④根据项目建设内容、建设规模、建设地点和国家有关规定对项目进行决策,报请有关部门审批、核准或备案。

(2)实施准备阶段的主要任务。

①备齐项目选址、资源利用、环境保护等方面的批准文件,协商并取得原料、燃料、水、电等供应及运输等方面的协议文件;

②明确勘察设计的范围和设计深度,选择有信誉和资质合格的勘察、设计单位进行勘察、设计,签订合同,并进行合同管理;

③及时办理有关设计文件的审批工作;

④组织落实项目建设用地,办理土地征用、拆迁补偿及施工场地的平整等工作;

⑤组织开展设备采购与工程施工招标及评标等工作,择优选定合格的承包商,并签订合同;

⑥按有关规定为设计人员在施工现场工作提供必要的生活与物质保障;

⑦选派合格的现场代表,并选定适宜的工程监理机构。

(3)实施阶段的主要任务。

①需由业主出面办理的各项批准手续,如施工许可证,或者施工过程中可能损坏道路、管线、电力、通信等公共设施,需取得法律、法规规定的申请批准手续等;

②协商解决施工所需的水、电、通信线路等必备条件;

③解决施工现场与城乡公共道路的通道,以及专用条款约定的应由业主解决的施工场地内主要交通干道,满足施工运输的需要;

④向承包方提供施工现场及毗邻区域的工程地质和地下管线、相邻建筑物和构筑物、地下工程、气象和水文观测等资料,保证数据真实;

⑤聘请咨询、监理机构,督促咨询、监理工程师及时到位,履行职责;

⑥协调设计与施工、监理与施工等方面的关系,组织承包方和咨询、设计单位进行图纸会审和设计交底;

⑦确定水准点和坐标控制点,以书面形式交给承包方,并进行现场校验;

⑧组织或者委托咨询监理工程师对施工组织设计进行审查;

⑨协调处理施工现场周围地下管线和邻近建筑物、构筑物及有关文物、古树等的保护工作,并承担相应费用;

⑩督促设备制造商按合同要求及时提供质量合格的设备,并组织运到现场;

⑪督促检查合同执行情况,按合同规定及时支付各项款项,并协调好报告中出现的新问题和矛盾冲突。

(4)竣工验收阶段的主要任务。

①组织进行试运行;

②组织有关方面对施工单位拟交付的工程进行竣工验收和工程决算;

③办理工程移交手续；

④做好项目有关资料的收集和接收与管理工作；

⑤安排有关管理与技术人员进行培训，并及时接管；

⑥进一步明确项目运营后与施工、咨询工程师等各方面的关系。

二、设计方对项目的管理

设计方作为项目建设的一个参与方，其项目管理主要服务于项目的整体利益和设计方本身的利益。项目的投资目标能否得以实现与设计工作密切相关，因此设计方项目管理的目标包括设计的成本目标、设计的进度目标和设计的质量目标，以及项目的投资目标。

设计方的项目管理工作主要在设计阶段进行，但也涉及设计前准备阶段、施工阶段、动用前准备阶段和保修期。设计方项目管理的任务包括：

(1)按工程强制性标准和合同要求，在勘察成果文件的基础上进行工程设计；

(2)对设计方案进行优化对比，选出最经济合理的方案；

(3)对施工单位进行技术和安全交底；

(4)参与建设工程质量事故分析，并对因设计造成的质量事故提出相应的技术处理方案；

(5)与施工单位进行及时有效的沟通，对施工单位反馈回来的问题进行技术指导。

三、施工方对项目的管理

施工方的项目管理工作主要是在施工阶段进行，但设计阶段和施工阶段在时间上往往是交叉的，因此施工方的项目管理工作也会涉及设计阶段。在动用前保修阶段和保修期施工合同尚未终止的这一期间，还有可能出现涉及工程安全、费用、质量、合同和信息等方面的问题，因此施工方的项目管理工作也涉及动用前准备阶段和保修期。施工方项目管理的任务如下。

1.施工准备阶段

施工单位与招标单位签订了工程承包合同后，便应组建项目经理部，然后在项目经理的领导下，与企业管理层、建设单位、监理单位密切配合，进行施工准备，使工程具备开工和连续施工的基本条件，以便开工。这一阶段的主要任务是：

(1)成立项目经理部，根据工程管理的需要建立机构，设置岗位，配置人员；

(2)制订施工项目管理实施规划，以指导施工项目管理活动；

(3)进行施工现场准备，使现场具备施工条件，利于文明施工；

(4)编写开工申请报告，待批开工。

2.施工阶段

这是一个自开工至竣工的实施过程。在这一过程中，项目经理部既是决策机构，又是责任机构、管理实施机构。该阶段的最终目标是完成合同规定的全部施工任务，达到验收、交工的条件。该阶段的主要任务有：

(1)进行施工，在施工中做好动态控制工作，保证质量目标、进度目标、成本目标、安全目标的实现；

(2)管理好施工现场，进行文明施工；

（3）严格履行施工合同，处理好内外关系，做好合同变更及索赔；

（4）做好施工记录、协调、检查和分析工作。

3. 验收、交工与结算阶段

这一阶段与建设项目的竣工验收阶段协调同步进行。其目标是对项目成果进行总结、评价，对外结清债权债务。该阶段主要任务有：

（1）工程收尾，接受正式验收；

（2）整理、移交竣工文件，进行工程款结算；

（3）总结工作，编制竣工总结报告；

（4）办理工程交付手续，项目经理部解体。

4. 最后服务阶段

这是施工方项目管理的最后阶段，即在竣工验收后，在合同规定的责任期内进行用后服务、回访与保修，其目的是保证工程的正常使用和发挥效益。该阶段主要任务有：

（1）为保证工程正常使用而做必要的技术咨询和服务；

（2）进行工程回访，听取使用单位意见，总结经验、教训；

（3）观察使用中的问题，进行必要的维护、修理和保修；

（4）进行沉陷、抗震等性能观测。

20 世纪 80 年代末至 90 年代初开始，我国的大中型建设项目引进了为业主方服务的工程项目管理的咨询服务，这属于业主方项目管理的范畴。在国际上，工程项目管理咨询公司不仅为业主方提供服务，也向施工方、设计方和建筑物资供应方提供服务。因此，不能认为施工方的项目管理只是施工企业对项目的管理。施工企业委托工程项目管理咨询公司对项目管理的某个方面提供的咨询服务，也属于施工方项目管理的范畴。

四、供货方对项目的管理

供货方作为项目建设的一个参与方，其项目管理主要服务于项目的整体利益和供货方本身的利益，其项目管理的目标包括供货方的成本目标、进度目标和质量目标。

供货方的项目管理工作主要是在施工阶段进行，但它也涉及设计前准备阶段、设计阶段、动用前准备阶段和保修期。供货方项目管理的主要任务包括：①供货安全管理；②供货的成本控制；③供货的进度控制；④供货的质量控制；⑤供货合同控制；⑥供货信息控制；⑦与供货有关的组织与协调。

五、政府对工程项目的管理

1. 政府管理的作用与特点

（1）政府管理的作用。

①保证投资方向符合国家产业政策的要求。

②保证工程项目符合国家经济社会发展规划和环境与生态等的要求。

③引导投资规模达到合理经济规模。

④保证国家整体投资规模与外债规模在合理的可控制的范围内进行。

⑤保证国家经济安全与公共利益，防止垄断。为维护国家经济社会安全和合理利用国

家资源,对于关键领域的投资或相关重大投资,在投资规模、项目布点、建设时间、节约资源、市场准入等方面采取一定的引导或限制措施。

(2)政府管理的特点。

①具有行政权威性;

②具有法律严肃性;

③可采用的管理手段是多方面的(包括行政、法律、经济等手段)。

2.政府对项目管理的主要方面

(1)制定宏观经济政策与相关发展规划,引导和调控投资项目。

宏观经济政策主要有货币政策、财政政策、投资政策、产业政策、税收政策、价格管理政策、人口与就业政策、国际收支与管理政策等。

政府制订国民经济与社会发展中长期规划、主体功能区规划,以及教育、科技、卫生、交通、能源、农业、林业、水利、生态环境、战略资源开发等重要领域的专项规划,明确发展的指导思想、战略目标和总体布局,同时并适时调整国家固定资产投资指导目录、外商投资产业指导目录,明确国家鼓励、限制和禁止投资项目。

(2)制定相关规定,界定投资管理权限。

政府投资的项目,实行审批制管理程序;企业投资建设的重大和限制类项目,实行核准制管理程序;核准目录之外的企业投资建设项目,除国家法律、法规和国务院专门规定禁止投资的项目外,实行备案制管理程序。

(3)加强重要资源的管理。

①对土地资源使用的管理。

我国土地归国家和集体所有,工程项目建设用地通过以下两种方式获得:一是有偿转让,二是无偿划拨(即根据国家土地政策规定,为特定类型项目划拨土地)。

"项目申请报告"要有"建设用地、征地拆迁及移民安置分析"的章节,主要内容包括:a.项目选址及用地方案;b.土地利用合理性分析;c.征地拆迁和移民安置规划方案。

②对自然资源合理利用的管理。

③对外汇的管理。

④对自然资源的管理。

"项目申请报告"要有"资源开发及综合利用分析""节能方案分析"的章节,主要内容包括:a.资源开发方案;b.资源利用方案。

⑤能源节约。

"项目申请报告"要有"节能方案分析"的章节,主要内容包括:a.资源节约措施;b.用能标准和节能规范;c.能耗状况和能耗指标分析;d.节能措施和节能效果分析。

(4)维护经济安全。

"项目申请报告"要有"经济影响分析"的章节,主要内容包括:①经济费用效益或费用效果分析;②行业影响分析;③区域经济影响分析;④宏观经济影响分析。

(5)优化布局。

"项目申请报告"要有"社会影响分析"的章节,主要内容包括:①社会影响效果分析;②社会适应性分析;③社会风险及对策分析。

(6)保护环境。

①建设项目的环境影响评价。

a. 建设对环境有影响的项目,无论投资主体、资金来源、项目性质和投资规模,都应当依照《中华人民共和国环境影响评价法》和《建设项目环境保护管理条例》的规定,进行环境影响评价,向有审批权的环境保护行政主管部门报批环境影响评价文件。

b. 实行审批制的建设项目,建设单位应当在报送可行性研究报告前完成环境影响评价文件报批手续;实行核准制的建设项目,建设单位应当在提交项目申请报告前完成环境影响评价文件报批手续;实行备案制的建设项目,建设单位应当在办理备案手续后和项目开工前完成环境影响评价文件报批手续。

c. 由国务院投资、主管部门核准或审批的建设项目,或由国务院投资、主管部门核报国务院核准或审批的建设项目,其环境影响评价文件原则上由环境保护部审批。

对环境可能造成重大影响,并列入"环境保护部审批环境影响评价的建设项目目录"的建设项目,其环境影响评价文件由环境保护部审批。

对环境可能造成轻度影响,且未列入"环境保护部审批环境影响评价的建设项目目录"的建设项目,其环境影响评价文件由省级环境保护行政主管部门审批。

d. "环境保护部审批环境影响评价的建设项目目录"以外的其他建设项目的环境影响评价文件的审批权限,由省级环境保护行政主管部门按照建设项目的环境影响程度,结合地方情况提出,报省级人民政府批准。其中,化工、染料、农药、印染、酿造、制浆造纸、电石、铁合金、焦炭、电镀、垃圾焚烧等污染较重或涉及环境敏感区的项目环境影响评价文件,应由地级市以上环境保护行政主管部门审批。

e. 对国家明令淘汰和禁止发展的能耗物较高、环境污染严重、不符合产业政策和市场准入条件的建设项目的环境影响评价文件,各级环境保护行政主管部门一律不得受理和审批。

在国家发展和改革委员会关于实行核准制的《项目申请报告通用文本》中明确规定,"项目申请报告"要有"环境和生态影响分析"一章,主要内容包括:环境和生态现状、生态环境影响分析、生态环境保护措施、地质灾害影响分析、特殊环境影响。

②规划环境影响评价。

a. 综合性规划。国务院有关部门、设区的市级以上地方人民政府及其有关部门,对其组织编制的土地利用的有关规划和区域、流域、海域的建设、开发利用规划(以下统称综合性规划),应当根据规划实施后可能对环境造成的影响,编写"环境影响"篇章或者说明。

b. 专项规划。涉及工业、农业、畜牧业、林业、能源、水利、交通、城市建设、旅游、自然资源开发的有关专项规划(以下统称专项规划),应当进行环境影响评价。

编制专项规划,应当在规划草案报送审批前编制环境影响报告书。编制专项规划中以发展战略为主要内容的专项规划,应当编写"环境影响"篇章或者说明。

c. 规划的"环境影响"篇章或者说明应当包括以下内容:规划实施对环境可能造成影响的分析、预测和评估,主要包括资源环境承载能力分析、不良环境影响的分析和预测以及与相关规划的环境协调性分析;预防或者减轻不良环境影响的对策和措施,主要包括预防或者减轻不良环境影响的政策、管理或者技术等措施。

d. 对规划进行环境影响评价,应当分析、预测和评估以下内容:规划实施可能对相关区域、流域、海域生态系统产生的整体影响;规划实施可能对环境和人群健康产生的长远影响;规划实施的经济效益、社会效益与环境效益之间的关系,以及当前利益与长远利益之间的关系。

环境影响报告书除包括上述内容外,还应当包括环境影响评价结论,主要包括规划草案的环境合理性和可行性,预防或者减轻不良环境影响的对策和措施的合理性和有效性,以及规划草案的调整建议。环境影响评价文件由规划编制机关编制或者组织规划环境影响评价技术机构编制。规划编制机关应当对环境影响评价文件的质量负责。对可能造成不良环境影响并直接涉及公众环境权益的专项规划,规划编制机关应当在规划草案报送审批前,采取调查问卷、座谈会、论证会、听证会等形式,公开征求有关单位、专家和公众对环境影响报告书的意见,但依法需要保密的除外。

(7)工程安全管理。

工程项目的安全是指项目在建设期间与将来生产过程中的财产和人身安全。国家在工程项目的安全施工、安全生产、防火、消防等方面制定了相应的建设和运营中的安全防护标准,工程项目在进行设计与施工时必须严格贯彻执行这些标准。项目建成后,还必须经有关部门检查,取得许可后方可投入使用。

(8)其他方面管理。

除上述方面外,政府还将在其他方面对投资项目进行管理。如对特别技术的进出口,药品等特殊产品的生产,应防止使用淘汰工艺技术;以及工程项目在建设过程中需要使用一些特殊物资(如特殊药品、化学物质等),都必须按国家有关规定,报相应部门批准,以保证社会安全和环境安全。

六、银行对项目的管理

1.银行对贷款项目管理的目的和特点

(1)银行对贷款项目管理的基本含义。

为工程项目提供资金的渠道有很多,本书中的银行是指以银行为代表的为工程项目提供贷款的所有金融机构。

为工程项目提供资金贷款的各金融机构,从其所提供资金的安全性、流动性、收益性等方面考虑,对项目进行了解、分析及控制等,是一种不完全意义上的项目管理。这类管理的重点是资金投入的评审和资金的投入与使用的控制与监督,以及风险控制等。

(2)银行对贷款项目管理的目的。

①保证资金的安全性(商业银行的注册资本一般只占全部资金来源的8%);

②保证资金的流动性;

③保证资金的效益性,是商业性银行贷款的最终目的。

(3)银行对贷款项目管理的特点。

①管理的主动权随着资金的投入增加而降低;

②管理手段带有更强的金融专业性;

③以资金运动为主线进行管理。

2.银行对贷款项目管理的主要任务

(1)贷前管理。

贷前管理的程序如下:

①受理借款人的借款申请;

②进行贷款基本调查,包括对借款人历史背景的调查,对借款人行业状况和行业地位的调查,对借款的合法性、安全性和盈利性的调查,对借款人信用等级的评估调查,以及对贷款的保障性进行调查;

③进行信用评价分析,即对借款人的品德、能力、资本、担保、经营环境等方面进行调查;

④对借款人进行财务评价,对借款人的财务状况、盈利能力、资金使用效率、偿债能力、借款人的发展变化趋势进行预测;

⑤对贷款项目进行评估,以银行的立场为评估的出发点,以提高银行的信贷资产质量和经营效益为目的;

⑥制定贷款的法律文件,主要有借款合同、保证合同、抵押合同、质押合同;

⑦贷款审批;

⑧贷款发放。

出现以下情况时应及时停止贷款的发放:①借款人不按借款合同的用途使用贷款;②借款人不按借款合同的规定偿还本息;③国家或银行规定的其他有关禁止行为。

(2)贷后管理。

①贷后检查,主要包括:a. 以检查借款人是否按规定使用贷款和按规定偿还本息为主要内容的贷款检查;b. 以检查借款人全面情况为内容,保证贷款顺利偿还为目的的借款人检查;c. 以把握担保的有效性及应用价值为目的的担保检查等。

②贷款风险预警。

③贷款偿还管理。工程项目建成后,银行还要进行贷款偿还管理,主要包括本息的催收,有延长还款期限的贷款展期管理,以及借款人归还贷款的全部本息后,对结清贷款进行评价和总结等。

模块五　项目管理规划

一、项目管理规划的一般规定

(1)项目管理规划作为指导项目管理工作的纲领性文件,应对项目管理的目标、内容、组织、资源、方法、程序和控制措施进行确定。

(2)项目管理规划应包括项目管理规划大纲和项目管理实施规划两类文件。

(3)项目管理规划大纲应由组织的管理层或组织委托的项目管理单位编制。

(4)项目管理实施规划应由项目经理组织编制。

(5)大中型项目应单独编制项目管理实施规划。承包人的项目管理实施规划可以用施工组织设计或质量计划代替,但应能够满足项目管理实施规划的要求。

二、项目管理规划大纲

项目管理规划大纲是项目管理工作中具有战略性、全面性和客观性的指导性文件,由组织的管理层和组织委托的项目管理单位编制。

(1)编制项目管理规划大纲应遵循下列程序:

①明确项目目标;

②分析项目环境和条件；

③收集项目的有关资料和信息；

④确定项目管理组织模式、结构和职责；

⑤明确项目管理内容；

⑥编制项目目标计划和资源计划；

⑦汇总整理，报有关部门审批。

(2)项目管理规划大纲可依据下列资料编制：

①可行性研究报告；

②设计文件、标准、规范与有关规定；

③招标文件及有关合同文件；

④相关市场信息与环境信息。

(3)项目管理规划大纲可包括下列内容，组织应根据需要选定：

①项目概况；

②项目范围管理规划；

③项目管理目标规划；

④项目管理组织规划；

⑤项目成本管理规划；

⑥项目进度管理规划；

⑦项目质量管理规划；

⑧项目职业健康安全与环境管理规划；

⑨项目采购与资源管理规划；

⑩项目信息管理规划；

⑪项目沟通管理规划；

⑫项目风险管理规划；

⑬项目收尾管理规划。

三、项目管理实施规划

项目管理实施规划是对项目管理规划大纲进行的一种细化，使其具有可操作性。项目管理实施规划由项目经理组织编制。

(1)编制项目管理实施规划应遵循下列程序：

①了解项目相关各方的要求；

②分析项目条件和环境；

③熟悉相关的法规和文件；

④组织编制；

⑤履行报批手续。

(2)项目管理实施规划可依据下列资料编制：

①项目管理规划大纲；

②项目条件和环境分析资料；

③工程合同及相关文件；

④同类项目的相关资料。

(3)项目管理实施规划应包括下列内容：

①项目概况；

②总体工作计划；

③组织方案；

④技术方案；

⑤进度计划；

⑥质量计划；

⑦职业健康安全与环境管理计划；

⑧成本计划；

⑨资源需求计划；

⑩风险管理规划；

⑪信息管理计划；

⑫项目沟通管理计划；

⑬项目收尾管理计划；

⑭项目现场平面布置图；

⑮项目目标控制措施；

⑯技术经济指标。

(4)项目管理实施规划应符合下列要求：

①项目经理签字后报组织管理层审批；

②与各相关组织的工作协调一致；

③进行跟踪检查和必要的调整；

④项目结束后,形成总结文件。

情境二　建筑工程项目前期策划

5分钟看完
情境二

情境目标

1.了解项目决策含义及阶段划分和项目决策程序,掌握项目决策遵循的原则。

2.了解项目前期策划的任务、基本要求,掌握项目前期策划的主要内容、项目申请报告。

3.了解项目咨询评估的对象、作用以及评估机构的选择,掌握项目建议书、可行性研究报告以及项目申请报告的评估。

4.了解项目可行性研究报告内容的组成部分,熟悉各部分在建筑工程实务中的应用。

情境内容

1.项目决策。

2.项目前期策划。

3.项目前期咨询评估。

4.建筑工程项目前期典型策划与实务。

情境二　建筑工程项目
前期策划微课

情境知识点和技能点

知识领域	知识单元		知识点
知识领域	核心知识单元	项目决策	1. 项目决策的含义； 2. 投资项目决策的分类； 3. 项目决策应遵循的原则； 4. 投资项目决策程序
		项目前期策划概述	1. 项目前期策划的主要任务； 2. 项目前期策划的基本要求； 3. 项目前期策划的主要内容
		建筑工程项目前期典型策划与实务	1. 市场分析； 2. 建设方案研究； 3. 资源利用策划； 4. 环境影响性评价与安全预评价； 5. 投资估算； 6. 融资方案； 7. 财务与经济分析； 8. 经济影响分析与社会评价； 9. 不确定性与风险分析
	拓展知识单元	项目前期咨询评估	1. 项目前期咨询评估的作用； 2. 项目建议书和可行性研究报告的评估； 3. 项目申请报告； 4. 评估机构的选择

技能领域	技能单元		技能点
技能领域	核心技能单元	投资项目决策的程序	结合具体的工程,判断该项目属于备案、核准、审批中的哪一类
		可行性研究及其报告	1. 识别可行性研究报告内容是否齐全； 2. 判断报告是否达到可行性研究的深度要求
	拓展技能单元	可行性研究报告与项目申请报告	1. 编制可行性研究报告； 2. 评估项目申请报告
		投资估算	熟悉构成及典型计算
		建设用地控制指标	投资强度、建筑系数、容积率等计算

情境案例

案例一 某咨询公司接受某政府的委托,为其投资建设的市政工程项目编写可行性研究报告,咨询公司编写的可行性研究报告主要包括项目概况、可行性研究的主要依据、项目需求及目标分析、项目建设选址等内容,对项目进行前期论证重点关注了如下的问题:项目需求及目标定位、项目建设方案、项目实施方案等,并且对项目进行了节能评估。

问题:

(1)上述可行性研究报告的内容还包括哪些?

(2)上述对项目进行前期论证重点关注的问题还应该包括哪些?

(3)市政府投资市政工程项目可行性研究报告的评估包括哪些事项?

(4)节能评估的方法有哪些?

(5)节能评估报告书内容深度要求包括什么?

案例二 甲公司目前主营产品一,产品一所在的行业竞争者多,进入市场无障碍,产品无差异。甲公司同两个主要竞争对手乙公司和丙公司的竞争态势矩阵见下表。

序号	关键因素指标	权重	得分/分		
			甲公司	乙公司	丙公司
1	客户服务能力	0.20	5	3	3
2	生产规模	0.20	4	3	5
3	产品质量	0.20	5	4	5
4	成本优势	0.15	3	1	4
5	技术实力	0.15	2	5	3
6	财务能力	0.10	1	5	2

为了进一步拓展业务范围,甲公司考虑进入产品二市场,为此委托一家咨询公司进行咨询。报告提出产品二目前具有产品定型、技术成熟、成本下降、利润水平高等特征,认为甲公司是让产品二进入市场的最佳时机,并建议尽快进入。

问题:

(1)判断产品一所在行业的市场竞争格局属于何种类型,并说明理由。

(2)与竞争对手乙公司和丙公司相比,甲公司的综合竞争能力如何?

(3)根据咨询公司对产品二的市场调查结论,判断产品二处于产品生命周期的哪个阶段,并说明理由。

(4)甲公司是否应接受咨询公司的建议?请说明理由。

模块一 项目决策

一、项目决策含义及阶段划分

1.决策的含义

决策是指人们为了实现特定的目标,在掌握大量有关信息的基础上,运用科学的理论和方法,系统地分析主观、客观条件,提出若干备选方案,分析各方案的优缺点,从中选择较优的方案。

2.决策过程的阶段划分

决策分为信息收集、方案设计、方案评价、方案抉择四个阶段,这四个阶段相互联系、往复循环。

二、投资项目决策

1.投资项目决策分类

依据不同的标准,投资项目决策可进行下列分类:

(1)依据决策对象的不同,其可分为投资决策、融资决策、营销决策等;

(2)依据决策目标的数量不同,其可分为单目标决策和多目标决策;

(3)依据决策问题面临条件不同,其可分为确定型决策、风险型决策和不确定型决策。

2.投资项目决策的内涵和作用

(1)内涵:根据投资战略构想以及国家相关的方针、政策,大量收集基础信息,对拟建项目进行技术经济分析和综合分析等方面的评价,确定较优的项目建设方案。

(2)作用:对于投资项目的成败起决定性作用。

三、项目决策遵循的原则

1.科学决策原则

采用求实的方法和先进的技术,保证研究结论真实、可靠。为了贯彻落实科学发展观,项目决策要求:

(1)必须以人为本,促进经济社会和人的全面发展、统筹和谐发展;

(2)必须体现经济增长方式的快速转变,抓好节能、节水、节材、节地、资源综合利用和发展循环经济等重要环节,推进资源节约型、环境友好型社会建设;

(3)必须提高自主创新能力,优化产品、产业结构,增强核心竞争力,促进创新体系建设;

(4)必须体现城乡区域的协调发展,落实区域发展战略,重视经济布局,促进城乡协调发展、东中西优势互补,推进和谐社会建设。

2.民主决策原则

要求决策者充分听取专家的意见,广泛吸纳各方的建议,先评估、后决策。政府投资项目都要经过咨询机构的评估论证,特别重大项目还应实行专家评议制度。

3.多目标综合决策原则

投资项目的影响后果是多方面的,应该综合考虑诸多因素后,从实现经济效益、环境效益、社会效益三者统一的社会责任目标出发,进行项目决策。

4.风险责任原则

依据投资体制改革的目标,坚持"谁投资、谁决策、谁受益、谁承担风险"的原则,强调投资项目决策的责任制度。

5.可持续发展原则

加快建设资源节约型、环境友好型社会,是我国经济社会可持续发展的基本国策。在土地资源、环境生态保护和项目节能等方面,必须先行办理行政许可手续。可持续发展原则已成为投资主管部门审批的前置条件,也是建设投资项目必须遵循的基本原则。

四、项目决策程序

1.投资体制改革的内容

参照国务院颁发的《关于投资体制改革的决定》(国发〔2004〕20号),按照"谁投资、谁决策、谁受益、谁承担风险"的原则,落实企业投资自主权;界定政府投资职能,提高投资决策的民主化、科学化水平,建立投资决策问责制;进一步拓宽融资渠道;健全投资宏观调控体系与制度。

2.投资项目审批或核准

(1)企业投资项目。

依法办理环境保护、土地利用、资源利用、安全生产、城市规划等许可手续和减免税确认手续。

①核准。政府从维护经济安全、合理开发利用资源、保护生态环境、优化重大布局、保障公共利益、防止垄断等方面核准;外商投资的项目,还要从市场准入和资本项目管理两方面进行核准,完成可行性研究后,委托咨询机构编制申请报告(由国务院投资主管部门核准的项目,应由有甲级资质的工程咨询机构编制)。提交申请报告时附送规划、土地、环保、水利、节能审批意见及贷款承诺。

②备案。对核准目录范围外的项目,除了国家另有规定的项目,企业按照属地原则向政府投资主管部门备案。

(2)政府投资项目。

①必须列入规划;政府主管部门审批项目建议书(批准后立项),审查可行性研究报告(决定是否投资决策)。

②政府投资主要用于关系国家安全和市场不能有效配置资源的经济和社会领域;完善政府投资体制,规范政府投资的行为。

③一般经过符合资质要求的咨询机构评估论证;特别重大的,实行专家评议制度;逐步实行政府投资项目公示制度。

④有两种投资方式:直接投资和资本金注入,审批项目建议书和项目可行性研究报告;投资补助、转贷和贷款贴息方式,审批项目资金申请报告。

3.项目决策相关单位

项目决策相关单位包括政府投资主管部门、国土资源主管部门、环境保护主管部门、城市规划主管部门、咨询机构、金融机构、项目(法人)单位。

模块二　项目前期策划

一、项目前期策划的任务

在项目决策阶段,为了给项目决策提供科学、可靠的依据,应完成以下主要任务:

(1)分析项目建设的必要性,推荐符合市场需求的产品(服务)方案和建设规模;

(2)分析项目建设的可能性,研究项目运营发展所必需的条件;

(3)比较并择优推荐适用、可靠的项目建设方案;

(4)估算项目建设和运营所需的投资和费用,计算并分析项目的盈利能力、偿债能力和财务生存能力;

(5)从经济、社会、资源及环境影响的角度,分析评价项目建设与运营所产生的外部影响,分析评价项目的经济合理性,分析项目与所处的社会环境是否和谐以及资源节约和综合利用效果;

(6)识别项目存在的风险,对风险进行科学评价,并提出防范和降低风险的措施;

(7)分析项目目标的实现程度,判断项目建设必要性和可行性,提出研究结论;

(8)对项目建设与运营的有关问题及应采取的措施提出必要的建议。

二、项目前期策划的基本要求

(1)贯彻落实科学发展观。

(2)资料数据要准确、可靠(这是策划的最基本要求)。

(3)策划方法(包括经验判断法、数学分析法、试验法三大类)要科学。

(4)定量分析与定性分析相结合,以定量分析为主。

(5)动态分析与静态分析相结合,以动态分析为主。常见的静态分析指标有静态投资回收期、总投资收益率等,常见的动态分析指标有净现值、净年值、内部收益率等。

(6)多方案比较与优化,重要的技术、经济应做两个以上的方案进行比选。

三、项目前期策划的主要阶段

项目策划过程一般采取由粗到细的递推过程,从投资机会研究、初步可行性研究(项目建议书)、可行性研究、项目申请报告(目的、内容、重点、深度要求)等方面进行阐述,说明其相互间的联系和区别。

(一)项目前期策划阶段

1.投资机会研究

投资机会研究的目的是发现有价值的投资机会,包括一般投资机会研究和具体项目投资机会研究两类,主要内容有市场调查、消费分析、投资政策、税收政策研究等。投资机会研究重点分析投资环境,形成机会研究报告,它是开展初步可行性研究的根据。在深度方面,其可参照类似项目,粗略估算建设投资和生产成本。

2.初步可行性研究

初步可行性研究的目的是判断项目是否有生命力,是否值得投入更多的人力和资金进行可行性研究。其研究内容(以工业项目为例)有:

(1)项目建设的必要性和依据;

(2)市场分析与预测;

(3)产品方案、拟建规模和场址环境;

(4)生产技术和主要设备;

(5)主要材料来源和其他建设条件;

(6)项目建设与运营的实施方案;

(7)投资初步估算、资金筹措与投资使用计划初步方案;

(8)财务效益与经济效益的初步分析;

(9)环境影响和社会影响的初步评价;

(10)投资风险的初步分析。

初步可行性研究从宏观上分析论证项目建设的必要性和可能性,处在投资机会研究和可行性研究之间,建设投资和生产成本的估算一般采用估算指标法(有条件的可采用分类估算法)。

其成果是形成初步可行性研究报告(项目建议书),作为企业内部决策层进行策划、决策的依据,也是政府项目批准立项的依据。

3.可行性研究

可行性研究的目的是研究项目是否值得投资,建设方案是否合理、可行,为项目最终决策提供依据,它是决策分析与评价阶段最重要的工作。其作用有:①是投资决策的依据;②是筹措资金和申请贷款的依据;③是编制初步设计文件的依据。

可行性研究的基本要求是预见性、客观公正性、可靠性、科学性,其重点论证可行性,必要时进一步论证必要性。

可行性研究的主要内容有:

(1)项目建设的必要性;

(2)市场与竞争力分析;

(3)建设方案;

(4)投资估算与融资方案;

(5)财务分析与经济分析;

(6)经济影响分析;

(7)资源利用;

(8)土地利用及移民安置方案分析;

项目可行性
研究报告的
编制

(9)社会评价或社会影响评价;

(10)风险分析。

4.项目申请报告

项目申请报告的目的是根据政府公共管理的要求,为企业投资项目核准提供重要依据。其重点论证项目的外部性、公共性,维护经济安全,合理开发资源,保护生态环境,优化重大布局,保障公众利益,防止垄断。

(1)企业投资项目申请报告的主要内容有:①申报单位及项目概况;②发展规划、产业政策及行业准入分析;③资源开发及综合利用分析;④节能方案分析;⑤建设用地、征地拆迁及移民安置分析;⑥环境和生态影响分析;⑦经济影响分析;⑧社会影响分析;⑨结论与建议。

(2)外商投资项目申请报告的主要内容有:①项目名称、经营期限、投资方基本情况;②项目建设规模、主要建设内容及产品、采用的主要技术和工艺、产品目标市场、计划用工人数;③项目建设地点,对土地、水、能源等资源的需求,以及主要原材料的消耗量;④环境影响评价;⑤涉及公共产品或服务的价格;⑥项目总投资、注册资本及各方出资额、出资方式、融资方案,需要进口的设备及金额。

(3)境外投资项目申请报告的主要内容包括:①项目名称、投资方基本情况;②项目背景情况及投资环境情况;③项目建设规模、主要建设内容、产品、目标市场,以及项目效益、风险情况;④项目总投资、各方出资额、出资方式、融资方案及用汇金额;⑤购并或参股项目,应说明拟购并(或)参股公司的具体情况。

(二)可行性研究与初步可行性研究的联系和区别

可行性研究与初步可行性研究的联系是:可行性研究是初步可行研究的延伸和深化,两者在构成、内容上大体相似。

可行性研究与初步可行性研究的区别是:目的不同,作用不同,研究论证的重点不同,研究的深度要求不同。

(三)可行性研究报告与项目申请报告的联系和区别

可行性研究报告及项目申请报告的联系是:需要政府核准的项目,企业自主决策编制。可行性研究报告是编制项目申请报告的基础,两者的深度要求基本相同;可行性研究报告与项目申请报告的区别见表 2-1。

表 2-1　　　　　　　　可行性研究报告与项目申请报告的区别

不同方面 名称	适用范围	目的	内容
可行性 研究报告	适用于所有 投资建设项目	论证项目的可行性,供企业 内部决策机构使用;并作为贷 款方确定贷款的依据	既关注企业内部问题,又 要对政府关注的涉及公共利 益的有关问题进行论证
项目申请 报告	适用于核准 制的项目	对政府关注的项目外部影 响的有关问题进行论证说明, 报请政府投资主管部门核准	纯内部问题不作为主要内 容,但需要对有关问题作简 要说明

模块三　项目前期咨询评估

根据国务院颁布的《关于投资体制改革的决定》和《国家发展和改革委员会委托投资咨询评估管理办法》,对政府投资项目的项目建议书和可行性研究报告、企业投资项目的项目申请报告、重要领域的发展建设规划等在决策审批前,按照公平、公正、公开和竞争的原则,选择有相应资质、能力、实力的咨询中介机构进行咨询评估。

一、咨询评估对象

咨询评估对象包括政府投资项目的项目建议书和可行性研究报告、企业投资项目的项目申请报告、重要领域的发展建设规划。

二、项目咨询评估的作用

项目咨询评估是咨询机构根据政府投资主管部门、金融机构或企业等不同项目参与方的委托,在项目投资决策之前,对项目建议书、初步可行性研究报告、可行性研究报告或申请报告,按照项目建设目标和功能定位,采用科学的方法,对项目的市场、技术、财务、经济、环境和社会影响等方面进行进一步的分析论证和再评价,权衡各种方案的利弊和潜在风险,判断项目是否值得投资,提出明确的评估结论,并对项目建设方案提出优化建议,从而为决策者进行科学决策或为政府核准项目提供依据。

不同的委托主体,对评估的内容及侧重点的要求可能有所不同。

(1)政府委托:侧重项目的经济及社会影响评价,分析资源配置合理性。

(2)银行委托:侧重融资主体的盈利能力和偿债能力评价。

(3)企业委托:重点评估项目本身的盈利能力、资金流动性和财务风险等。

三、项目建议书和可行性研究报告的评估

项目建议书和可行性研究报告评估是指在项目建议书和可行性研究报告编制完成后,由另一家资质符合要求的工程咨询单位再一次对拟建项目的技术、财务、经济、环境、社会、资源利用、投资风险等方面进行论证,对项目建议书和可行性研究报告所做结论的真实性和可靠性进行核实和评价,如实反映项目潜在的有利因素和不利因素,对项目建设的必要性、可能性和可行性做出明确的结论,为项目决策者提供依据。

(一)项目建议书和可行性研究报告评估的范围

项目建议书和可行性研究报告评估通常在以下几种情况下进行:

(1)政府投资项目的项目建议书和可行性研究报告评估,一般都要委托资质符合要求的工程咨询单位进行评估论证,项目建议书的评估结论是项目立项的依据,可行性研究报告的评估结论是政府投资决策的依据。

(2)企业投资者为了分析可行性研究报告的可靠性,进一步完善项目的建设方案,往往聘请另一家资质符合要求的工程咨询单位对初步可行性研究和可行性研究报告进行评估,作为企业内部科学决策的依据。

（3）银行对贷款项目一般自行组织专家组，有时也委托工程咨询单位对可行性研究报告进行评估，评估结论是银行贷款决策的依据。

（二）项目建议书、可行性研究报告编制及评估的联系和区别

1. 联系

项目建议书、可行性研究报告的编制，与项目建议书（初步可行性研究）、可行性研究的评估，是项目前期工作的两项重要内容。两者均处于项目投资的前期阶段，出发点是一致的，都以市场或社会需求研究为出发点，按照国家有关的法规、政策，将资源条件同产业政策与行业规划结合起来进行方案选择。同时，两者内容及方法基本一致，目的和要求基本相同，均是为提高项目投资科学决策的水平，提高投资效益，避免决策失误。因此，它们都是项目前期工作的重要内容，都是对项目是否可行及投资决策的咨询论证工作。

2. 区别

（1）承担主体不同。

在我国，项目建议书、可行性研究通常由项目法人或企业主持，按照合同委托咨询机构进行研究；项目评估由项目投资主管部门主持，委托符合资质要求的工程咨询单位进行项目建议书、可行性研究评估。

（2）评估角度和任务不同。

可行性研究一般从行业或企业角度，论证项目建设的必要性、市场前景、技术和经济的可行性，着重针对项目投资的微观效益；项目评估主要从国家和社会的角度，对报送的项目建议书、可行性研究进行系统的核实、审评，提出评估结论和建议，重点针对项目投资的宏观效益。

（3）决策时序和作用不同。

项目建议书、可行性研究在先，项目评估在后。项目建议书、可行性研究主要是项目法人和企业内部决策的依据，是项目评估的重要基础和前提；项目评估是可行性研究的延续和深化，是项目投资决策民主化、科学化的必备条件，其评估结论和建议是政府投资主管部门进行项目立项和决策的重要依据。

故项目建议书、可行性研究是项目投资决策的基础，是项目评估的重要前提。项目评估是可行性研究的延续、深化和再研究，独立地为决策者提供直接的、最终的依据。

四、项目申请报告评估

项目申请报告评估是政府投资主管部门根据需要，委托资质符合要求的工程咨询单位对拟建企业投资项目从维护经济安全，合理开发利用资源，保护生态环境，优化重大布局，保障公共利益，防止出现垄断等方面进行评估论证，对项目申请报告中所评估的发展规划、产业政策及行业准入、资源开发及综合利用、项目节能、建设用地、征地拆迁及移民安置、环境和生态影响、经济和社会影响、主要风险等内容的符合性、合理性、真实性和可靠性进行核实和评价。

根据国家发展和改革委员会 2008 年第 37 号公告，咨询评估报告通常包括以下内容：

（1）申报单位及项目概况；

(2)发展规划、产业政策和行业准入评估；

(3)资源开发及综合利用评估；

(4)节能方案评估；

(5)建设用地、征地拆迁及移民安置评估；

(6)环境和生态影响评估；

(7)经济影响评估；

(8)社会影响评估；

(9)主要风险及应对措施评估；

(10)主要结论和建议。

总之，项目申请报告的编制与项目申请报告评估之间的关系，与项目建议书、可行性研究报告的编制与项目建议书、可行性研究评估之间的关系相似，其内容与方法、目的和要求基本相同。为了防止和规避项目建设对国家经济安全和社会公共利益可能存在的风险，在项目申请报告评估中，特别要求单独列出"主要风险及应对措施评估"的内容。

五、工程咨询评估机构的选择

根据国家投资体制改革规范对中介服务机构"培育规范投资中介服务组织，加强行业自律，促进公平竞争"的规定，对"承担编制项目建议书、可行性研究报告、项目申请报告、重要领域发展建设规划等业务的入选咨询机构，不得承担同一项目或事项的咨询评估任务""不得承担同一项目的设计、优化设计、招标代理、监理、代建、后评价等后续业务"。

1. 选择要求

在选择评估机构时，一般应符合以下三个基本条件。

(1)有执业资格。

承担可行性研究报告评估的工程咨询单位，必须依法取得政府有关部门及其授权机构认定的工程咨询单位资格。工程咨询单位资格包括资格等级、咨询专业和服务范围三部分。工程咨询单位应在其执业范围内承担业务，并有良好的业绩。

(2)有良好信誉。

承担可行性研究报告评估的工程咨询单位，应能遵循"公正、科学、可靠"的宗旨和"敢言、多谋、善断"的行为准则；实事求是，一切从实际出发，说实话、办实事；应能做到严谨廉洁、优质高效，既对国家负责，又对投资者负责。

(3)有专业实力。

主要考核工程咨询单位专家层次、组织管理能力和装备水平。承担可行性研究报告评估的工程咨询单位，应有自己的专家队伍，有一批能胜任编制可行性研究报告、组织项目评估任务的项目经理，善于综合优化多种咨询方案和意见，做出正确的判断和结论；应具有规范化、制度化和现代化的管理和装备，并有组织高层次评估专家组的能力。

2. 选择方式

可根据咨询服务的特点，结合有关国际惯例和国内法规，采取公开招标、邀请招标、征求建议书、两阶段招标、竞争性谈判、聘用专家等方式进行选择。

模块四 建筑工程项目前期典型策划与实务

一、市场调查、市场预测、战略分析

(一)市场调查

科学的投资决策建立在可靠的市场调查和准确的市场预测的基础上。市场调查是对现在市场和潜在市场各个方面情况的研究和评价,目的在于收集市场信息,了解市场动态,把握市场的现状和发展趋势,发现市场机会,为企业投资决策提供科学依据。

1. 市场调查的主要内容

(1)市场需求调查。

市场需求调查包括有效需求、潜在需求、需求的增长速度三个方面内容。市场需求调查包括产品或服务市场需求的数量、价格、质量、区域分布等的历史情况、现状和发展趋势。

(2)市场供应调查。

市场供应调查是要调查供应现状、供应潜力以及正在或计划建设的相同产品的项目的生产能力,主要调查市场的供应能力、企业的生产能力和市场供应与需求的差距。

(3)消费者调查。

消费者调查包括调查产品或服务的消费群体、消费者购买能力和习惯、消费趋势等。经过市场细分,针对特定消费者进行调查,调查内容包括消费层次、心理、动机等。

(4)竞争者调查。

竞争者调查是对同类生产企业的生产技术水平、经营特点和生产规模、主要技术经济指标、市场占有率、市场集中度等市场竞争特征的调查以及可能的潜在竞争者情况的调查。

2. 市场调查的类型

按照调查样本的范围大小,市场调查可分为市场普查、重点调查、典型调查和抽样调查。

(1)市场普查。

市场普查由于普查时间长、耗费大、难以深入等而受到限制。一般来说,市场范围较小、母体数量较少、调查时间比较充裕时可以选用市场普查的方法。

(2)重点调查。

重点调查能够以较少的人力和费用开支,较快地掌握调查对象的基本情况,常用于产品需求和原材料资源需求的调查。

(3)典型调查。

典型调查的调查企业或范围较少,人力和费用开支较省,运用比较灵活。做好典型调查的关键在于把握调查对象的代表性,它直接关系调查效果。

(4)抽样调查。

抽样调查工作量小、耗时短、费用低、信度高,应用比较广泛。

四种调查类型的比较见表 2-2。

表 2-2   四种调查类型的比较

类型	方法简介	特点	适用情况
市场普查	对市场进行逐一的、普遍的、全面的调查,以获取全面、完整、系统的市场信息。可以确定一定的市场范围进行普查,也可以就市场某一方面进行专项普查	普查时间长、耗费大、难以深入	当市场范围较小、母体数量较少、调查时间比较充裕时,可以选用市场普查的方法
重点调查	在市场调查对象总体中选定一部分在总体中处于十分重要地位的企业,或者在总体某项指标总量中占绝大比重的一些企业进行调查	能够以较少的人力和费用开支,较快地掌握调查对象的基本情况	常用于产品需求和原材料资源需求的调查
典型调查	在调查对象总体中选择一些具有典型意义或具有代表性的市场区域或产品进行专门调查	调查企业或范围较少,人力和费用开支较省,运用比较灵活	调查对象中具有代表性的部分
抽样调查	从所要研究的某特定现象的总体中,依随机原理抽取一部分作为样本,根据对样本的研究结果,在抽样置信水平上,推断总体特性的调查方法	工作量小、耗时短、费用低、信度高	应用比较广泛

3. 市场调查的方法

(1)文案调查法。

文案调查法是指对已经存在的各种资料档案,以查阅和归纳的方式进行的市场调查。文案调查法又称为二手资料或文献调查。

(2)实地调查法。

实地调查法是指调查人员通过跟踪、记录被调查事物和人物的行为痕迹并取得第一手资料的调查方法。

(3)问卷调查法。

问卷调查法是市场调查中常用的方法,尤其在消费者行为调查中大量应用,其核心工作是设计问卷,实施问卷调查。

(4)实验调查法。

实验调查法是指调查人员在调查过程中,通过改变某些影响调查对象的因素,来观察调查对象消费行为的变化,从而获得消费行为和某些因素之间的内在因果关系的调查方法。

实验调查法主要应用于消费行为的调查,企业推出新产品,改变产品外形和包装,调整产品价格,改变广告方式时,都可以采用实验调查法。

相对而言,文案调查法是一切调查方法中最简单、最一般和最常用的方法,同时,也是其他调查方法的基础。实地调查法能够控制调查对象,应用灵活,调查信息充分,但是调查周期长、费用高,调查对象容易受调查的心理暗示影响,存在不够客观的可能性。问卷调查法适用范围广泛,操作简单易行,费用相对较低,得到了大量的应用。实验调查法是最复杂、费用较高、应用范围有限的方法,但调查结果可信度较高。

(二)市场预测

市场预测是运用已有的知识、经验和科学方法,对市场未来的发展状态、行为、趋势进行分析并做出推测与判断,其中最为关键的是产品需求预测。

1.市场预测要解决的基本问题

(1)投资项目的方向;

(2)投资项目的产品方案;

(3)投资项目的生产规模。

2.市场预测的内容

(1)市场需求预测;

(2)产品出口和进口替代分析;

(3)价格预测。

3.市场预测的方法分类

市场预测的方法一般可以分为定性预测和定量预测两大类。

(1)定性预测。

定性预测可以分为直观预测法和集合意见法两大类,其核心都是专家预测。其中,直观预测法主要包括类推预测法,集合意见法包括专家会议法和德尔菲法等。

(2)定量预测。

定量预测是依据市场历史和现在的统计数据资料,选择或建立合适的数学模型,分析研究其发展变化规律并对未来做出预测,可归纳为延伸性预测、因果性预测和其他方法三大类。

(三)市场战略分析

市场战略分析是在投资方向和目标市场定位后,在对产品生命周期内的占有、扩大市场份额,竞争获胜,提高品牌知名度等方面进行战略、策略研究的基础上做出战略选择。

投资项目市场战略选择由以下两个方面决定:①行业长期盈利及其影响因素决定的行业吸引力;②企业在行业内的相对市场地位。

1.产品生命周期

一个产品的生命周期传统上可分为四个阶段,即导入期、成长期、成熟期和衰退期,如图 2-1 所示。在产品生命周期的不同阶段,市场格局不同,营销策略也不同。

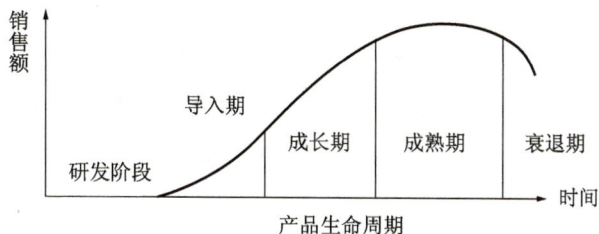

图 2-1　产品的生命周期与销售额的关系

2.市场战略类型

市场战略类型如图 2-2 所示。

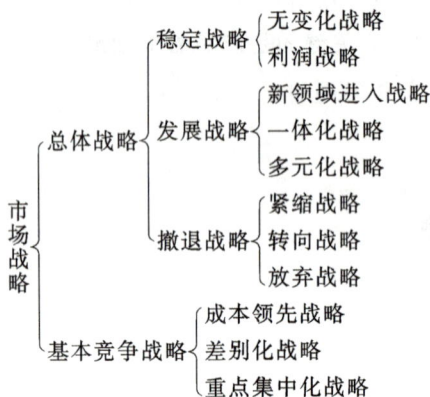

```
                                    ┌ 无变化战略
                         ┌ 稳定战略 ┤
                         │          └ 利润战略
                         │          ┌ 新领域进入战略
                  ┌ 总体战略 ┤ 发展战略 ┤ 一体化战略
              市   │        │          └ 多元化战略
              场   │        │          ┌ 紧缩战略
              战 ──┤        └ 撤退战略 ┤ 转向战略
              略   │                   └ 放弃战略
                  │              ┌ 成本领先战略
                  └ 基本竞争战略 ┤ 差别化战略
                                 └ 重点集中化战略
```

图 2-2　市场战略类型

3.战略分析方法

(1)SWOT 分析法。

SWOT 分析方法,即优势(S)、劣势(W)、机会(O)和威胁(T)分析,它是基于企业自身的实力,对比竞争对手,并分析企业外部环境变化影响可能对企业带来的机会与企业面临的挑战,制定企业最佳战略的方法。

其中,优势和劣势分析主要着眼于企业自身的实力及其与竞争对手的比较,而机会和威胁分析将注意力放在外部环境的变化及对企业的可能影响上,两者之间又有紧密的联系。

SWOT 分析实际上是企业外部环境分析和企业内部要素分析的组合分析。因此,企业外部环境评价矩阵和内部要素评价矩阵构成了 SWOT 分析法的基础。

如图 2-3 所示,SWOT 分析图划分为四个象限,根据企业所在的不同位置,应采用不同的战略。SWOT 分析提供了四种战略选择。在右上角的企业拥有强大的内部优势和众多的机会,企业应采取增加投资、扩大生产、提高市场占有率的增长性战略,在右下角的企业尽管具有较大的内部优势,但要面临严峻的外部挑战,应利用企业自身优势,开展多元化经营,避免或降低外部威胁的打击,分散风险,寻找新的发展机会;在左上角的企业面临外部机会,但自身内部缺乏条件,应采取扭转性战略,改变企业内部的不利条件;在左下角的企业既面临外部威胁,自身条件也存在问题,应采取防御型战略,避开威胁,消除劣势。

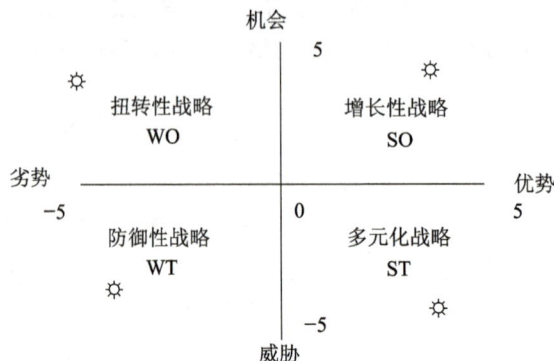

```
                        机会
                         5
         ☆                      ☆
      扭转性战略              增长性战略
        WO                    SO
  劣势 ─────────────┼───────────── 优势
  -5                0                5
      防御性战略              多元化战略
        WT                    ST
         ☆                      ☆
                        -5
                        威胁
```

图 2-3　SWOT 分析图

（2）波士顿矩阵。

波士顿矩阵也称为成长-份额矩阵,它以企业经营的全部产品或业务的组合为研究对象,分析企业相关经营业务之间的现金流量的平衡问题,寻求企业资源的最佳组合。

如图 2-4 所示,在波士顿矩阵中,企业业务划分为明星业务、金牛业务、瘦狗业务和问题业务四个象限。

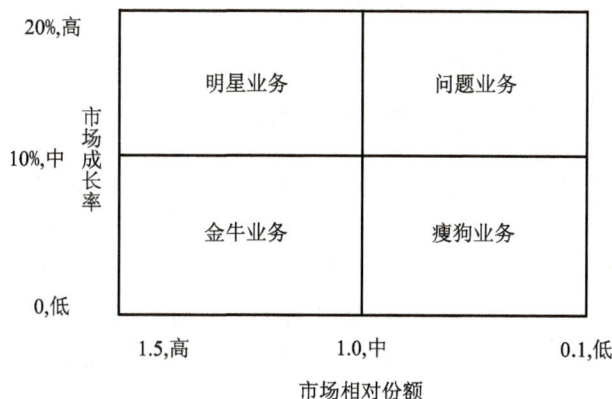

图 2-4 波士顿矩阵

明星业务处于第二象限,产品的市场相对占有率和行业增长率都较高,被形象地称为明星产品。这类产品或业务既有发展潜力,企业又具有竞争力,是高速成长市场中的领先者,行业处于生命周期中的成长期,应是企业重点发展的业务或产品,采取追加投资、扩大业务的策略。

金牛业务处于第三象限,产品的市场相对占有率较高,但行业成长率较低,行业可能处于生命周期中的成熟期,企业生产规模较大,能够带来大量稳定的现金收益,被形象地称为金牛业务。企业通常以金牛业务支持明星业务、问题业务或瘦狗业务。企业的策略是维持其稳定生产,不再追回投资,以便尽可能地回收资金,获取利润。

瘦狗业务处于第四象限,产品的市场相对占有率较低,同时行业成长率也较低,行业可能处于生命周期中的成熟期或衰退期,市场竞争激烈,企业获利能力差,不能成为利润源泉。如果业务能够经营并维持,则应缩小经营范围;如果企业亏损难以维系,则应采取措施,进行业务整合或退出经营。

问题业务处于第一象限,行业增长率较高,需要企业投入大量资金予以支持,但企业产品的市场相对占有率不高,不能给企业带来较高的资金回报。这类产品或业务有发展潜力,但要深入分析企业是否具有发展潜力和竞争力优势,决定是否追回投资,扩大企业市场份额。

二、建设方案研究

（一）建设方案研究的任务

建设方案研究的任务就是要对两种以上可能的建设方案进行优化选择,具体任务要求有:

(1)选择合理的建设规模和产品方案;

(2)选择先进、适用的工艺技术;

(3)选择性能可靠的生产设备;

(4)制订明确的资源供应、运输方案;

(5)选择适宜的场(厂)址;

(6)选择合理的总图布置;

(7)选择相应的配套设施方案。

厂址选择方案
比较、遴选

(二)建设方案研究的内容

根据行业和项目特点及复杂程度的不同,建设方案研究内容可进行调整或简化。大型或复杂工业项目的建设方案内容一般包括:产品方案和建设规模;生产工艺技术;场(厂)址;原材料、燃料供应;总图运输;土建工程方案及防震抗震;公用、辅助及厂外配套工程;节能、节水;环境保护;安全、职业卫生与消防;组织机构与人力资源配置;项目进度计划。

(三)应注意的关键问题

1.建设规模的合理性分析

(1)符合产业政策、规划和准入条件;

(2)收益的合理性;

(3)资源利用的合理性;

(4)外部条件的适应性与匹配性;

(5)改、扩建与技术改造项目与现有装置有效结合和匹配。

2.生产工艺技术方案比选

从各技术方案的先进性、适用性、可靠性、可得性、安全环保性和经济合理性等进行论证。比选内容要突出创新性,重视对专利、专有技术的分析;突出技术特点,具有针对性。生产技术往往与主要设备相关联,所以也可能包括关键的主要设备比选。

3.场(厂)址选择

(1)选址注意事项。

①贯彻执行国家的方针政策,遵守有关法规和规定;

②听取当地政府主管部门的意见;

③工业项目优先选在产业性质定位一致的工业园区;

④充分考虑项目法人对场(厂)址选择的意见。

(2)场(厂)址比选。

场(厂)址比选的主要内容包括:建设条件比较、建设费用比较、运营费用比较、运输费用比较(一般含在建设条件比较、运营费用比较中)、环境影响比较和安全条件比较几个部分。

（3）项目选址意见。

方案比较后，编制场（厂）址选择报告，提出场（厂）址推荐意见；应描述推荐方案场（厂）址概况、优缺点和推荐理由，以及项目建设对自然环境、社会环境、交通、公用设施等的影响。选址方案的位置图应标明原料进厂方式和路线、水源地、进厂给水管线、热力管线、发电厂或变电所、电源进线、灰渣场、排污口、铁路专用线、生活区等位置，供主管部门和项目法人审批。

（4）地质灾害危险性评估。

①适用对象：有可能导致地质灾害发生的工程项目建设和在地质灾害易发区内进行工程建设，应采用地质灾害危害性评估。

②地质灾害危险性评估包括下列内容：

a. 工程建设可能诱发、加剧地质灾害的可能性；

b. 工程建设本身可能遭受地质灾害危害的危险性；

c. 拟采取的防治措施。

4. 配套工程

配套工程包括公用工程、辅助工程和厂外配套工程。

（1）公用和辅助工程一般包括给水排水工程、供电与通信工程、供热工程、空调系统、分析化验设施、维修设施、仓储设施等。

（2）厂外配套工程通常包括运输配套、公用工程配套、环保配套、其他配套。

三、资源利用

1. 土地资源和项目用地预审

（1）《全国及各地区主体功能区规划》将国土空间划分为优化开发、重点开发、限制开发和禁止开发四类。

（2）项目用地预审。

①项目用地预审按分类提出申请。

a. 需审批的建设项目在可行性研究阶段，由建设用地单位提出预审申请；

b. 需核准的建设项目在项目申请报告核准前，由建设单位提出用地预审申请；

c. 需备案的建设项目在办理备案手续后，由建设单位提出用地预审申请。

②项目用地预审按分级进行受理。

a. 应当由国土资源部预审的建设项目，国土资源部委托项目所在地的省级国土资源管理部门受理，但建设项目占用规划确定的城市建设用地范围内土地的，委托市级国土资源管理部门受理。受理后，提出初审意见，转报国土资源部。

b. 涉密军事项目和国务院批准的特殊建设项目用地，建设用地单位可直接向国土资源部提出预审申请。

c. 应当由国土资源部负责预审的输电线塔基、钻探井位、通信基站等小面积零星分散建设项目用地，由省级国土资源部门预审，报国土资源部备案。

③预审应当审查的内容。

a. 项目选址是否符合土地利用总体规划，是否符合国家供地政策和土地管理法律、法规规定的条件；

b.用地规模是否符合有关建设用地指标的规定；

c.项目占用耕地的,补充耕地初步方案是否可行；

d.征地补偿费用和矿山项目土地复垦资金的拟安排情况；

e.属于《中华人民共和国土地管理法》第二十六条规定情形,建设项目用地需修改土地利用总体规划的,规划的修改方案、规划修改对规划实施影响评估报告等是否符合法律、法规的规定。

④用地预审的有效性。

建设项目用地预审文件有效期为2年,自批准之日起计算。

2.项目节能评估与审查

(1)项目节能评估。

项目节能评估与审查,作为项目审批、核准或开工建设的前置性条件,同时也是项目设计、施工和竣工验收的重要依据。

年综合能源消费量3000t标准煤以上(含3000t标准煤,电力折算系数按当量值,下同),或年电力消费量500万千瓦时以上,或年石油消费量1000t以上,或年天然气消费量100万立方米以上的固定资产投资项目,应单独编制节能评估报告书。

年综合能源消费量1000～3000t标准煤,或年电力消费量200万～500万千瓦时,或年石油消费量500～1000t,或年天然气消费量50万～100万立方米的固定资产投资项目,应单独编制节能评估报告表。

上述条款以外的项目,应填写节能登记表。

(2)节能评估报告书的内容。

项目节能评估报告书的内容主要有:①评估依据;②项目概况;③能源供应情况分析;④项目建设方案节能;⑤项目能源消耗及能效水平评估;⑥节能措施评估;⑦存在的问题及建议;⑧结论;⑨附图、附表。

(3)项目节能审查。

按照有关规定实行审批或核准制的固定资产投资项目,建设单位应在报送可行性研究报告或项目申请报告时,一同报送节能评估文件提请审查或报送节能登记表进行登记备案。

3.节水水平评价

(1)水耗水平,常用的指标有单位产品耗水量、水重复利用率、新水利用系数。

(2)节水水平评价的内容包括:节水工艺是否贯彻《中国节水技术政策大纲》规定的节水技术;采用的节水技术、工艺是否是国内或国际先进水平;水耗指标是否达到国内外同行业的先进水平,水的重复利用率和新水利用系数是否满足要求等。

4.循环经济原则

工程项目建设应遵循循环经济原则,即减量化、再利用、资源化(再循环),又称为循环经济的3R原则。

资源综合利用具有4个重点领域,分别为:

①矿产资源,重点是大宗、短缺、稀贵金属资源化利用;

②"三废"综合利用,特点是产生量大、存放量大、资源化潜力大;

③再生资源,完善再生资源回收体系,规范市场秩序,加快废旧资源利用的产业化;

④农林废弃物,注重对农业废弃物、农产品加工副产品等资源化利用,开发利用生物质能源。

四、环境影响评价与安全预评价

1.环境影响评价

环境影响评价是指对规划和建设项目实施后可能造成的环境影响进行分析、预测和评估,提出预防或者减轻不良环境影响的对策和措施,进行跟踪监测的方法与制度。

2.建设项目环境影响评价机构的资质管理办法

(1)资质等级。

①甲级环评资质,承担各级环保主管部门审批的建设项目环境影响报告书和环境影响报告表的编制工作;

②乙级环评资质,承担省级以下环保主管部门审批的建设项目环境影响报告书和环境影响报告表的编制工作。

环评证书在全国范围内使用,有效期为4年。

(2)评价范围。

根据评价机构的专业特长和工作能力,确定其相应的评价范围。建设项目环境影响报告书有11个小类,建设项目环境影响报告表有2个小类。

(3)环境影响评价工程师职业资格制度。

依据《环境影响评价工程师职业资格制度暂行规定》,每名环境影响评价工程师申请登记的类别不得超过2个。环境影响评价工程师可主持以下工作:①规划和建设项目环境影响评价;②环境影响后评价;③环境影响技术评估;④环境保护验收。

3.建设项目环境影响评价

(1)环境影响评价分类管理规定。

①可能造成重大环境影响的,应当编制建设项目环境影响报告书,对环境的影响进行全面评价;

②可能造成轻度环境影响的,应当编制建设项目环境影响报告表,对环境的影响进行分析或者专项评价;

③对环境环境影响很小的、不需要进行环境影响评价的,只填报建设项目环境影响登记表。

(2)环境影响评价的原则。

①依法评价原则;

②早期介入原则,尽早介入工程前期工作,重点关注选址(或选线)、工艺路线(或施工方案)的环境可行性;

③完整性原则;

④广泛参与原则,广泛吸收多方意见。

4.安全预评价

安全预评价是在建设项目可行性研究阶段、工业园区规划阶段或生产经营活动组织实施之前,辨识与分析建设项目、工业园区、生产经营活动潜在的危险、有害因素,确定其与安全生产法律、法规、标准、行政规章、规范的符合性,预测发生事故的可能性及其严重程度,提出科学、合理、可行的安全对策措施建议,做出安全评价结论的活动。

安全预评价报告,作为项目前期报批或备案的文件之一,同时是项目最终设计的重要依据文件之一。

五、投资估算

1. 投资估算的依据与作用

(1)建设投资估算的基础资料与依据。

①拟建项目建设方案确定的内容及工程量;

②专门机构颁发的费用构成、估算指标及其他工程造价相关的文件;

③专门机构颁发的投资估算办法和费用标准及有关部门发布的物价指数;

④部门或行业制定的投资估算办法及估算指标;

⑤材料、设备的市场价格。

(2)投资估算的作用。

①投资估算是投资决策的依据之一;

②投资估算是制定项目融资方案的依据;

③投资估算是进行项目经济评价的基础;

④投资估算是编制初步设计概算的依据,对项目的工程造价起一定的控制作用。

2. 项目总投资的构成

项目总投资的构成如图 2-5 和图 2-6 所示。

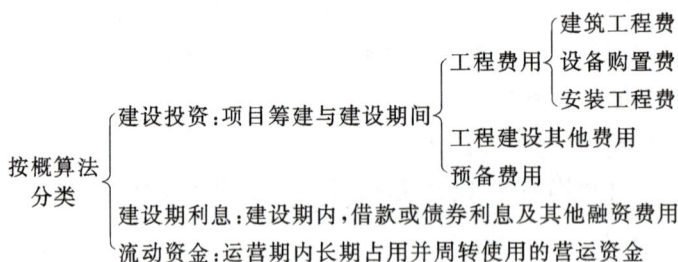

图 2-5　项目总投资的构成(按概算法分类)

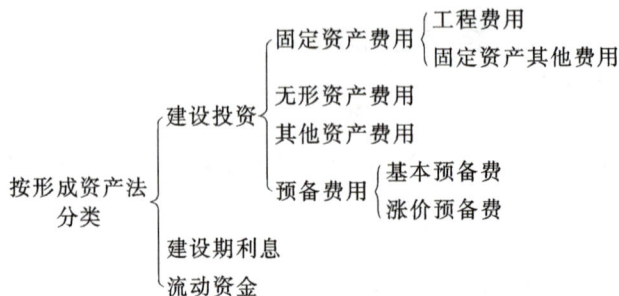

图 2-6　项目总投资的构成(按形成资产法分类)

3. 投资估算的要求

(1)不同阶段,投资估算准确度要求不同,各阶段允许误差率必须达到下列要求:

①投资机会研究阶段,±30%以内;

②初步可行性研究阶段,±20%以内;

③可行性研究阶段,±10%以内;

④项目前评估阶段,±10%以内。

(2)投资估算的要求如下。

①估算的范围应与项目建设方案所涉及的范围、所确定的各项工程内容相一致;

②估算的工程内容和费用构成齐全,计算合理,不提高或降低估算标准,不重复计算或者漏项少算;

③应做到方法科学、基础资料完整、依据充分;

④选用指标与具体工程之间存在标准或者条件差异时,应进行必要的换算或者调整;

⑤估算的准确度应能满足建设项目决策分析与评价不同阶段的要求。

六、财务分析

1. 财务分析的含义

财务分析是通过财务效益与费用的预测,编制财务报表,计算评价指标,进行财务盈利能力分析、偿债能力分析和财务生存能力分析,以评价项目的财务可行性。

2. 财务盈利能力分析

财务盈利能力分析有动态分析和静态分析两种方法。动态分析指标有财务净现值、内部收益率等;静态分析指标有静态回收期、总投资收益率。

财务盈利能力分析主要评价财务净现值、内部收益率2个动态指标。

3. 偿债能力分析

偿债能力分析主要是通过编制相关报表(等额本金、等额本息),计算利息备付率、偿债备付率等比率指标,考察项目借款的偿还能力。

$$利息备付率 = \frac{息税前利润}{应付利息额}$$

$$偿债备付率 = \frac{息税前利润 + 折旧费 + 摊销费所得税}{应还本付息额}$$

4. 财务生存能力分析

通过编制的财务计划现金流量表,结合偿债能力分析,考察项目(企业)资金平衡和余缺等财务状况,判断其财务可持续性。

七、经济分析

经济分析是按合理配置资源的原则,采用社会折现率、影子汇率、影子工资和货物影子价格等经济分析参数,从项目对社会经济所做贡献以及社会为项目付出代价的角度,考察项目的效益和费用,分析计算项目对社会经济的净贡献,评价投资项目的经济效益和对社会福利所做出的贡献,也称为经济合理性。

1. 经济分析的适用范围

(1)市场自行调节的行业项目一般不必进行经济分析。

(2)市场配置资源失灵的项目需要进行经济分析,具体包括:

①具有自然垄断特征的项目,如电力、电信、交通运输等行业的项目;

②产出具有公共产品特征的项目,即具有"消费的非排他性"和"消费的非竞争性"特征的项目;

③外部效果显著的项目;

④涉及国家战略性资源开发和关系国家经济安全的项目;

⑤受过度行政干预的项目。

2.经济分析与财务分析的区别、相同点与联系

(1)经济分析与财务分析的区别。

①两种评价的角度和基本出发点不同;

②由于分析的角度不同,两者项目效益和费用的含义与范围划分不同;

③财务分析与经济分析所使用价格体系不同,财务分析使用预测的财务收支价格,经济分析则使用影子价格体系;

④财务分析包括三个方面,一是盈利能力分析,二是偿债能力分析,三是财务生存能力分析。而经济分析只有盈利性分析,也称为经济效益的分析。

(2)经济分析与财务分析的相同点。

①两者都使用效益与费用比较的理论方法;

②为遵循效益和费用识别的有无对比原则;

③根据资金时间价值原理,进行动态分析,计算内部收益率和净现值等指标。

(3)经济分析与财务分析的联系。

在很多情况下,经济分析是在财务分析基础之上进行的,利用财务分析中的数据资料,以财务分析为基础进行调整计算。经济分析也可以独立进行,即在项目的财务分析之前进行经济分析。

3.经济分析参数

经济分析参数分为两类:一类是通用参数,包括社会折现率、影子汇率、影子工资等,应由专门机构组织测算和发布;另一类是各种货物、服务、土地、自然资源等影子价格,需要由项目评价人员根据项目具体情况自行测算。

需要进行经济影响分析的项目类型包括:①重大基础设施项目;②重大资源开发项目;③大规模区域开发项目;④重大科技攻关项目;⑤重大生态环境保护工程。

八、社会评价

1.社会评价的主要内容

社会评价的主要内容包括项目的社会影响分析、项目与所在地区的互适性分析、社会风险分析等三个方面。

2.社会评价的步骤

社会评价一般包括调查社会资料、识别社会因素、论证比选方案三个步骤。

3.利益相关者分析

项目利益相关者一般划分为:项目受益人;项目受害人;项目受影响人;其他利益相关

者,包括项目的建设单位、设计单位、咨询单位、与项目有关的政府部门与非政府组织。

4. 公众参与

参与式社会评价方法简称参与式方法,是指通过一系列的方法或措施,促使受项目影响的各个利益相关者积极、全面地介入项目决策、实施、管理和利益分享等过程的一种方法。

5. 社会评价报告

社会评价报告的主要内容有:①报告摘要;②建设项目概述;③社会影响范围的界定;④社会经济调查;⑤利益相关者分析;⑥减轻负面社会影响的措施方案及其可行性;⑦参与、磋商及协调机制;⑧监测评价;⑨主要结论及建议;⑩附件、附图及参考文献。

九、投资项目的主要风险

投资项目的主要风险有市场风险、技术与工程风险、组织与管理风险、政策风险、环境与社会风险、其他风险。

市场风险一般来自以下四个方面:

(1)由于消费者的消费习惯、消费偏好发生变化,市场需求发生重大变化,市场供需总量的实际情况与预测值发生偏离;

(2)由于市场预测方法或数据错误,市场需求分析出现重大偏差;

(3)市场竞争格局发生重大变化,竞争者采取了进攻策略,或者是出现了新的竞争对手,对项目的销售产生重大影响;

(4)由于市场条件的变化,项目产品和主要原材料的供应条件和价格发生较大变化,对项目的效益产生了重大影响。

管理风险是指由于项目管理模式不合理,项目内部组织不当、管理混乱或者主要管理者能力不足、人格缺陷等,导致投资大量增加,项目不能按期建成投产造成损失的可能性。合理设计项目的管理模式,选择适合的管理者和加强团队建设是规避管理风险的主要措施。

组织风险是指由于项目存在众多参与方,各方的动机和目的不一致,将导致项目合作的风险产生,从而影响项目的进展和项目目标的实现。完善项目各参与方的合同,加强合同管理,可以降低项目的组织风险。

情境三 范围管理、信息管理、风险管理

5分钟看完情境三

情境目标

1. 了解范围管理、信息管理和风险管理的基本概念。
2. 掌握工程上进行范围管理、信息管理和风险管理的具体方法和步骤。
3. 能够按照教师给出的案例情境进行范围管理、信息管理和风险管理。

情境内容

1. 范围管理。
2. 信息管理。
3. 风险管理。

情境三 范围管理、信息管理、风险管理微课

情境知识点和技能点

	知识单元		知识点
知识领域	基础知识单元	范围管理的基本概念	1.工程项目范围管理的概念; 2.工程项目范围管理的界定
		工程项目信息管理基本概念	1.工程项目信息管理的目的; 2.工程项目信息管理的任务
		风险管理的基本概念	1.风险管理的概念; 2.风险管理的内容; 3.风险管理的计划
	核心知识单元	范围管理的核心知识	1.工程项目的范围确认; 2.工程项目的范围控制
		工程项目信息管理核心知识	1.工程项目信息管理的分类、编码和处理; 2.工程项目信息管理的信息化和信息系统
		风险管理的核心知识	1.风险分析; 2.风险应对与监控; 3.工程保险和担保
	拓展知识单元	1.了解 FIDIC 合同的组成和具体内容; 2.BIM 技术的发展和应用; 3.工程面临的风险种类和预防措施	

	技能单元	技能点
技能领域	核心技能单元	范围管理	能够对工程进行有效的范围管理
		工程项目信息管理	能够对工程进行有效的信息管理
		风险管理	能够对工程进行有效的风险管理
	拓展技能单元	1.范围管理的具体实施; 2.利用 BIM 技术进行项目管理; 3.保险的签订和运作程序	

情境案例

案例一 某建筑工程项目在项目进展过程中,业主不断地提出新的需求,承包商则开始"漫天要价",项目持续几年也没有做完。那么,项目中究竟哪些该做? 做到什么程度? 哪些不该做? 如何限定项目的范围呢? 怎么样才能很好地进行范围管理呢? 另外,项目进展过程中会发生很多前期工作所无法预料的事情,要如何面临这些风险呢?

案例二 上海国家会展中心工程是综合体工程,建筑结构复杂,包含土建结构工程、钢结构工程、幕墙工程、屋面工程、机电设备安装工程、装潢装饰工程等。上海建工集团为了加强整个工程的精细化管理,项目部引入 BIM 技术,为工程主体结构进行建模,实现一体化深化设计、一体化施工管理。

上海建工集团项目团队通过 BIM 技术在电脑上建构出"四叶草"三维模型,完整反映了各体系间的关联,预演了每一个构件的实际尺寸以及每个施工过程。BIM 建模巧解复杂钢结构预拼难题,既缩短了传统工艺在工厂预拼装构件的工期,又节约了实物预拼装所消耗的装拆成本,着力打造绿色低碳的展馆。BIM 高新技术的应用使得上海国家会展中心建造非常顺利。试问什么是 BIM 技术?在信息管理方面还有哪些需要关注和改进的呢?

模块一　范围管理

一个工程项目的实现,需要多个单位参与,开展多阶段多方面的工作,陆续交付多项成果。本模块着重阐述怎样界定和管理工作范围,怎样确认这些可交付的成果符合合同约定,以及怎样根据双方的合同约定,建立变更控制系统,以控制范围变更。

《建设工程
项目管理
规范》(GB/T
50326—2006)

一、基本概念和含义

(一)工程范围

1.工程项目范围管理的概念

工程项目范围管理是指确保项目完成全部规定要做的工作,而且仅仅完成规定要做的工作,从而成功地达到项目目标的管理过程,即在满足工程项目使用功能的条件下,定义和控制项目应该包括的具体工作。

2.范围的含义

项目范围包括两方面的含义:一是工程项目将要包括的性质和使用功能;二是实施并完成该工程项目而必须做的具体工作。

3.工程项目范围管理的内容

工程项目范围管理的内容包括项目范围界定、项目范围确认和项目范围变更控制,如图 3-1 图所示。

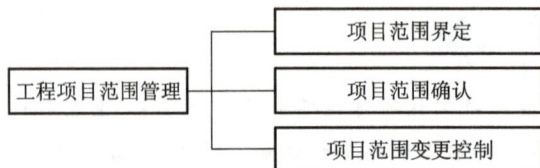

图 3-1 工程项目范围管理的内容

4.工程项目范围管理的对象

工程项目范围管理的对象应包括为完成项目所必需的专业工作和项

目管理工作。

5.建设各阶段范围管理的主要工作内容

由于工程项目划分为前期阶段、准备阶段、实施阶段以及投产运营阶段,因此范围管理在工程项目建设周期各个阶段的内容是不同的,主要工作内容见表3-1。

表3-1　　　　　　　　　　　**工程项目建设各阶段范围管理的主要工作内容**

项目周期各阶段	前期阶段	准备阶段	实施阶段	投产运营阶段
范围管理的工作内容	预可行性研究	设计	项目施工安装	竣工验收
	可行性研究	招标	协调	项目总结
	项目评估		采购	项目后评价

工程项目范围管理是为了确保项目组织该做且必须成功,完成项目所需做的全部工作,从而实现项目预期目标的各个管理过程。

(二)范围定义的概念和目的

1.范围定义的概念

工程项目范围定义就是把项目的可交付成果(一个主要的子项目)划分为较小的、更易管理的多个单元。

2.范围定义的目的

(1)提高费用、时间和资源估算的准确性;

(2)确定在履行合同义务期间对工程进行测量和控制的基准,即划分的独立单元要便于进行测量,目的是控制各项工作的进度、质量和费用,建立进度、质量和费用控制基准;

(3)明确划分各单元的权利和责任,便于清楚地向外发包或者向各级组织分派任务,从组织上落实需要做的全部工作。

一个项目在不同的阶段,可能存在不同的合同类型,如咨询服务合同、工程地质勘察合同、工程设计合同、施工承包合同、安装合同等。每一种合同要求承包人提供的服务内容各异,合同履行期间应根据双方签订的合同,对这些服务的具体内容进行管理。界定恰当的工作范围对成功地实施项目非常关键;反之,则可能由于工作内容不清,不可避免地造成变更,导致项目费用超支,延长项目竣工时间,以及降低生产效率和挫伤工作人员的积极性。

(三)范围定义的依据

1.业主需求文件

业主需求文件是界定项目范围最重要的依据。其主要描述拟建项目所具有的性质和规模,建成后必须满足的使用功能,以及项目主要的构成单元。例如,一个项目的构成单元可能包括生产工艺、办公、仓储、厂内运输等。

在业主需求文件中还会提出项目的商业需求、项目管理需求、项目交付需求、项目技术需求、项目安全需求、项目性能需求等。业主需求文件的详细程度取决于项目所处的阶段。

2.其他利益相关者的需求

其他利益相关者主要是指国家和地方政府相关部门等对项目有显著影响的关键部门和

人员。应通过访谈、问卷调查等方式,识别这些关键利益相关者的需求。这些需求也是界定项目范围的依据。

3.项目约束条件

项目约束条件是指限制项目团队做出决策的各种因素,包括项目内部的制约因素和项目外部的制约因素。例如,预算费用是一种内部约束,项目管理班子必须在预算范围内,确定项目的工作范围、招募职员和安排项目进度;而国家的政策法规则是项目外部的制约因素。尤其要注意,当在某一合同下实施项目时,合同中的一些约定会对项目的范围界定具有相当重要的影响。

4.项目其他阶段的成果

已经完成的各个阶段的结果可能会对项目的范围界定产生影响,如项目建议书对可行性研究的工作分解产生影响,而可行性研究的结果又会对工程项目设计工作的分解产生影响。

5.历史资料

借鉴其他项目范围界定方面的经验,避免发生错误和遗漏。这些已完成的具有类似性质的工程项目,在进行范围界定方面所发生的错误、遗漏以及造成的后果等资料,会对新项目的范围界定产生积极的影响。

6.各种假设

假设是指对项目实施过程中的某些不确定性因素,出于项目计划目的假设为真的或确定的因素。例如,受到某种资源的影响而无法确定项目的具体开始日期时,项目团队可先假设一个开始日期。但必须注意,这种假设一般会有一定的风险。

(四)范围定义的方法——工作分解结构

范围定义通常采用工作分解结构(Work Breakdown Structure,简称 WBS)方法,有时也会采用专家判断、工程项目分析、备选方案识别、研讨会等方法中的一种或多种。这里着重介绍工作分解结构。

1.工作分解结构的概念、目的和作用

(1)工作分解结构的概念。

工作分解结构是一种层次化的树状结构,是以可交付成果为对象,将项目划分为较小和更便于管理的项目单元。计划要完成的全部工作包含在工作分解结构底层的项目单元中,以便安排进度、估算成本和实施监控。工作分解结构每下降一个层次,意味着对项目工作进行更详细的说明。控制这些项目单元的费用、进度和质量目标,使它们之间的关系协调一致,从而控制整个项目目标。

不同的可交付成果会有不同层次的分解,为了便于易于管理,有些可交付成果可能只需分解到第二层次,有些则需要分解到更多层次。

工作分解结构可以满足各级别的项目参与者的需要。工作分解结构与项目组织结构有机地结合在一起,有助于项目经理根据各个项目单元的技术要求,赋予项目各参与方、各部门和各职员相应的职责。同时,项目计划人员也可以对 WBS 中的各个单元进行编码,以满足项目控制的各种要求。例如,对大型工程项目,在实施阶段的工作内容相当多,其工作分解结构通常可以分解为六级:一级为工程项目;二级为单项工程;三级为单位工程;四级为分部分项工程;五级为工作包;六级为作业或工序。第一级工程项目由多个单项工程组成,这些单项工程之和构成整个工程项目。每个单项工程又可以分解成单位工程(第二级),这些单位工程之和构成该单项工程。以此类推,一直分解到第六级(或认为合适的等级)。

前三级一般由业主进行编制,更低级别的分解则由承包人完成并用于对承包人的施工进度进行控制。工作分解结构中的每一级都有其重要目的:第一级一般用于授权,第二级用于编制项目预算,第三级用于编制里程碑事件进度计划,这三个级别是复合性的工作,与具体的职能部门无关;再往下的三个级别则用于承包人的施工控制。工作包或工作应分派给某个人或某个作业队伍,由其唯一负责。

工作分解结构将项目依次分解成较小的项目单元,直到满足项目控制需要的最低层次,这就形成了一种层次化的树状结构。这种树状结构将项目合同中规定的全部工作分解为便于管理的独立单元,并将完成这些单元工作的责任赋予相应的具体部门和人员,从而在项目资源与项目工作之间建立了一种明确的目标责任关系,这就形成了一种职能责任矩阵,如图 3-2 所示。

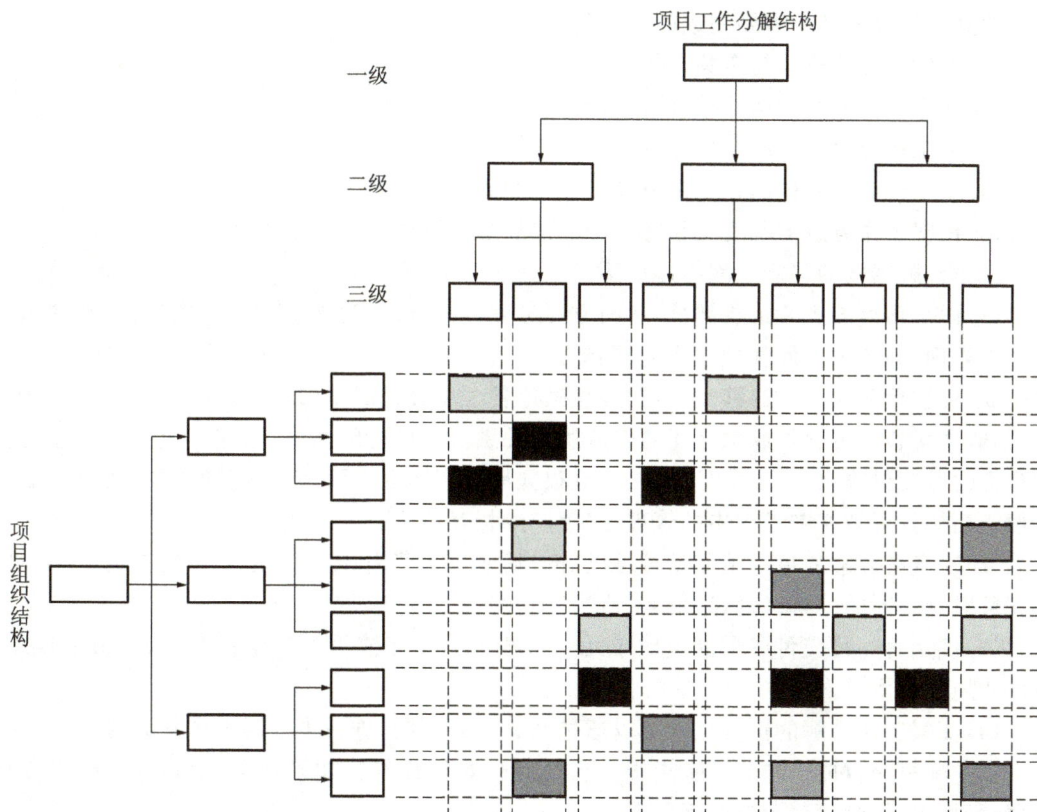

图 3-2　矩阵管理方法示意图

(2)工作分解结构的目的。

将整个项目划分为相对独立的、易于管理的较小的项目单元,以界定项目工作范围,这是 WBS 的最主要目的。

（3）工作分解结构的作用。

①可将项目划分为多个合同，对外发包；

②向与项目有关的组织和个人分配任务；

③对项目费用和时间进行控制，即对每一活动做出较为详细的时间、费用估计，并进行资源分配，形成进度目标和费用目标，以便实施目标控制；

④确定项目需要完成的工作内容。

2.工作分解结构的建立

工作分解结构中的项目单元是一些既相互关联，又相对独立于项目其他部分的单项工程、单位工程、分部工程和分项工程。相互关联是指这些工作同属于一个项目，在工作顺序安排上有先后之分；而相对独立则是指这些工作可以单独管理和实施，在管理和实施期间是相对独立的。例如，一个项目可能分解成多个合同来实施，每一个合同即是一个项目单元，当然，合同工程还可以再作进一步的分解，形成分包合同。

工作分解结构包括项目所要实施的全部工作，建立工作分解结构就是将项目实施的过程、项目的成果和项目组织有机地结合在一起。工作分解结构划分的详细程度要视具体的项目而定。

建立工作分解结构需要完成的工作包括：

（1）识别可交付成果与有关工作；

（2）确定工作分解结构的结构与编排；

（3）将工作分解结构的上层分解到下层的组成部分；

（4）对工作分解结构的各个组成部分进行编码；

（5）核实工作分解的程度是否必要和已经满足控制要求。

工作分解结构的建立过程简述如下。

（1）识别项目的主要组成部分：从两方面考虑，一是可作为独立的交付成果，二是便于项目实施管理（即考虑如何管理每个组成部分）。独立的可交付成果是指具有相对独立性，一旦完成，可进行验收和（或）移交。因此，在确定各个可交付成果（或子项目）的开始和完成时间时，应注意各个可交付成果之间的先后逻辑关系。在可行的情况下，先完成并可向业主提前移交的可交付成果（或子项目）应能相对独立地投产运营。而项目实施管理主要是考虑如何便于招标管理和实施过程中的管理，避免产生相互干扰。

（2）确定所分解的每一单元是否可以"恰当"地估算费用和工期，能够独立控制。不同的单元可以有不同的分解级别，这就是"恰当"的含义。

（3）识别每一可交付成果的组成单元。这些单元在完成后可产生切实的、有形的成果，以便实施进度测量。

（4）证实工作分解的正确性。可以通过回答下列问题，进一步证明工作分解的正确性：

①一项可交付成果的分解是否很必要而且也足够详细？如果不是，则必须修改组成单元（如增加单元、删除单元或重新界定）。

②是否清晰和完整地界定了每一个事项？如果不是，则必须修改有关工作描述并增加描述内容。

③是否能恰当地确定每个单元的起止时间和进行比较准确的费用估算？这个单元是否已分派给某一部门（小组或个人）？他们是否愿意承担完成该单元的全部责任？如果不是，

则应做出修改,以进行有效的管理控制。

④是否可以确定没有遗漏工作,也没有多余的工作? 运用100%规则将工作分解结构底层的所有工作按隶属关系逐层向上汇总,确保没有遗漏工作,也没有增加多余的工作。

在确定了工作分解结构后,对工作分解结构中的每一单元进行编码,建立项目工作分解结构的编码体系。

3. 工作分解结构的编制方式和表现形式

根据项目的总目标和阶段性目标,将项目的最终成果和阶段性成果进行分解,列出达到这些目标所需的硬件(如设备、各种设施或结构)和软件(如信息资料或服务),这实际上是对子项目或项目的组成部分进一步分解形成的结构图表,其主要技术是按工程内容进行项目分解。工作分解结构可以采用多种方式编制,例如:

(1)工作分解结构的第一层次先按项目建设周期的各个阶段进行划分,即被划分成前期阶段、准备阶段、实施阶段以及投产运营阶段;第二层次则开始按项目可交付成果划分(若阶段划分过大,可能第二层次仍按项目建设周期的子阶段划分,然后按可交付成果划分)。

(2)工作分解结构的第一层次直接按可交付成果划分。

(3)工作分解结构的第一层次按子项目进行第一层分解。每一个子项目是(或相当于)一个合同,可能由业主团队之外的公司或实体组织实施。当然,在这种情况下,承包人将需要编制与该合同工作范围相对应的工作分解结构。

工作分解结构的表现形式可以采用列表式、组织结构图式、鱼骨图式或其他方式。无论采用哪种形式,都应该保证分解后项目的组织部分,即产品、服务或成果都应该便于进行范围的核实和确认。

图3-3所示为可行性研究的、以组织结构图式表现的工作分解结构。图中的项目管理单元,是指将可行性研究作为一个项目来管理,是对可行性研究项目管理工作的分解。

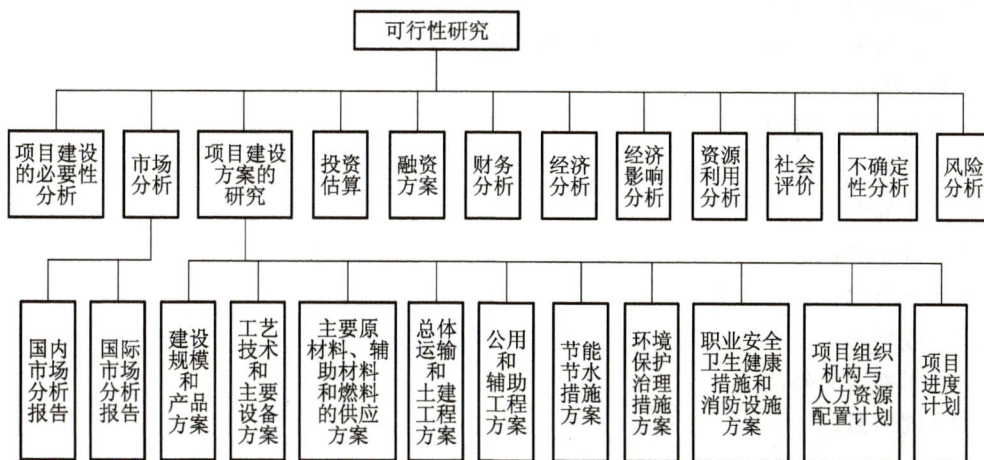

图3-3 可行性研究工作分解结构

在建设工程项目的不同阶段,工作分解结构的详细程度是不一样的。业主需求越详细,工作分解结构也就更详细和具体。因此在项目的早期阶段,可能对未来很长时间才能完成的可交付成果无法进行详细分析,只有进一步明晰业主需求,得到足够的信息后才能制定详细的工作分解结构。这种技术有时称为滚动式规划。

4. 参照类似项目的工作分解结构

以前类似项目的工作分解结构经常作为参照用于一个新项目。尽管每个项目都是唯一的，但是 WBS 模板却可以重复使用。因为大部分项目具有某些共性，这些共性使一个项目在一定程度上类似于另一个项目，对同一类项目则更是如此。

例如，大部分项目具有相同的或相似的建设周期，因而对于项目建设周期的每个阶段而言，也就具有相同的或相似的可交付成果。

目前很多应用领域已经有了标准的或半标准的工作分解结构，它们可以作为一种模板供类似项目使用，这既节省了时间，也节省了费用。

(五)范围界定的成果

1. 工作分解结构

工作分解结构界定了工程项目的全部范围，未包括在工作分解结构中的工作则不属于该项目的工作范围。工作分解结构中的级别越低，对项目可交付成果的描述越详细。

可交付成果的含义是可以将该项工作独立委托给一个组织实施。在这种情况下，该组织可将此项可交付成果作为子项目再细分，并将有关工作列入其项目规划和进度计划中。

根据工作分解结构可以将项目划分为多个相对独立的合同(我国也称为标段)，单独对外发包。

2. 工作分解结构说明

工作分解结构说明是在创建工作分解结构过程中产生的，是工作分解结构的支持性文件，是对工作分解结构的各个构成单元(包括工作包和控制账户)进行更详细的描述。

工作分解结构说明的内容包括(但不限于)：

①工作包和控制账户编码；

②工作包和控制账户的名称和工作内容描述；

③负责实施的组织；

④需要完成的时间；

⑤与其相关的紧前工作和紧后工作；

⑥所需的资源；

⑦成本预算；

⑧质量要求；

⑨验收标准；

⑩技术参考文献；

⑪合同信息。

二、工程项目范围确认

(一)范围确认的含义

范围确认是项目业主正式接收项目可交付成果的过程。此过程要求对项目在执行过程中完成的各项工作进行及时的检查，保证正确、满意地完成合同规定的全部工作。范围确认可能涉及业主、咨询方、承包人等,在进行各专项验收(如环境评价、消防安全评价等),以及工程项目的最终验收时,可能还涉及各有关政府部门和第三方评价机构。

范围确认可分为中间确认(包括各专项验收评价)和最终确认。如果项目提前终止,范围确认过程也应确定和正式记录项目完成的水平和程度。

范围确认不同于质量控制,范围确认表示了业主是否接收完成的可交付成果,而质量控制则关注完成的可交付成果是否满足技术规范的质量要求。如果不是合同工作范围内的内容,即使满足质量要求,也可能不为业主所接收。因此,前者是控制"做正确的事",而后者是控制"把事情做正确"。

(二)范围确认的依据

1. 完成的可交付成果

对项目实施过程进行控制的工作内容之一是收集有关已经完成的工作信息,并将这些信息编入项目进度报告中。完成工作的信息表明哪些可交付成果已经完成,哪些还未完成,达到质量标准的程度和已经发生的费用等。在项目周期的不同阶段,可交付成果具有不同的表现形式。

(1)在项目前期阶段,项目建议书、可行性研究报告、项目评估报告以及方案设计图纸等是咨询工程师提供咨询服务的可交付成果。

(2)项目准备阶段产生的可交付成果包括:项目实施的整体规划、项目采购计划、项目的招标文件、初步设计图纸及详细设计图纸等。

(3)在项目实施阶段,承包人建造完成的土建工程、电气工程、给排水工程以及已安装的生产设备等是阶段性的可交付成果;整个项目的交付使用,则是承包人最终的可交付成果。

(4)项目投产运营阶段的可交付成果主要是项目验收报告、后评价报告。

2. 项目合同文件

项目合同文件是约束合同当事方的具有法律效力的文件,通常包括合同协议书、中标函、投标函、合同条件、业主要求、技术规范、图纸以及其他在合同协议书中列明的其他文件。国际咨询工程师联合会(FIDIC)编制的《设计采购施工(EPC)/交钥匙工程合同条件》将"合同"定义为:"合同"是指合同协议书、合同条件、雇主要求、投标书和合同协议书中列出的其他文件(如有时)。

在项目合同实施过程中,双方都应严格遵守签订的合同文件,实际的可交付成果必须与合同中约定的预期成果一致。例如,对咨询服务成果的确认主要是依据双方签订的咨询服务合同的具体内容,应达到的标准和应满足的要求,以及按约定的验收方式进行成果确认和验收。

尤其注意描述变更工作的各种文件,这些文件是对原合同相关文件的修改和更新,在对已完成的工作进行检查时,要依据最新的文件。

3. 评价报告

评价报告是指按照我国工程项目建设程序的有关规定,由具有独立法人资格和相应资质的实体,或相应的政府机构或专家组,对项目产生的可交付成果进行独立评价后出具的评价报告,如在可行性研究阶段对可行性研究报告的评价等。

4. 工作分解结构

工作分解结构方法界定了项目的工作范围,是确认工作范围的主要依据之一。

(三)范围确认的方法

范围确认的方法是对所完成的可交付成果的数量和质量进行检查。

1. 检查的方法

(1)试验和检验。采用各种科学试验方法对完成的可交付成果进行试验检测。业主方(咨询方)可以建立试验室对可交付成果进行采样试验,或委托具有相应资质的、独立的第三方进行相关试验和检验,出具试验和检验报告。

(2)专家评定。业主方可以按合同约定的标准、程序和方法,组织相关领域的专家和相关政府部门代表对可交付成果进行评定。

(3)第三方评定。按合同约定委托双方一致认可的、具有相应资质的、独立的第三方,运用专业方法,对可交付成果进行评定。

2. 范围确认的三个基本步骤

(1)测试,即借助于工程计量的各种手段对已完成的工作进行测量和试验;

(2)比较和分析(即评估),即将测试的结果与双方在合同中约定的测试标准进行对比分析,判断是否符合合同要求;

(3)处理,即确定被检查的工作结果是否可以接收,是否可以开始下一道工序,如果不予接收,采取何种补救措施。

(四)范围确认的结果

范围确认产生的结果就是对可交付成果的正式接收。业主根据合同中关于可交付成果接收的有关规定,一次或分几次接收完成。业主可通过颁发正式的接收证书或表明其接收意思的类似文件表示其对完成的可交付成果的正式接收。

范围确认通常包括完全接收、拒收和带缺陷接收三种结果。

(1)完全接收,指完成的工作全部满足项目和合同要求。

(2)拒收,指完成的工作不符合项目和合同要求,无法实现项目的预期目标,业主的投资将失去价值。

(3)带缺陷接收,指完成的工作在某些方面不符合项目和合同要求,修补后仍然无法完全满足要求,但能实现项目的主要预期目标,业主同意予以接收,但会扣留因这些缺陷给其带来的损失费用。

三、工程项目范围控制

(一)范围控制的含义

工程项目范围控制是指监督工程项目的工作范围状态和管理范围基准变更的全部过程。工程项目由于其性质复杂,且易受自然和社会环境的影响,加之投资方的偏好,使得变更不可避免。因此,工程项目范围管理必须强制实施某种形式的变更控制,确保所有请求的变更、推荐的纠正措施或预防措施等进入变更控制系统,使得所有的变更得到控制。如果范围变更没有得到很好的控制,则势必导致费用超支,进度失控,出现决算超预算、预算超概算、概算超估算的"三超"现象。

在项目实施期间,项目业主有权对工程进行变更,这是一个惯例,即买方拥有变更权利。依据合同,变更的内容可能涉及增加合同工作,或从合同中删去某些工作,或对某些工作进行修改,或改变施工方法和方式,或改变业主提供的材料和设施的数量、规格等。

项目范围变更是项目变更最重要的内容,它是指在实施合同期间项目工作范围发生的改变,如增加或删除某些工作等。范围变更控制的任务是:

①确认范围必须变更;

②对造成范围变更的因素施加影响,以确保这些变化给项目带来益处;

③当变更发生时对实际变更进行管理。

范围变更控制必须完全与其他的控制过程(如时间控制、费用控制、质量控制等)相结合,才能收到更好的控制效果。

在一般的施工合同中,并不区分变更属于项目范围变更,还是属于其他方面的变更(如工期变更),但是都单独列出变更条款,对工程变更做出明确的规定。

(二)范围变更控制的依据

范围变更控制的主要依据包括项目合同文件、进度报告和变更令。

1. 项目合同文件

在总承包项目或施工项目合同中,涉及工作范围描述的部分是业主需求文件、技术规范和图纸。技术规范(Specifications)规定了提供服务方在履行合同义务期间必须遵守的国家和行业标准、工作范围、工作方式以及项目业主的其他要求。技术规范中单列一章"工作范围"(Scope of Work),对需要完成的合同工作做出详细的文字描述。

业主颁发的设计图纸(Drawings),运用工程语言描述了需要完成的项目工作,简单而直观。但其缺陷是当一个项目被划分成多个合同时,无法从图纸上区分各个合同的具体内容。也就是说,颁发给某一承包人的图纸,图纸上的内容并不一定全部是该承包人必须完成的工作。

由于技术规范和图纸都涉及工作范围,就有可能产生模糊不清或矛盾,此时技术规范优先于图纸,即当两者发生矛盾时,以技术规范规定的内容为准。

在承包人负责设计和施工的总承包合同中,"业主要求"是合同文件之一。FIDIC 编制的《设计采购施工(EPC)/交钥匙工程合同条件》将"业主要求"定义为:"业主要求"是指合同中包括的名称为业主要求的文件,包括工作目标、范围和(或)工程的设计和(或)技术准则,以及按合同对上述文件所做的补充或修改。

2. 进度报告

进度报告提供了项目范围执行状态的信息,例如项目的哪些中间成果已经完成,哪些还未完成。进度报告还可以对可能在未来引起不利影响的潜在问题向项目组织发出警示信息。

进度报告一般包括每日进度报告、周进度报告和月进度报告。进度报告从开工日起至完成全部合同工作的日期止。其中月进度报告至少应包括如下内容：

(1)项目每一阶段的进展情况的图表和详细说明；

(2)反映项目进展(包括工厂制造和现场工作)的照片；

(3)生产设备和材料的制造商名称、制造地点、进度、试验和检验等信息；

(4)承包人的人员和施工设备记录；

(5)变更与索赔信息；

(6)安全状况；

(7)实际进度与计划进度的对比。

3.变更令

形成正式变更令的第一步是提出变更请求，变更请求可能以多种形式发生，如口头或书面的，直接或间接的，以及合法的命令或业主的自主决定。变更令可能要求扩大或缩小项目的工作范围。大部分变更请求是由下列原因造成的：

(1)一件外界的事情，如政府法规的变化；

(2)在界定项目范围方面的错误或遗漏；

(3)增值变化，如在一个环境治理项目中，利用最新技术能够减少费用，而这种技术在界定项目范围时还未产生。

(三)项目工作范围变更控制系统

工作范围变更控制系统规定了项目工作范围变更应遵循的程序，它包括书面工作、跟踪系统以及批准变更所必需的批准层次。工作范围变更控制系统应融入整个项目的变更控制系统。

下面介绍适用于土木工程施工合同的工作范围变更程序，其项目参与方包括业主、咨询工程师和承包人三方。对于工程项目建设周期各阶段发生的咨询服务工作范围的变更控制，由于只有业主和咨询工程师两方，因此其变更控制程序相对简单，可根据下述内容适当取舍。

1.申请变更

咨询工程师、业主和承包人均可对合同工作范围提出变更请求。咨询工程师提出变更，多数情况是发现设计中存在某些缺陷而需要对原设计进行修改。修改工作可由咨询工程师自己完成，也可以指令承包人完成。

承包人提出的工作范围变更主要是为了便于施工，同时也考虑在至少满足项目现有功能的前提下，可以降低费用和缩短工期。承包人提出变更请求，除说明变更原因外，还必须说明变更对项目产生的影响(主要指变更后可能增加的费用金额以及对项目使用功能和质量的影响)。

业主提出变更，则常常是为了提高项目的使用功能和质量要求。

2.审查和批准变更

对工作范围的任何变更，咨询工程师必须与项目业主进行充分协商，在达成一致意见后，由咨询工程师发出正式变更令。

项目业主可以在一定程度上授予咨询工程师批准变更的权利。这里所说的"一定程度",是指由于变更使项目费用增加的金额或导致工期延长的天数。如某项目规定,如果一次变更使项目增加的费用低于50万人民币,工期延长少于3d,咨询工程师可自己决定是否批准变更,不必事先与业主协商;如果费用变更在50万人民币以上(含50万人民币),工期延长在3d以上(含3d),则必须报业主审批。

咨询工程师批准工作范围变更的原则如下:

(1)变更后的项目不能降低使用标准;

(2)变更工作在技术上可行;

(3)业主同意支付变更费用;

(4)变更工作对总工期的影响不大。

3.编制变更文件和发布变更令

变更文件一般由变更令和变更令附件构成。

(1)变更令。

在实施项目之前,咨询工程师应确定变更令的标准格式,以便在发生变更时使用。变更令通常包括如下内容。

①变更令编号和签发变更令的日期。

②项目名称和合同号。

③产生变更的原因和详细的变更内容说明如下。

a.依据合同的哪一条款发出变更令;

b.变更工作是在接到变更令后立即开始实施,还是在确定变更工作的费用后实施;

c.承包人应在多长期限内对变更工作提出增加费用和延长工期的请求;

d.变更工作的具体内容和变更令附件。

变更费用是变更工作中最敏感的,承包人总希望在变更工作开始前即能确定变更费用金额,而业主则希望先开始实施变更工作,然后双方协商确定变更工作的费用,其主要目的是避免拖延工期。例如,某私营项目合同中规定:承包人必须在接到变更令后立即开始实施变更工作,不能以还未商定变更工作的费用为由延误实施变更工作,如果因此造成工期拖延,则视承包人违约。

④前变更产生的累计费用金额,此次变更增加或减少的费用金额,累计总变更费用金额。在先开始变更工作,后估算费用的情况下,变更令中就不可能列出变更费用;可在双方协商确定费用金额后,再发一份变更费用的指令,或书面确认原变更令的费用金额。

⑤业主名称、业主授权代表签字。

⑥咨询工程师名称、咨询工程师授权代表签字。

⑦承包人名称、承包人授权代表签字。

(2)变更令附件。

变更令附件一般包括变更工作的工程量表、设计资料、设计图纸和其他与变更工作有关的文件。

4.承包人向咨询工程师发出对变更工作要求付款的意向通知

我国《建设工程施工合同(示范文本)》(GF—2013-0201)关于变更估价的规定是:"承包人在工程变更确定后14d内,提出变更工程价款的报告,经工程师确认后调整合同价款""承包人在双方确定变更后14d内不向工程师提出变更工程价款的报告时,视为该项变更不涉及合同价款的变更"。因此,承包人提出变更工程价款的报告是开始变更估价的前提条件。

按照FIDIC合同条件,必须在发出下列通知之一后,才进行变更工作的估价,否则不予估价:

(1)由承包人将其对变更工作索取额外费用或变更费率和价格的意图通知咨询工程师;

(2)由咨询工程师将其改变费率和价格的意图通知承包人。

承包人在收到咨询工程师签发的变更令时,应在变更令(或合同)规定的时间内,向咨询工程师发出该通知,否则承包人将被认为自动放弃调整合同价格的权利。

咨询工程师改变费率或合同价格的意图,可在签发的变更令中做出说明,也可单独向承包人发出此意向通知。

5.变更工作的估价

(1)咨询服务合同中变更工作的估价。

根据世界银行咨询服务合同标准文本,咨询服务的采购有两种计价方式:对复杂的咨询服务采购采用基于时间的计价方式,其他则采用总价计价方式。在提供咨询服务期间,双方应公平和真诚地执行合同,当一方对咨询服务的工作范围提出修改时,另一方应给予应有的考虑。

①基于时间的计价方式。基于时间的计价方式合同是对每一位提供咨询服务的咨询工程师根据其提供服务的时间计算咨询费用。当发生变更时,用咨询工程师的工作时间变化量乘以单价,可估算变更费用。但最终由于变更产生的费用,不应超过咨询服务合同中规定的咨询服务费用的上限。

对由于法律法规的变更,业主提供的服务、设施和财产的变更以及业主提供配套人员的变更导致咨询服务费用的增加,不应超过咨询服务合同中规定的应增加咨询服务费用的上限值。

②总价方式。在双方签订总价方式的咨询服务合同时,业主要求咨询公司按其要求对咨询服务的总价进行分解,列明提供服务的咨询工程师的人月费率和其他支出,并作为附件列入双方签订的合同中。在发生咨询服务范围变更时,以此附件中列明的费率进行变更工作的估价。

(2)工程施工承包合同中确定变更工作费率(单价)或价格的程序。

工程施工承包合同中确定变更工作费率(单价)或价格的程序如下:

①采用合同中规定的费率和价格进行变更工作的估价。这里所说的费率和价格,对单价合同是指工程量清单中填写的费率和价格;对总价合同则是指专门用于对变更进行估价的费用一览表中所列的费率。

②如合同中未包括适用于该变更工作的费率和价格,则应在合理的范围内使用合同中的费率和价格作为估价的基础。

③如咨询工程师认为合同中没有适用于该变更工作的费率和价格,则在与业主和承包人进行适当的协商后,由咨询工程师和承包人议定合适的费率和价格。

④如双方在协商后未达成一致意见,则咨询工程师应确定他认为适当的费率和价格,并通知承包人,同时将一份副本呈交业主。

在最终确定费率和价格之前,咨询工程师应确定暂行费率和价格,以便有可能作为暂付款,在当月签发的支付证书中支付给承包人。

(3)确定变更工作价格时应注意的问题。

①货币支付比例。当合同中规定以多于一种货币支付工程进度款时,应说明以不同货币对变更工作进行支付的比例。

②变更工作的价格调整。在确定变更工作的费率或价格时,应考虑按合同中规定的条件进行价格调整(即考虑由于工程项目所在国的法律变化或国际市场变化,使得施工所需的劳务、生产资料的价格发生变化)。

6.变更工作的实施和支付

对咨询服务合同,变更工作的费用可按双方合同中规定的方式进行支付。

对施工承包合同,如果承包人已按咨询工程师的指令实施变更工作,咨询工程师应将已完成的变更工作或部分完成的变更工作的费用,加入合同总价中,同时列入当月的支付证书中支付给承包人。有的合同则明确规定只有在完成全部变更工作后,才支付变更工作的费用,这对承包人不利。

模块二　信息管理

应用信息技术提高建筑业生产效率,以及行业管理和项目管理的水平和能力,是21世纪建筑业发展的重要课题。作为重要的物质生产部门,中国建筑业的信息化程度一直低于其他行业,也远低于发达国家的先进水平。因此,我国工程管理信息化工作任重而道远。

一、建设工程项目信息管理的概述

(一)项目信息管理的概念

1.信息

信息是指用口头、书面或电子的方式传输(传达、传递)的知识、新闻,或可靠的或不可靠的情报。声音、文字、数字和图像等都是信息表达的形式。建设工程项目的实施需要人力资源和物质资源,应认识到信息也是项目实施的重要资源之一。

2.信息管理

信息管理是指信息传输的合理组织和控制。

3.项目的信息管理

项目的信息管理是通过对各个系统、各项工作和各种数据的管理,使项目的信息能方便和有效地获取、存储、存档、处理和交流。项目的信息管理旨在通过有效的项目信息传输的组织和控制为项目建设提供增值服务。

(二)建设工程项目的信息

建设工程项目的信息包括在项目决策过程、实施过程(如设计准备、设计、施工和物资采购过程等)和运行过程中产生的信息,以及其他与项目建设有关的信息,它包括项目的组织类信息、管理类信息、经济类信息、技术类信息和法规类信息。

(三)项目信息管理的任务

1.信息管理手册

业主方和项目各参与方都有各自的信息管理任务,为充分利用和发挥信息资源的价值,提高信息管理的效率以及实现有序的和科学的信息管理,各方都应编制各自的信息管理手册,以规范信息管理工作。信息管理手册描述和定义信息管理做什么、由谁做、什么时候做和其工作成果是什么等,它的主要内容包括:

(1)信息管理的任务(信息管理任务目录);

(2)信息管理的任务分工表和管理职能分工表;

(3)信息的分类;

(4)信息的编码体系和编码;

(5)信息输入输出模型;

(6)各项信息管理工作的工作流程图;

(7)信息流程图;

(8)信息处理的工作平台及其使用规定;

(9)各种报表和报告的格式,以及报告周期;

(10)项目进展的月度报告、季度报告、年度报告和工程总报告的内容及其编制;

(11)工程档案管理制度;

(12)信息管理的保密制度等。

2.信息管理部门的工作任务

项目管理班子中各个工作部门的管理工作都与信息处理有关,而信息管理部门的主要工作任务是:

(1)负责编制信息管理手册,在项目实施过程中进行信息管理手册的必要修改和补充,并检查和督促其执行;

(2)负责协调和组织项目管理班子中各个工作部门的信息处理工作;

(3)负责信息处理工作平台的建立和运行维护;

(4)与其他工作部门协同组织收集信息、处理信息和形成各种反映项目进展及项目目标控制的报表和报告;

(5)负责工程档案管理等。

在国际上,许多建设工程项目都专门设立信息管理部门(或称为信息中心),以确保信息管理工作的顺利进行。也有一些大型建设工程项目专门委托咨询公司从事项目信息动态跟踪和分析,以信息流指导物质流,从宏观上对项目的实施进行控制。

3.信息工作流程

各项信息管理任务的工作流程如下:

(1)信息管理手册编制和修订的工作流程;

(2)为形成各类报表和报告,收集信息、录入信息、审核信息、加工信息、传输和发布信息的工作流程;

（3）工程档案管理的工作流程等。

4.信息处理平台管理

应重视基于互联网的信息处理平台管理。其核心的手段是基于互联网的信息处理平台。

二、建设工程项目信息的分类、编码和处理方法

（一）项目信息的分类

建设工程项目有各种信息，如图3-4所示。

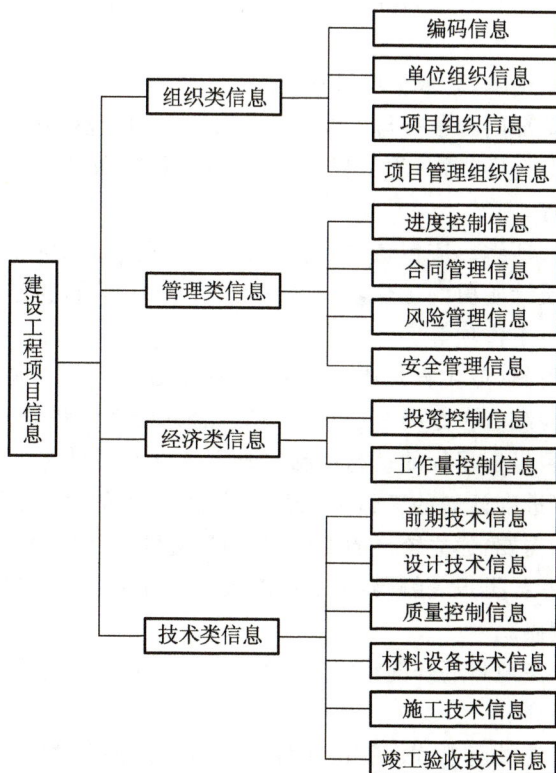

```
                                          ┌── 编码信息
                          ┌── 组织类信息 ──┤── 单位组织信息
                          │               ├── 项目组织信息
                          │               └── 项目管理组织信息
                          │
                          │               ┌── 进度控制信息
              ┌───────────┤── 管理类信息 ──┤── 合同管理信息
建设          │           │               ├── 风险管理信息
工程          │           │               └── 安全管理信息
项目 ─────────┤           │
信息          │           ├── 经济类信息 ──┬── 投资控制信息
              │           │               └── 工作量控制信息
              │           │
              │           │               ┌── 前期技术信息
              └───────────┤── 技术类信息 ──┤── 设计技术信息
                                          ├── 质量控制信息
                                          ├── 材料设备技术信息
                                          ├── 施工技术信息
                                          └── 竣工验收技术信息
```

图 3-4　建设工程项目信息分类

业主方和项目各参与方可根据各自项目管理的需求确定其信息的分类，但为了信息交流的方便和实现部分信息共享，应尽可能地作一些统一分类的规定，如项目的分解结构应统一。

建设工程项目的信息可以从不同的角度进行分类，如：

（1）按项目管理工作的对象，即按项目的分解结构进行信息分类，如子项目1、子项目2等；

（2）按项目实施的工作过程，如设计准备、设计、招标投标和施工过程等进行信息分类；

（3）按项目管理工作的任务，如投资控制、进度控制、质量控制等进行信息分类；

（4）按信息的内容属性，如组织类信息、管理类信息、经济类信息、技术类信息和法规类

信息进行信息分类。

为满足项目管理工作的要求,往往需要对建设工程项目信息进行综合分类,即按多维进行分类,如第一维按项目的分解结构,第二维按项目实施的工作过程,第三维按项目管理工作的任务。

(二)项目信息编码的方法

编码由一系列符号(如文字)和数字组成,编码是信息处理的一项重要的基础工作。

一个建设工程项目有不同类型和不同用途的信息,为了有组织地存储信息,方便信息的检索和信息的加工和整理,必须对项目的信息进行编码。

(1)项目的结构编码,依据项目结构图对项目结构的每一层的每一个组成部分进行编码。

(2)项目管理组织结构编码,依据项目管理的组织结构图,对每一个工作部门进行编码。

(3)项目的政府主管部门和各参与单位编码(组织编码),包括:①政府主管部门;②业主方的上级单位或部门;③金融机构;④工程咨询单位;⑤设计单位;⑥施工单位;⑦物资供应单位;⑧物业管理单位等。

(4)项目实施的工作项编码应覆盖项目实施的工作任务目录的全部内容,包括:①设计准备阶段的工作项;②设计阶段的工作项;③招标投标的工作项;④施工和设备安装的工作项;⑤项目动用前的准备工作项等。

(5)项目的投资项编码(业主方)/成本项编码(施工方),它并不是概预算定额确定的分部分项工程的编码,它应综合考虑概算、预算、标底、合同价和工程款的支付等因素,建立统一的编码,以服务于项目投资目标的动态控制。

(6)项目的进度项(进度计划的工作项)编码,应综合考虑不同层次、不同深度和不同用途的进度计划工作项的需要,建立统一的编码,为项目进度目标的动态控制服务。

(7)项目进展报告和各类报表编码,项目进展报告和各类报表编码应包括项目管理形成的各种报告和报表的编码。

(8)合同编码,应参考项目的合同结构和合同分类,应反映合同的类型、相应的项目结构和合同签订的时间等特征。

(9)函件编码,应反映发函者、收函者、函件内容所涉及的分类和时间等,以便函件的查询和整理。

(10)工程档案编码,应根据有关工程档案的规定、项目的特点和项目实施单位的需求等建立。

以上这些编码是因不同的用途而编制的,如投资项编码(业主方)/成本项编码(施工方)服务于投资控制工作/成本控制工作;进度项编码服务于进度控制工作。但是有些编码并不是针对某一项管理工作而编制的,如投资控制/成本控制,进度控制、质量控制、合同管理、编制项目进展报告等都要使用项目的结构编码,因此就需要进行编码的组合。

(三)项目信息处理的方法

当今时代,信息处理已逐步向电子化和数字化的方向发展,但建筑业和基本建设领域的信息化已明显落后于许多其他行业,建设工程项目信息处理基本上还沿用传统的方法和模式。应采取措施,使信息处理由传统的方式向基于网络的信息处理平台方向发展,以充分发挥信息资源的价值,以及信息对项目目标控制的作用。基于网络的信息处理平台由一系列硬件和软件构成,具体如下:

(1)数据处理设备(包括计算机、打印机、扫描仪、绘图仪等);

(2)数据通信网络(包括形成网络的有关硬件设备和相应的软件);

(3)软件系统(包括操作系统和服务于信息处理的应用软件)等。

数据通信网络主要有三种类型:①局域网(LAN,由与各网点连接的网线构成网络,各网点对应于装备有实际网络接口的用户工作站);②城域网(MAN,在大城市范围内由两个或多个网络的互联);③广域网(WAN,在数据通信中,用来连接分散在广阔地域内的大量终端和计算机的一种多态网络)。

互联网是目前最大的全球性的网络,它连接了覆盖100多个国家的各种网络,如商业性网络、大学网络、研究网络和军事网络等,并通过网络连接数以千万台的计算机,以实现连接互联网的计算机之间的数据通信。互联网由若干个学会、委员会和集团负责维护和运行管理。

建设工程项目的业主方和项目各参与方往往分散在不同的地点,或不同的城市,或不同的国家,因此其信息处理应考虑充分利用远程数据通信的方式,如:

(1)通过电子邮件收集信息和发布信息。

(2)通过基于互联网的项目专用网站(Project Specific Web Site,简称 PSWS)实现业主方内部、业主方和项目各参与方,以及项目各参与方之间的信息交流、协同工作和文档管理;或通过基于互联网的项目信息门户(Project Information Portal)ASP 模式为众多项目服务的公用信息平台实现业主方内部、业主方和项目各参与方,以及项目各参与方之间的信息交流、协同工作和文档管理。

(3)召开网络会议。

三、建设工程管理信息化及建设工程项目管理信息系统的功能

信息化是人类社会发展过程中的一种特定现象,其表明人类对信息资源的依赖程度越来越高。信息化是人类社会继农业革命、城镇化和工业化后迈入新的发展时期的重要标志。

(一)工程管理信息化

信息化最初是从生产力发展的角度来描述社会形态演变的综合性概念,信息化和工业化一样,是人类社会生产力发展的新标志。

信息化的出现给人类带来新的资源、新的财富和新的社会生产力,形成了以创造型信息劳动者为主体,以电子计算机等新型工具体系为基本劳动手段,以再生性信息为主要劳动对象,以高技术型企业为骨干,以信息产业为主导产业的新一代信息生产力。在传统经济中,人们对资源的争夺主要表现为占有土地、矿产和石油等。而今天,信息资源成为争夺的重点,带来了国际社会新的竞争方式、竞争手段和竞争内容。在信息技术开发和应用领域尤其是网络技术方面存在的差距,导致信息获取和创新产生落差,于是就产生国与国、地区与地区、产业与产业、社会阶层与社会阶层之间的"数字鸿沟"。

我国不仅在生产力各个领域应用信息技术方面与工业发达国家相比存在较大的"数字

鸿沟",在国内各地区间也存在"数字鸿沟",并有不断扩大的趋势。"数字鸿沟"造成的差别正在成为我国继城乡差别、工农差别、脑体差别"三大差别"之后的"第四大差别"。在产业与产业之间,由于建筑业的特性,目前建筑业信息技术的开发和应用及信息资源的开发和利用效率较差,使建筑业相对其他产业也存在较大的"数字鸿沟"。

1. 工程管理信息化的含义

信息化是指信息资源的开发和利用,以及信息技术的开发和应用。工程管理信息化是指工程管理信息资源的开发和利用,以及信息技术在工程管理中的开发和应用。工程管理信息化属于领域信息化的范畴,它和企业信息化也有联系。

我国实施国家信息化的总体思路是:

(1)以信息技术应用为导向;

(2)以信息资源开发和利用为中心;

(3)以制度创新和技术创新为动力;

(4)以信息化带动工业化;

(5)加快经济结构的战略性调整;

(6)全面推动领域信息化、区域信息化、企业信息化和社会信息化进程。

我国在建筑业和基本建设领域应用信息技术方面与工业发达国家相比,尚存在较大的"数字鸿沟",反映在信息技术在工程管理中应用的观念上,也反映在有关的知识管理上,还反映在有关技术的应用方面。

工程管理的信息资源包括组织类工程信息、管理类工程信息、经济类工程信息、技术类工程信息、法规类工程信息等。在建设一个新的工程项目时,应重视开发和充分利用国内和国外同类或类似工程项目的有关信息资源。

信息技术在工程管理中的开发和应用,包括在项目决策阶段的开发管理、实施阶段的项目管理和使用阶段的设施管理中开发和应用信息技术。信息技术在管理中的应用有一个相应的发展过程:

(1)20 世纪 70 年代,单项程序的应用,如工程网络计划的时间参数的计算程序、施工图预算程序等;

(2)20 世纪 80 年代,程序系统的应用,如项目管理信息系统、设施管理信息系统(Facility Management Information System,简称 FMIS)等;

(3)20 世纪 90 年代,程序系统的集成,它是随着工程管理的集成而发展的;

(4)20 世纪 90 年代末期至今,基于网络平台的工程管理。

2. 工程管理信息化的意义

工程管理信息化有利于提高建设工程项目的经济效益和社会效益,以达到为项目建设增值的目的。

(1)工程管理信息资源的开发和信息资源的充分利用,可吸取类似项目的正反两方面的经验和教训,许多有价值的组织信息、管理信息、经济信息、技术信息和法规信息将有助于项目决策期多种可能方案的选择,有利于项目实施期的项目目标控制,也有利于项目建成后的运行。

(2)通过信息技术在工程管理中的开发和应用能实现:

①信息存储数字化和存储相对集中；

②信息处理和变换的程序化；

③信息传输的数字化和电子化；

④信息获取便捷；

⑤信息透明度提高；

⑥信息流扁平化。

（3）信息技术在工程管理中的开发和应用的意义在于：

①"信息存储数字化和存储相对集中"有利于项目信息的检索和查询，文件版本的统一，并有利于项目的文档管理；

②"信息处理和变换的程序化"有利于提高数据处理的准确性，并可提高数据处理的效率；

③"信息传输的数字化和电子化"可提高数据传输的抗干扰能力，使数据传输不受距离限制并可提高数据传输的保真度和保密性；

④"信息获取便捷""信息透明度提高"以及"信息流扁平化"有利于项目各参与方之间的信息交流和协同工作。

3.项目信息门户

项目信息门户是基于互联网技术为建设工程增值的重要管理工具，是当前在建设工程管理领域中信息化的重要标志。但是在工程界，对信息系统（Information System）、项目管理信息系统（Project Management Information System，简称 MIS）、一般的网页（Home Page）和项目信息门户（Project Information Portal，简称 PIP）的内涵尚有不少误解。应指出，项目管理信息系统是基于数据处理设备的，为项目管理服务的信息系统，主要用于项目的目标控制。业主方和承包方项目管理的目标和利益不同，因此它们都必须有各自的项目管理信息系统。

管理信息系统（Management Information System，简称 MIS）是基于数据处理设备的信息系统，但主要用于企业的人、财、物、产、供、销的管理。项目管理信息系统与管理信息系统服务的对象和功能是不同的。项目信息门户既不同于项目管理信息系统，也不同于管理信息系统，如图 3-5 所示。

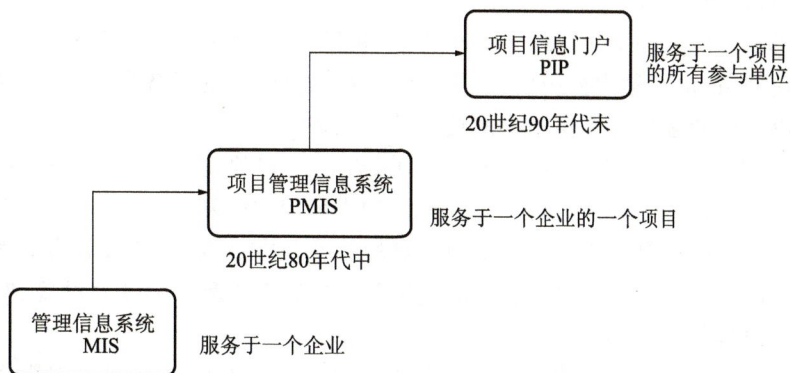

图 3-5　项目信息门户与管理信息系统、项目管理信息系统

（1）项目信息门户的概念。

这里所讨论的项目信息门户，是指建设工程的项目信息门户，它可用于各类建设工程的管理，如民用建设工程、工业建设工程、土木工程建设工程（铁路、公路、桥梁、水坝等）等。

门户是一个网站，或称为互联网门户站，它是进入万维网（World Wide Web）的入口。搜索引擎属于门户，Yahoo 和 MSN 也是门户，任何人都可以访问它们，以获取所需要的信息，这些是一般意义上的门户。但是，有些是为了专门的技术领域、专门的用户群或专门的对象而建立的门户，称为垂直门户。项目信息门户属于垂直门户，不同于上述一般意义的门户。

项目信息门户是项目各参与方信息交流、共同工作、共同使用和互动的管理工具。

不同文献对项目信息门户的定义有不同的表述，综合有关研究成果，对项目信息门户作如下的解释：项目信息门户是在对项目全寿命过程中项目各参与方产生的信息和知识进行集中管理的基础上，为项目各参与方在互联网平台上提供一个获取个性化项目信息的单一入口，从而为项目各参与方提供一个高效率信息交流（Project Communication）和共同工作（Collaboration）的环境。

"项目全寿命过程"包括项目的决策期、实施期（设计准备阶段、设计阶段、施工阶段、动用前准备阶段和保修期）和运行期（或称为使用期、运营期）。

"信息和知识"包括以数字、文字、图像和语音表达的组织类信息、管理类信息、经济类信息、技术类信息及法律和法规类信息。

"项目各参与方"包括政府主管部门和项目法人的上级部门、金融机构（银行和保险机构以及融资咨询机构等）、业主方、工程管理和工程技术咨询方、设计方、施工方、供货方、设施管理方（其中包括物业管理方）等。

"提供一个获取个性化项目信息的单一入口"是指通过用户名和密码认定后而提供的入口。

（2）项目信息门户的类型和用户。

①类型。

项目信息门户按其运行模式分类，有如下两种类型。

a. PSWS 模式（Project Specific Web Site）：为一个项目的信息处理服务而专门建立的项目专用门户网站，即专用门户。

b. ASP 模式（Application Service Provide）：由 ASP 服务商提供的为众多单位和众多项目服务的公用网站，也可称为公用门户。ASP 服务商有庞大的服务器群，一个大的 ASP 服务商可为数以万计的客户群提供门户的信息处理服务。

如采用 PSWS 模式，项目的主持单位应购买商品门户的使用许可证，或自行开发门户，并需购置供门户运行的服务器及有关硬件设施和申请门户的网址。

如采用 ASP 模式，项目的主持单位和项目的各参与方成为 ASP 服务商的客户，它们不需要购买商品门户产品，也不需要购置供门户运行的服务器及有关硬件设施和申请门户的网址。国际上项目信息门户应用的主流是 ASP 模式。

项目信息门户可以为一个建设工程的各参与方的信息交流和共同工作服务，也可以为一个建设工程群体的管理服务。前者侧重于一个建设工程（Project）各参与方内部的共同工作，而后者则侧重于对一个建设工程群体（Program）的总体和宏观的管理。可以把一个单体建筑物、一个工厂、一个机场视作一个建设工程,因为它们都有明确的项目目标。另外,如整个北京奥运工程项目、整个上海世博会工程项目、一个城市的全部重点工程项目、一个电力集团公司的全部新建工程项目以及国家发展和改革委员会主管的一定投资规模以上的全部建设工程都可视作一个建设工程群体。由于这两种类型的项目信息门户建立的目的不同,其具体的信息处理也有些差别。以下将重点讨论为一个建设工程服务的项目信息门户。

②用户。

正如前述,项目各参与方包括政府主管部门和项目法人的上级部门、金融机构(银行和保险机构以及融资咨询机构等)、业主方、工程管理和工程技术咨询方、设计方、施工方、供货方、设施管理方(其中包括物业管理方)等都是项目信息门户的用户。从严格的意义上说,以上各方使用项目信息门户的个人是项目信息门户的用户。每个用户有供门户登录用的用户名和密码。系统管理员将对每一个用户使用权限进行设置。

(3)项目信息门户实施的条件。

项目信息门户的实施是一个系统工程,既应重视其技术问题,更应重视其与实施有关的组织和管理问题。项目信息门户不仅是一种技术工具和手段,它的实施还会引起建设工程实施在信息时代进程中的重大组织变革,包括政府对建设工程管理的组织的变化、项目各参与方的组织结构和管理职能分工的变化,以及项目各阶段工作流程的重组等。

项目信息门户实施的条件包括:①组织件;②教育件;③软件;④硬件。

组织件起着支撑和确保项目信息门户正常运行的作用,因此,组织件的创建和在项目实施过程中动态地完善组织件是项目信息门户实施最重要的条件。

(4)项目信息门户的价值和意义。

建设工程有关国际资料的统计结果如下:

①传统建设工程中 2/3 的问题都与信息交流有关;

②建设工程中 10%～33% 的成本增加都与信息交流存在的问题有关;

③在大型建设工程中,信息交流问题导致的工程变更和错误占工程总投资的 3%～5%;

④据美国 Rebuz 网站预测,PIP 服务的应用将会在未来 5 年节约 10%～20% 的建设总投资,这是一个相当可观的数字。

项目信息门户应用的意义有:

①降低了工程项目实施的成本;

②缩短了项目建设时间;

③降低了项目实施的风险;

④提高了业主的满意度。

(5)项目信息门户的应用。

①在项目决策期建设工程管理中的应用。

项目决策期建设工程管理的主要任务是:

a.建设环境和条件的调查与分析;

b.项目建设目标论证(投资、进度和质量目标)与确定项目定义;

c.项目结构分析;

d.与项目决策有关的组织、管理和经济方面的论证与策划;

e.与项目决策有关的技术方面的论证与策划;

f.项目决策的风险分析等。

为完成以上任务,将有可能会有许多政府有关部门和国内外单位参与项目决策期的工作,如投资咨询、科研、规划、设计和施工单位等。各参与单位和个人往往处于不同的工作地点,在工作过程中有大量信息交流、文档管理和共同工作的任务,项目信息门户的应用必将会为项目决策期的建设工程管理增值。

②在项目实施期建设工程管理中的应用。

正如前述,项目实施期包括设计准备阶段、设计阶段、施工阶段、动用前准备阶段和保修期,在整个项目实施期往往有比项目决策期更多的政府有关部门和国内外单位参与工作,工作过程中有更多的信息交流、文档管理和共同工作的任务,项目信息门户的应用为项目实施期的建设工程管理增值是无可置疑的。

③在项目运营期建设工程管理中的应用。

项目运营期建设工程管理在国际上称为设施管理,它比我国现行的物业管理的工作范围深广得多。在整个设施管理中要利用大量项目实施期形成和积累的信息,设施管理过程中,设施管理单位需要和项目实施期的参与单位进行信息交流和共同工作,设施管理过程中也会形成大量工程文档。因此,项目信息门户不仅是项目决策期和实施期建设工程管理的有效手段和工具,还可为项目运营期的设施管理服务。

(6)项目信息门户的特征。

①项目信息门户的领域属性。

电子商务(E-business)有两个分支:a.电子商业/贸易(E-commerce),如电子采购、供应链管理;b.电子共同工作(E-collaboration),如项目信息门户、在线项目管理。在以上两个分支中,电子商业/贸易已逐步得到应用和推广,而在互联网平台上的共同工作,即电子共同工作。

②项目信息的门户属性。

正如前述,项目信息门户是一种垂直门户,垂直门户也称为垂直社区(Vertical Community)。此"社区"可以理解为专门的用户群,垂直门户是为专门的用户群服务的门户。项目信息门户的用户群就是所有与某项目有关的管理部门和某项目的参与方。

③项目信息门户运行的组织理论基础。

远程学(Telematics)是一门新兴的组织学科,它已运用在很多领域,如远程通信(Telecommunication)、远程银行/网上银行(Telebanking)、远程商店/网上商店(Teleshopping)、远程商业/贸易(Telecommerce)、远程医疗(Telemedicine)、远程教学(Telelearning)。

远程学中的一个核心问题是远程合作(Telecooperation),其主要任务是研究和处理分散的各系统和网络服务的组织关系。项目信息门户的建立和运行的理论基础是远程合作理论。

④项目信息门户运行的周期。

项目决策期的信息与项目实施期的管理和控制有关,项目决策期和项目实施期的信息与项目运营期的管理和控制也密切相关。为使项目保值和增值,项目信息门户应是为建设工程全寿命过程服务的门户,其运行的周期是建设工程的全寿命期。在项目信息门户上运行的信息包括项目决策期、实施期和运营期的全部信息。把项目信息门户的运行周期仅理解为项目的实施期,这是一种误解。

建设工程全寿命管理是集成化管理的思想和方法在建设工程管理中的应用。项目信息门户的建立和运行应与建设工程全寿命管理的组织、方法和手段相适应。

⑤项目信息门户的核心功能。

国际上有许多不同的项目信息门户产品（品牌），其功能不尽一致，但其主要的核心功能是类似的，即：项目各参与方的信息交流（Project Comrnunication），项目文档管理（Document Management），项目各参与方的共同工作（Project Collaboration）。

⑥项目信息门户的主持者。

对一个建设工程而言，业主方往往是建设工程的总组织者和总集成者，一般而言，它自然就是项目信息门户的主持者。当然，业主方也可以委托代表其利益的工程顾问公司作为项目信息门户的主持者。其他项目的参与方往往只参加一个建设工程的一个阶段，或一个方面的工作，并且建设工程的参与方和业主方，以及项目参与方之间的利益不尽相同，甚至有冲突，因此他们一般不宜作为项目信息门户的主持者。

不仅建设工程的业主方和各参与方可以利用项目信息门户进行高效的项目信息交流、项目文档管理和共同工作，政府的建设工程控制和管理的主管部门也可以利用项目信息门户实现众多项目的宏观管理（如美国的 PBS），金融机构也可以利用项目信息门户对贷款客户进行相关的管理。因此，对不同性质、不同用途的项目信息门户而言，其门户的主持者是不相同的。

⑦项目信息门户的组织保证。

无论采用何种运行模式，项目信息门户的主持者必须建立和动态地调整与完善有关项目信息门户运行所必需的组织件，它包括：

a. 编制远程工作环境下共同工作的工作制度和信息管理制度；

b. 项目参与各方的分类和权限定义；

c. 项目用户组的建立；

d. 项目决策期、实施期和运营期的文档分类和编码；

e. 系统管理员的工作任务和职责；

f. 各用户方的组织结构、任务分工和管理职能分工；

g. 项目决策期、实施期和运营期建设工程管理的主要工作流程组织等。

⑧项目信息门户的安全保证。

数据安全有多个层次，如制度安全、技术安全、运算安全、存储安全、传输安全、产品和服务安全等。这些不同层次的安全问题主要涉及：

a. 硬件安全，如硬件的质量、使用、管理和环境等；

b. 软件安全，如操作系统安全、应用软件安全、病毒和后门等；

c. 网络安全，如黑客、保密和授权等；

d. 数据资料安全，如误操作（如误删除、不当格式化）、恶意操作和泄密等。

⑨项目信息门户的特点。

项目信息门户的数据处理属于远程数据处理，它的主要特点是：

a. 用户量大，且其涉及的数据量大；

b. 数据每天需要更新，且更新量很大，但旧数据必须保留，不可丢失；

c. 数据需长期保存等。

因此必须对项目信息门户的数据安全保证予以足够的重视。

(二)工程项目管理信息系统的功能

(1)工程项目管理信息系统(Project Management Information System,简称 PMIS)的内涵。

工程项目管理信息系统的应用,主要是用计算机进行项目管理有关数据的收集、记录、存储、过滤和把数据处理的结果提供给项目管理班子的成员。它是项目进展的跟踪和控制系统,也是信息流的跟踪系统。

工程项目管理信息系统可以在局域网上或基于互联网的信息平台上运行。

(2)工程项目管理信息系统的功能。

工程项目管理系统的功能有投资控制(业主方)、成本控制(施工方)、进度控制、合同管理。有些工程项目管理信息系统还包括质量控制和一些办公自动化的功能。

①投资控制的功能。

a.项目的估算、概算、预算、标底、合同价、投资使用计划和实际投资的数据计算和分析;

b.项目的估算、概算、预算、标底、合同价、投资使用计划和实际投资的动态比较(如概算和预算的比较、概算和标底的比较、概算和合同价的比较、预算和合同价的比较等),并形成各种比较报表;

c.计划资金投入和实际资金投入的比较分析;

d.根据工程的进展进行投资预测等。

②成本控制的功能。

a.投标估算的数据计算和分析;

b.计划施工成本;

c.计算实际成本;

d.计划成本与实际成本的比较分析;

e.根据工程的进展进行施工成本预测等。

③进度控制的功能。

a.计算工程网络计划的时间参数,并确定关键工作和关键路线;

b.绘制网络图和计划横道图;

c.编制资源需求量计划;

d.进度计划执行情况的比较分析;

e.根据工程的进展进行工程进度预测。

④合同管理的功能。

a.合同基本数据查询;

b.合同执行情况的查询和统计分析;

c.标准合同文本查询和合同辅助起草等。

(3)工程项目管理信息系统的意义。

20 世纪 70 年代末期和 80 年代初期,国际上已有工程项目管理信息系统的商业软件,工程项目管理信息系统现已被广泛地用于业主方和施工方的项目管理。应用工程项目管理信息系统的主要意义是:①实现项目管理数据的集中存储;②有利于项目管理数据的检索和查询;③提高项目管理数据处理的效率;④确保项目管理数据处理的准确性;⑤可方便地形成各种项目管理需要的报表。

四、我国目前项目信息化的现状

从总体上看,我国工程项目管理信息系统主要是按照工程项目的规划、设计、施工、运营等几个阶段进行开发的,但大部分软件系统主要应用在施工阶段,包括造价管理软件、财务管理软件、进度管理软件、质量管理软件、文档管理软件、合同管理软件、资源(材料、设备、人员)管理软件等。这样的现状造成了项目各阶段的信息和项目各管理流程信息之间无法实现数据交换和共享;无论是项目参与方内部还是项目各参与方之间都无法实现信息交换与共享。

近年来,BIM技术通过数据支撑、技术支撑和协同支撑,帮助项目经理解决了不少问题。

通过BIM系统制定更加合理的施工方案,强大的可视化方案效果展现,精准地进行工程量和造价测算,都能大幅提高投标竞争力,提升中标率,已有相当多的企业和项目应用BIM技术提升投标竞争力,案例已不胜数。

利用BIM数据做支撑,准确制定成本计划、采购计划、资金计划、周材计划、人员计划;利用BIM技术做支撑,制定成本更合理、工期更合理的施工方案,发现技术难点、施工难点、安全隐患。BIM系统强大的数据能力,可以帮助项目经理从容掌控计划,预知后续进展的资源需求和产值目标。

供应商飞单在国有企业、民营企业的承包项目中大量、普遍地存在,是项目利润最大的一块漏洞,虽然项目上往往会采用视频监控、地磅秤等管理手段,但一个终极的方法是进行短周期的二算对比甚至三算对比,预算量与实际消耗量的对比,往往能将问题暴露出来,也能做到材料消耗的总控制,但传统的管理手段往往无法做到及时的、短周期的三算对比,大量管理漏洞问题不能及时发现,BIM技术系统在这方面具有强大的实时数据提供能力。

利用BIM技术,通过碰撞检查、精确定位预留洞、净高检查、快速资源计算、可视化交底等功能,帮助项目及时找出各专业冲突,减少返工,快速协同施工,以加快工期。

利用BIM技术,及时识别危险源、方案模拟、可视化安全交底等的应用,提升项目安全控制能力。专注施工阶段的BIM解决方案,能帮助项目经理从容指挥、控制生产,大幅提升精细化的管理水平,减少成本,实现应收尽收,大幅增加利润。工程越来越复杂,数据量越来越大,成熟管理人员、技术人员的数量越来越跟不上业务发展的需求。BIM技术帮助各个岗位、各种复杂作业人员提升工作效率和工作质量,降低了对人的要求。基于云计算,实现互联网的协同,实现远程高效协同,减少协同错误。项目经理从远程核查数据,进行管理决策,项目人员利用统一、准确的模型数据和可视化的沟通,实现高效项目信息沟通。

模块三 风险管理

工程项目投资建设过程中,如果不积极进行风险管理,实际发生的风险就可能给项目造成严重影响,甚至导致项目失败。工程项目风险管理是指对工程项目的风险从识别到分析乃至采取应对措施等的一系列过程。本模块介绍工程项目风险管理理论、风险分析、风险应对与监控,以及工程保险和工程担保两种风险防范方法。

一、风险管理概述

1. 工程项目风险的概念

风险的定义大致可分为两类：第一类定义强调风险的不确定性，称为广义风险；第二类定义强调风险损失的不确定性，称为狭义风险。严格来说，风险和不确定性是有区别的，风险是指事前可以知道所有可能的后果以及每种后果的概率，不确定性是指事前不知道所有可能的后果，或者虽知道可能的后果但不知道它们出现的概率。但在面对实际问题时两者很难区分。因此，在实际工作中对风险和不确定性不作区分，都视为"风险"，并把风险理解为可测定概率的不确定性。概率的测定有两种：一种是客观概率，是指根据大量历史数据推算出来的概率；另一种是主观概率，是在没有大量实际资料的情况下，根据有限资料和经验做出的合理估计。通常情况下，人们对意外损失比对意外收益更关注。因此，人们侧重于减少风险损失，主要从不利方面来考察风险，经常把风险看成是不利事件发生的可能性。

美国项目管理学会(PMI)在《项目管理知识体系指南(PMBOK 指南)》中将项目风险定义为：项目风险是一种如果发生，会对范围、进度、成本、质量这些项目目标的一个或多个有有利或不利影响的不确定事件或条件。

上述项目风险的定义与一般风险的定义是一致的，可以作为工程项目风险的定义。

2. 工程风险管理的内容

风险管理的目标是以最小的代价增大有利事件的可能性和影响，减小不利事件的可能性和影响。

工程项目风险管理是由制定风险管理计划，识别风险，进行定性风险分析，进行定量风险分析，制定风险应对计划和控制风险组成的一系列程序。其内容如下。

(1)制定风险管理计划：规定怎样对一个工程项目实施风险管理。

(2)风险识别：确认可能会影响项目的风险，并把风险所具有的特征整理在文件中。

(3)定性风险分析：评估风险的发生概率和影响并把它们结合起来，为随后的进一步分析和行动排出风险的优先次序。

(4)定量风险分析：用数据分析已识别出的风险给整个项目目标造成的影响。

(5)制定风险应对计划：为了给实现项目目标增加机会和减少危害而制定方案和措施。

(6)监测和控制风险：在整个项目寿命期间跟踪已识别出的风险，监测剩余风险，识别新风险，执行风险应对计划，以及评价它们的效果。

3. 制定工程项目风险管理的计划

制定工程项目风险管理计划，可以提高风险管理任务成功的可能性，应在项目计划的早期完成。风险管理计划决定怎样为一个项目进行风险管理活动，对风险管理起着重要的保证作用。它能够为风险管理活动提供充足的资源和时间，并为评价风险建立统一的基础。

制定工程项目风险管理计划的依据有企业环境因素、组织过程资源、项目范围说明书和项目管理计划。

(1)企业环境因素。

企业环境因素是各种存在于项目周围并对项目成功有影响的企业环境因素与制度，包括：①组织或公司的文化和结构；②政府或行业标准；③基础条件；④现有的人力资源及其技能、专业与知识；⑤人员管理；⑥公司报批制度；⑦市场情况；⑧有关方面的风险承受力；⑨商业数据库；⑩项目管理信息系统。

（2）组织过程资源。

在制定项目文件时，任何可影响项目成功的资源都可以作为组织过程资源，任何参与项目的组织所制定的方针、程序、计划和原则，以及以前项目中的教训和学到的知识都应加以考虑。组织过程资源因行业、组织和应用领域的种类而异。组织过程资源可以归纳为如下两类。

①组织管理工作的方法与程序，包括：a. 组织的标准过程；b. 标准化的指导原则、工作指令、方案评价标准和绩效测量准则；c. 样板；d. 为满足特定的项目需要调整整套组织标准过程的指导原则与准则；e. 组织沟通需要；f. 项目收尾指导原则或要求；g. 财务控制程序；h. 规定问题与缺陷控制、问题与缺陷识别和解决，以及行动追踪的问题与缺陷管理程序；i. 变更控制程序；j. 风险控制程序；k. 批准与签发工作授权的程序。

②组织保存和恢复信息的共同知识库，包括：a. 过程测量数据库；b. 项目档案；c. 历史信息与经验教训知识库；d. 问题与缺陷管理数据库；e. 配置管理知识库；f. 财务数据库。

（3）项目范围说明书。

项目范围说明书应详细地说明项目的交付成果和为提交这些交付成果而必须开展的工作，以便于相关参与方共同理解项目范围，进而制定更详细的计划，指导项目团队工作，并为评价变更请求或增加工作是否超出项目边界提供基准。

项目范围说明书规定将要进行什么工作和将排除什么工作的详细程度和水平，详细的项目范围说明书可以直接或以引用其他文件的形式间接包括以下内容：①项目目标；②产品范围说明；③项目需求；④项目边界；⑤项目交付成果；⑥产品验收标准；⑦项目约束条件；⑧项目假设；⑨初始项目组织；⑩最初确定的风险；⑪进度里程碑；⑫资金限制；⑬成本估算；⑭项目配置管理要求；⑮项目技术说明；⑯事项批准要求。

（4）项目管理计划。

项目管理计划可以由一个计划或多个分计划和其他成分组成。每一个分计划和其他成分的详细程度都要满足具体项目的需要。项目管理计划的内容因项目的所在行业和复杂程度而异，详略均可。项目管理计划应确定执行、监测、控制和结束项目的方式与方法。

4. 制定工程项目风险管理计划的方法

制定风险管理计划的方法是召开计划会议。参会者应包括项目经理、选出的项目团队成员和有关当事人、组织内部负责管理风险计划和实施活动的人员，以及其他应参与人员。

在会议期间，将制定开展风险管理活动的基本计划，确定风险成本因素和所需的进度计划活动，并分别将其纳入项目预算和进度计划中；同时对风险责任进行分配，并针对特定项目对用于风险分类和术语定义的样板文件进行调整。会议的结果将汇总在风险管理计划中。

5. 工程项目风险管理计划的内容

风险管理计划说明如何在项目上组织和实施风险管理，它是项目管理计划的从属计划。

风险管理计划可包括以下内容。

(1)方法论:确定实施项目风险管理可以使用的方法、工具及数据来源。

(2)岗位职责:确定风险管理活动中每一类别行动的具体领导者、支援者及行动小组成员,明确各自的岗位职责。

(3)预算:分配资源,并估算风险管理所需成本,将其纳入项目成本基准。

(4)定时:明确在整个项目的生命周期中实施风险管理的周期或频率,包括对风险管理过程中各个运行阶段、过程进行评价、控制和修正的时间点或周期。

(5)风险分类:提供一个框架,确保系统、持续、详细和一致地进行风险识别。风险分解结构(RBS)是该框架的方法之一(图 3-6),该结构也可通过简单列明项目的各个方面表述出来。

(6)风险概率和影响的定义:规定风险概率和影响的等级,针对个别项目的具体情况对风险概率和影响级别的一般规定进行调整。可以使用相对等级,从"非常不可能"到"几乎确定"代表概率值,或者给等级规定一个数值概率(如 0.1、0.3、0.5、0.7、0.9)。测定风险概率也可以描述与所考虑风险相关的项目状态(如项目设计的完备程度等)。

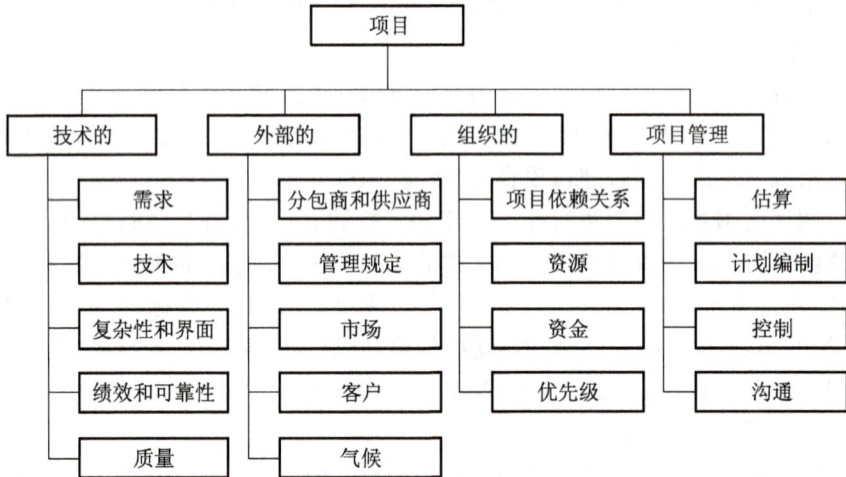

```
                            项目
        ┌──────────┬──────────┼──────────┬──────────┐
      技术的      外部的      组织的     项目管理
        │           │           │           │
      需求      分包商和供应商  项目依赖关系    估算
        │           │           │           │
      技术       管理规定      资源      计划编制
        │           │           │           │
    复杂性和界面     市场        资金       控制
        │           │           │           │
    绩效和可靠性     客户       优先级      沟通
        │           │
      质量        气候
```

图 3-6 风险分解结构举例

影响等级是某项风险发生后,危害的消极影响或者是机会产生的积极影响,即对每个项目目标的影响程度。一种方法是采用相对等级,影响的相对等级只是一些诸如"很低""低""中等""高"和"很高"之类的排序描述,逐级显示组织规定的影响等级。另一种方法是给这些影响分配数值等级,这些数值可以是线性值(如 0.1、0.3、0.5、0.7、0.9),也可以是非线性值(如 0.05、0.1、0.2、0.4、0.8)。表 3-2 是针对四个项目目标的风险影响等级的例子,表中采用了相对等级和数值(在例子中是非线性的)两种方法。这并不意味着相对等级和数值两种方法是等同的,但是用一个数值而不是两个数值显示了两个备选方案。

(7)概率和影响矩阵:根据风险可能对实现项目目标产生的影响,对风险进行优先排序,风险优先排序的典型方法是使用检查清单或概率和影响矩阵。

(8)修订承受度:可以在风险管理计划过程中对有关方面的承受度进行修订,以适用于具体项目。

(9)报告格式:描述风险名单的内容和格式,以及需要的任何其他风险报告。

表 3-2　　　　　　　　　　**四个项目目标的风险影响等级**

主要项目目标风险影响等级的定义条件

（只以消极影响为例）

项目目标	相对等级和数值等级				
	很低	低	中等	高	很高
	0.05	0.10	0.20	0.40	0.80
成本	不明显的成本增加	成本增加小于10％	成本增加介于10％～20％	成本增加介于20％～40％	成本增加大于40％
工期	不明显的进度拖延	进度拖延小于5％	进度拖延介于5％～10％	进度拖延介于10％～20％	进度拖延大于20％
范围	范围减少几乎察觉不到	范围次要部分受到影响	范围主要部分受到影响	范围减少不被业主接受	项目最终产品实际不能使用
质量	质量等级降低不易察觉	只有少数非常苛求的工作受到影响	质量降低需要业主批准	质量降低不被业主接受	项目最终产品实际不能使用

（10）跟踪：说明如何记录风险活动的各个方面，以供当前项目使用，或满足未来需要；说明是否对风险管理过程进行审计及如何审核。

二、工程项目风险分析

（一）工程项目风险识别

1.识别风险的重要性

风险管理首先必须识别和分析潜在的风险领域，分析风险事件发生的可能性和危害程度，若不能准确地识别项目面临的所有潜在风险，则失去了处理这些风险的最佳时机，无意识地自留风险。

风险识别包括确定风险的来源、风险产生的条件，描述其风险特征和确定哪些风险会对项目产生影响。风险识别的参与者应尽可能包括项目队伍、风险管理小组、来自公司其他部门的某一领域专家、客户、最终使用者、其他项目经理、项目相关者、外界专家等。

项目风险识别并非一蹴而就，应当在项目进行中自始至终反复进行。

2.识别风险的依据

（1）企业环境因素，可利用已发表的资料。

（2）组织过程资源，可以从以前项目的项目档案中获得相关信息。

（3）项目范围说明书，从中可以查到项目假设信息。

（4）风险管理计划，可为风险识别提供相关信息。

（5）项目管理计划，包括进度计划、成本计划和质量管理计划。

3.风险识别的方法

识别风险是一项复杂的工作，常用方法有：

（1）项目文件审查。

（2）信息采集技术，包括采用头脑风暴法，德尔菲法，访谈，原因调查，SWOT（优势、弱点、机会与威胁）分析法等方法。

（3）检查清单分析，检查清单可以根据历史资料、以往类似项目所积累的知识以及其他信息来源着手制定。

（4）假设分析，即从假设的错误、矛盾或不完整当中识别项目风险。

（5）图形技术，首先建立一个工程项目的总流程图与各分流程图，展示项目实施的全部活动。流程图可用网络图来表示，也可利用 WBS 来表示。

（6）其他图形技术，包括因果分析图，也称为"鱼刺图"或"石川图"，用于确定风险的起因；影响图，指一种图解表示问题的方法，反映变量和结果之间因果关系、事件的时间顺序及其他关系。

4.识别风险的结果

风险识别的结果一般载入风险名单文件中。

风险识别的主要成果是进入风险名单的最初记录。随着风险管理过程的继续，风险名单还将包括其他风险管理流程的成果。风险名单包括已识别风险的清单、应对措施清单、风险原因分析、更新的风险分类。

(二)工程项目定性风险分析

定性风险分析是为应对风险建立优先级的快捷、有效的方法，也为定量风险分析奠定基础。

（1）工程项目定性风险分析的依据包括：①组织过程资源；②项目范围说明书；③风险管理计划；④风险名单。

（2）工程项目定性风险分析的方法。

①风险概率和影响评价。风险概率评价研究每个具体风险将发生的可能性。风险影响评价研究风险对项目工期、成本、范围或质量目标的可能影响，既包括威胁的消极影响，也包括机会的积极影响。可以采用访谈或开会的方式进行风险评价，项目团队成员挑选出来的参与者和专业人士可以参加进来。

②概率和影响矩阵。表 3-3 是一种常用的风险概率和影响矩阵。

表 3-3　　　　　　　　　　　　　　　　　概率和影响矩阵

概率	危害					机会				
0.90	0.05	0.09	0.18	0.36	0.72	0.72	0.36	0.18	0.09	0.05
0.70	0.04	0.07	0.14	0.28	0.56	0.56	0.28	0.14	0.07	0.04
0.50	0.03	0.05	0.10	0.20	0.40	0.40	0.20	0.10	0.05	0.03
0.30	0.02	0.03	0.06	0.12	0.24	0.24	0.12	0.06	0.03	0.02
0.10	0.01	0.01	0.02	0.04	0.08	0.08	0.04	0.02	0.01	0.01
	0.05	0.10	0.20	0.40	0.80	0.80	0.40	0.20	0.10	0.05

注：表中数值在 0.18～0.72 范围的为高风险，在 0.06～0.14 范围的为中风险，在 0.01～0.05 范围的为低风险。

根据每个风险的发生概率和如果风险发生对一个目标所产生的影响,评出风险的高、中、低等级。

③风险数据质量评价。要使定性风险分析可靠,就需要准确和无偏差的数据。风险数据质量分析是评价风险数据对风险管理有用程度的一种技术。它包括检查人们对风险的了解程度,以及风险数据的精确性、质量、可靠性和完整性。如果对数据的质量不满意,有必要搜集质量更好的数据。

④风险分类。项目中的风险可以按照风险来源(利用风险分解矩阵)、受影响的项目部位(使用工作分解结构)或其他分类办法(如项目阶段)分类。

⑤风险紧迫性评价。可以把近期需要采取应对措施的风险视为更迫切的风险。显示风险优先权的指标应包括采取风险应对措施的时间、风险征兆、预警信号和风险等级。

(3)工程项目定性风险分析的结果。

定性风险分析的主要成果是更新后的风险名单,包括风险排序或优先级清单、风险分组、近期应对的清单、补充分析和应对清单、低优先级风险观察清单、定性风险趋势。

(三)工程项目定量风险分析

定量风险分析可以:①对项目结果以及实现项目结果的概率进行量化;②估计实现特定项目目标的概率;③通过量化各个风险对项目总风险的相对贡献确定更需要关注的风险;④确定在存在项目风险的条件下能够实现的成本、进度或范围目标;⑤当某些条件或结果不确定时,确定最佳的项目管理决策。

定量风险分析一般采用蒙特卡罗模拟和决策树分析等技术。定量风险分析一般在定性风险分析之后进行。在有些情况下不需要定量风险分析。

1.工程项目定量风险分析的依据

工程项目定量风险分析的依据包括组织过程资源、项目范围说明书、风险管理计划、风险名单、项目管理计划。

2.工程项目定量风险分析的方法

(1)数据收集和表示技术。

①访谈。访谈用于对风险概率、项目目标的影响进行量化,需要的信息取决于采用的概率分布类型。有些分布类型会搜集乐观(低)、悲观(高)和最可能值的相关资料,有些则会搜集平均值和标准差的资料。表 3-4 是一个用于成本估算的三点估算法的例子。

表 3-4 　　　　　　　　通过风险访谈收集的项目成本估算值域 　　　　　　(单位:万元)

WBS 元素	低	最可能	高
设计	400	600	1000
建造	1600	2000	3500
调试	1100	1500	2300
项目合计		4100	

注:风险访谈调查确定了每个 WBS 元素的三点估计值。传统做法是把各个最可能的值相加,得 4100,但相对来说这个值实现的可能性不大。

②概率分布。连续概率分布用来表现计划活动持续时间和项目组件成本的不确定性。

离散分布用来表现不确定事件,如测试结果或决策树的可能选项。图 3-7 所示为两个广泛使用的连续分布的例子。这些不对称分布描绘的形状与项目风险分析期间得到的典型数据相符。如果在规定的最高值和最低值之间不存在明显比任何其他值都更可能的值,则可以使用均匀分布,在概念设计阶段即是这种情况。

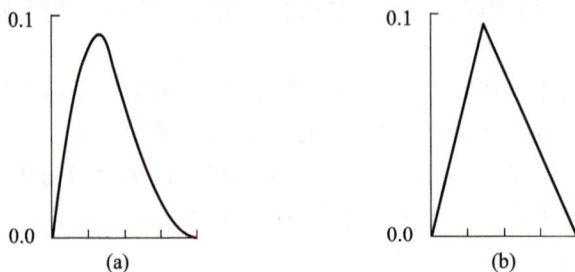

图 3-7 常用概率分布例图

贝塔分布和三角形分布常用于定量风险分析。其他常用的分布包括均匀分布、正态分布和对数正态分布。在图中,横坐标表示工期或成本的可能值,纵坐标表示相应的可能性。

③专家评价。组织内外部的专家进行评价,如工程或统计专家可以证实数据和技术可靠性、适用性。

(2)定量风险分析与建模技术。

这种技术一般在定量风险分析中使用,包括:

①灵敏度分析。灵敏度分析帮助确定哪些风险对项目最可能有影响。它研究当把所有其他不确定因素都保持在基准值的条件下,每个项目元素的不确定性对正在被考察的目标的影响程度。灵敏度分析最常用的显示方式是龙卷风图,它有助于比较具有高不确定性的变量对于更稳定变量的相对重要性。

②期望值分析。期望值分析(EMV)是一个统计概念,它计算事件可能或不能发生时的平均结果。机会的期望值一般表示为正值,而风险的期望值表示为负值。期望值是通过将每个可能结果的值与其发生概率相乘,再把它们相加起来计算。这种分析的常见用途是决策树分析。

③建模和模拟。项目模拟利用一个模型将详细规定的项目不确定性换算为它们对项目目标的可能影响。项目模拟一般采用蒙特卡罗技术。在一次模拟中,用按照一个概率分布函数(如项目元素的成本和计划活动的持续时间)随机产生的输入值多次运算(迭代)项目模型,这个概率分布函数是每次迭代时从每个变量的许多概率分布中选定的。一个概率分布(如总成本或完工日期)就可以计算出来。

对于成本风险分析,模拟可用传统的项目工作分解结构或成本分解结构作为模型。对于进度风险分析,可以使用单代号网络图(PDM)进度计划。

3. 工程项目定量风险分析的结果

风险名单在风险识别中形成,在定性风险分析中更新,并在定量风险分析中进一步更新。此处的更新内容主要包括:①项目的概率分析;②实现成本和时间目标的概率;③已量化的风险优先清单;④定量风险分析结果中的趋势。

三、工程项目风险应对与监控

(一)工程项目风险应对计划

风险应对计划在定性风险分析和定量风险分析之后进行,它包括确认责任人并向他们分配责任。风险应对计划根据风险的优先级处理风险,在需要时将资源和活动加入到预算、进度计划和项目管理计划中。

所计划的风险应对措施,必须符合风险的重要性,能经济、有效地应对风险,能及时在项目环境下实现所有参与方意见一致,并得到责任人承认,通常需要从几个备选方案中进行选择。

1.制定工程项目风险应对计划的依据

(1)风险管理计划。

风险管理计划中的内容是风险应对计划的重要依据,风险管理计划的重要内容包括岗位职责,风险分析定义,低、中、高风险的极限,进行项目风险管理需要的时间和预算。

(2)更新的风险名单。

风险名单最初在风险识别过程中形成,在风险定性分析和定量分析中得到更新。在制定风险应对策略时,可能要重新参考已识别的风险、风险的根本原因、可能的应对措施清单、风险所有人、征兆和预警信号。

风险名单给风险应对计划提供的重要依据包括项目风险的相对等级或优先级清单,近期需要采取应对措施的风险清单,需要补充分析和应对的风险清单,风险分析结果中的趋势、根本原因,按分类分组的风险,以及低优先级风险的观察清单。

2.制定工程项目风险应对计划的方法

有若干种风险应对策略可用,应当为每个风险选择最有可能产生效果的策略或策略组合。可以利用风险分析的工具选择最适当的应对方法,然后为了实施该项策略而制定具体行动。可以选定主要策略和备用策略。可以制定一个退出计划,在所选策略被证明不是充分有效或者发生了一个可以接受的风险时实施。通常要分配不可预见事件的时间或成本储备。最后,可以制定一个不可预见事件计划,一起进行的还有识别引发这些事件的条件。

(1)消极风险或危害的应对策略。

通常使用以下三种策略处理危害或一旦发生就可能对项目目标产生消极影响的风险。

①回避。改变项目管理计划是回避风险的应对策略之一,以消除风险造成的危害,使项目目标不受风险的影响,放弃有危险的目标。项目早期出现的一些风险可以通过澄清需求、取得信息、改善沟通或获取专门技术避免。

②转移。风险转移需要将威胁的消极影响连同应对的权利转移给第三方。转移风险只是把风险管理的责任转移给了另一方,并非将其消除。转移债务是处理财务风险的最有效方法。转移风险需要向承担风险的一方支付风险费用。转移手段丰富多样,例如使用保险、履约保证(金)、保证和担保等。可以使用成本加成类合同将成本风险转移给买方;如果项目的设计保持不变,可以用固定价格合同把风险转移给卖方。

③减轻。风险减轻是指把不利风险事件的概率和影响单独或一起降低到一个可以接受

的限度。为了把不利风险事件的概率和影响降低,及早采取行动往往比在风险发生后"亡羊补牢"更为有效。采用不太复杂的工艺,进行更多测试,或者选用比较稳定的供应商,都是减轻风险行动的实例。要想降低一项工艺或产品从实验室规模的模型放大到实际产品存在的风险,可能需要开发样机。如果不可能降低风险的概率,则减轻风险的应对措施就应专注于风险的影响,瞄准决定风险严重程度的连接点。例如,设计时在子系统中设置冗余组件,就有可能减轻原有组件故障所造成的影响。

(2)积极风险或机会的应对策略。

可以使用以下三种策略应对对项目目标可能有积极影响的风险。

①利用。在组织希望确保某个机会得以实现的情况下,可以为那些有积极影响的风险选择这个策略。这个策略为使机会肯定出现,追求降低优势风险不确定性,如为了缩短完成时间或得到高于原计划的质量,给项目分配更多有能力的人员。

②分享。分享一个积极风险,就是将风险的所有权分配给最有能力抓住对项目有利机会的第三方,如组建风险分享的合伙契约、团队、带有特殊目的的公司,或为处理风险的特殊目的建立的联合体。

③增加。这个策略通过单独或一起增加概率和积极影响,并识别这些有积极影响风险的关键促成因素和使它们最大化。通过努力促进或加强机会的成因,以及提前瞄准和加强其引发条件,可能提高机会发生的概率。也可以瞄准影响的促成因素,努力提高项目对于机会的敏感性。

(3)同时应对危害和机会的策略。

同时应对危害和机会的策略是接受。采用这一策略的原因是很少有可能消除项目的所有风险。这种策略预示项目团队已经决定不为处置某个风险而改变项目计划,或者无法找到任何其他应对良策,可以把它用于机会或者危害。这个策略可以是被动的也可以是主动的。被动接受不需要采取任何行动,当危害或机会出现时让项目团队去处理。最常用的主动接受策略是建立一项不可预见事件储备,包括一定的时间、资金或资源用于处理已知或只是有时可能的未知危害或机会。

(4)应急应对策略。

有些应对措施被设计出来只在事件发生时才使用。对于有些风险,项目团队可以制定一个只在某些预定条件下才执行的应对计划,这样做的前提条件是有足够的预警信息。应当确定并跟踪那些引发应急应对策略的事件,如缺少的中间里程碑或在供应商那里得到更高的优先权。

3.制定工程项目风险应对计划的结果

(1)需要应对的风险名单。

风险名单要与优先权排序、应对策略相符。高、中级风险应更认真地处理。低优先权的风险应列入观察清单,以便进行定期监测。应对风险名单包括以下内容:

①已识别的风险、风险的描述、受影响的项目领域、原因,以及它们可能怎样影响项目目标。

②明确风险所有人和分配其责任。

③定性与定量风险分析的结果。

④形成一致意见的应对措施。

⑤实施所选应对策略采取的具体行动。

⑥风险发生的征兆和预警信号。

⑦实施所选应对策略需要的预算和进度计划活动。

⑧设计并准备好符合当事人风险承受度的、用在不可预见事件上的预留时间和费用。

⑨应急方案和实施的引发因素。

⑩将要使用的退出计划,是对已经发生并且原来的应对策略已被证明不当的风险的一种反应。

⑪预计采取对策之后仍将残留的风险,以及那些主动接受的风险。

⑫实施风险应对措施的直接结果所产生的继发风险。

⑬根据项目的定量分析和组织的风险极限计算出的不可预见事件储备。

(2)项目管理计划。

随着风险应对活动的增加,项目管理计划应当更新。风险应对策略一旦得到同意,就必须反馈到项目管理的其他方面,包括项目预算和进度计划。

(3)与风险有关的合同。

对于特定的风险,如果可能发生,为了规定各方的责任,可以用于保险、服务或其他相应事项的合同。

(二)监测和控制工程项目风险

在风险应对措施执行过程中,为了发现新风险和变化着的风险,应当连续地监测项目。风险监测与控制的过程包括识别、分析和计划新风险,保持对已识别风险和"观察清单"中风险的跟踪,重新分析现存的风险,监测不可预见事件计划的引发条件,监测残留风险,评审风险应对策略的实施效果。风险监测与控制使用的一些技术(例如偏差和趋势分析),需要使用项目实施过程中生成的绩效数据。风险监测的目的包括:

①项目假设是否仍然正确。

②已评价的风险以及趋势分析与原来的状态相比是否改变。

③正确的风险管理政策和程序是否得到遵守。

④不可预见事件的费用或进度储备是否随着项目风险的改变而修正。

风险监测与控制可能涉及选择一些替代策略,实施一项应急或退出计划,采取纠正措施,或修改项目管理计划。风险应对的负责人应当定期向项目经理汇报计划的有效性、未曾预料到的后果,以及为了适当地处理风险需要采取的中间纠正措施。风险监测与控制过程还涉及更新组织方法资源,其中包括为了有利于未来项目所建立的项目经验教训数据库和风险管理样板。

1. 监测和控制工程项目风险的依据

(1)风险管理计划。

风险管理计划里有风险监测与控制需要的关键依据,包括风险所有人在内的人员、时间和其他用于项目风险管理的资源分配。

(2)风险名单。

风险名单为风险监测与控制提供的关键依据,包括已识别的风险和风险所有人、取得一致意见的风险应对策略、具体的实施行动、风险征兆和预警信号、残留风险和继发风险、低优先权风险的"观察清单",以及不可预见事件的时间和成本储备。

(3)批准的变更请求。

批准的变更请求可能包括诸如工作方法、合同条款、范围和进度计划的修订。批准的变更可能产生新的风险或已识别风险的变化,需要对这些变化进行分析,从而得到它们对风险名单、风险应对计划或风险管理计划的影响。应当正式记载所有的变更。任何只是口头商议却未做记载的变更都不应当得到处理或执行。

(4)工作绩效信息。

工作绩效信息中的项目可交付成果的状态、纠正行动和绩效报告在内的工作绩效信息是风险监测与控制的重要依据。

(5)绩效报告。

绩效报告提供项目工作绩效信息,例如可能影响风险管理过程的某项分析。表 3-5 是一个绩效报告的例子。

表 3-5   表格式绩效报告的例子

WBS 内容	计划的预算(PV)/元	实现自赢值(EV)/元	实际成本(AC)/元	成本偏差		进度偏差		绩效指数	
				(EC-AC)/元	(CE/EV)/%	(EV-PV)/元	(SV/PV)/%	成本 CPI(EV/AC)	进度 SPI(EV/PV)
1.实验前计划	63000	58000	62500	−4500	−7.8	−5000	−7.9	0.93	0.92
2.一览表	64000	48000	46800	1200	2.5	−16000	−25.0	1.03	0.75
3.课程	23000	20000	23500	−3500	−17.5	−3000	−13.0	0.85	0.87
4.期中评价	68000	68000	72500	−4500	−6.6	0	0	0.94	1.00
5.实施支持	12000	10000	10000	0	0	−2000	−16.7	1.00	0.83
6.练习手册	7000	6200	6000	200	3.2	−800	−11.4	1.03	0.89
7.展示计划	20000	13500	18100	−4600	−34.1	−6500	−32.5	0.075	068
合计	257000	223700	239400	−15700	−7.0	−33300	−13.0	093	0.87

2.监测和控制风险的方法

(1)风险再评价。

风险监测与控制通常需要在适当的时候,利用本模块介绍的流程识别新风险并对风险进行重新评价。应当预定好定期的风险再评价。项目风险管理应当是团队状况检查会议的一个议题。合适的重复次数和详细程度取决于项目相对于目标的进展情况。例如,如果出现了没有在风险名单中预计的风险或没有包含在"观察清单"中的风险,或对目标的影响与预期的影响不同,则计划的应对措施可能不当,那么就有必要进行补充风险应对计划,从而对风险进行控制。

(2)风险审核。

风险审核对风险对策效果、风险管理效果进行检查,并制定成文件。

（3）偏差和趋势分析。

应当利用绩效资料评审项目实施中的趋势。可以使用赢值分析以及其他项目偏差和趋势分析方法监测项目总体绩效。利用这些分析结果可以预测出在项目完成时项目成本和进度目标可能的偏离。与基准计划的偏差可以表明威胁或机会的可能影响。

（4）技术绩效测定。

技术绩效测定将项目执行期间的技术成果与项目计划中的技术成果进度计划进行比较。诸如在一个里程碑时刻显示出比计划或多或少的功能性之类的偏差，可以帮助预测在实现项目范围上的成功率。

（5）储备分析。

在项目实施自始至终的过程中，一些风险可能会发生，对不可预见事件的预算或进度储备造成积极或消极的影响。储备分析在项目的任何时点将剩余的不可预见事件储备与剩余风险量进行比较，以确定剩余的储备是否充足。

（6）状况检查会。

项目风险管理可以是定期召开的项目状况检查会的一项议程。这项议程占用的会议时间可长可短，取决于已经识别出的风险、风险的优先级以及应对风险的难度。经常实践风险管理，经常讨论风险，就容易调整风险管理中的问题。

3. 监测和控制风险的结果

（1）更新的风险名单。

更新的风险名单包括：①风险再评价、风险审核和定期风险评审的结果，这些结果包括对概率、影响、优先级、应对计划、所有人以及风险名单其他元素的更新，还包括不再有效或已结束的风险；②项目风险和风险应对策略的实际结果，可以帮助项目经理为整个组织的风险和未来项目的风险进行计划。

（2）请求的变更。

经常实施应急计划或随机应变措施往往需要为了应对风险而改变项目管理计划。

（3）推荐的纠正措施。

推荐的纠正措施包括应急方案、随机应变措施。后者指那些开始并没计划，但为了处理以前未曾识别出来或被动接受正在出现的风险又需要采取的应对措施。

（4）推荐的预防措施。

使用推荐的预防措施，以使项目符合项目管理计划。

（5）组织过程资源。

项目风险管理流程产生的信息可以用于未来的项目，应当把这些资料收入组织的过程资源当中。这些资料包括概率和影响矩阵以及风险名单在内的风险管理计划样板，可以在项目收尾时更新。可以把风险编制成文件并更新风险分解结构。来自项目风险管理活动的经验教训，可以加入到组织的经验教训知识数据库当中。项目活动实际成本和持续时间的数据，可以加入到组织的数据库中，其中包括风险名单的最终版本、风险管理计划样板、检查清单和风险分解结构。

（6）项目管理计划。

如果批准的变更请求对风险管理过程产生影响，那么为了反映批准的变更，项目管理计划的相应组成文件应当得到修订并重新发布。

四、工程保险

(一)工程保险的特点与作用

1.工程保险的含义

保险是指投保人根据合同约定,向保险人支付保险费,保险人对于合同约定的风险事件所造成的财产损失承担赔偿责任,或者当投保人死亡、伤残、疾病或者达到合同约定的年龄、期限时承担给付保险金责任的行为。

从风险管理的角度看,保险具有风险转移与风险组合两种机制。投保人通过交付一定的费用,以获得保险人对风险可能造成的意外损失给予一定经济补偿的保证。因而,投保人的风险转移给了保险人,增强了投保人自身抵御风险的能力。对保险人而言,它并不因此而具有很大的风险。保险人对大量的、独立的、同质的投保人面临的风险进行期望损失预测,拟定保险费率标准,由于诸风险的组合,大数定律发挥作用,由众多的投保人分担损失。因此,保险人面临的不确定性也是很小的,即保险人通过风险组合也降低了风险。

工程保险是针对工程项目在建设过程中可能出现的因自然灾害和意外事故而造成的物质损失和依法应对第三者的人身伤亡或财产损失承担的经济赔偿责任提供保障的险种。

2.工程保险的特点

尽管工程保险属于财产保险的范畴,但与其他财产保险相比,工程保险具有一定的特殊性,主要表现在如下方面。

(1)承保风险的特殊性。

工程保险承保风险具有的特殊性表现在:

①工程保险既承保投保人的财产损失风险,还承保投保人的责任风险;

②承保的风险标的中大部分裸露于风险中,自身抵御风险的能力大大低于普通财产保险的标的;

③工程在施工中始终处于一种动态的过程,而且存在大量的交叉作业,各种风险因素错综复杂,使风险程度加大。

(2)保障的综合性。

针对工程风险的特殊性,工程保险提供了较全面的保障。工程保险的主责任范围一般由物质损失部分和第三者责任部分构成。同时,工程保险还可以针对工程项目风险的具体情况提供运输过程中、工地外储存过程中、保证期过程中等各类风险的专门保障。

(3)投保人的广泛性。

普通财产保险的投保人较为单一,通常只有一个明确的投保人。建设项目可能涉及的当事人和关系方较多,因此,只要对建设项目拥有保险利益,包括建设项目业主、主承包商、分包商、设备供应商、工程咨询、工程设计、工程监理、出资人、贷款银行等均可成为投保人。这种广泛性的优点是将这些有关方面均置于一个保险项下,可以避免相互之间的责任追索。

(4)保险期限的不确定性。

普通财产保险的保险期限是相对固定的,通常是一年。而工程保险的保险期限一般是根据建设项目工期确定的,往往是几年,甚至十几年。与普通财产保险不同,工程保险的保险期限起止点也不是确定的具体日期,而是根据保险单的规定和工程的具体情况确定的。为此,工程保险通常采用的是工期费率,而较少采用年度费率。

(5)保险金额的变动性。

工程保险不同于普通财产保险的另一个特点是,普通财产保险的保险金额在保险期限内是相对固定不变的;而工程保险中物质损失部分针对的标的的实际价值,在保险期限内是随着工程建设的进度不断增长的,在保险期限内,不同时点的实际保险金额是不同的。

3. 工程保险的作用

(1)补偿风险损失,保证工程顺利实施。

风险事件发生后,工程顺利实施面临障碍。保险公司对于约定的风险事件所致的损失,依照保险合同向投保人进行经济补偿,使得工程实施障碍得以排除,及时恢复施工,确保工程顺利实施。

(2)提供风险管理服务,减少风险损失发生。

保险公司是职业的风险承担者,其日常一切业务都与风险相连。保险公司通过对各种风险事故及其损失的分析研究,有责任、有能力,也乐意向自己的客户乃至整个社会提供风险管理的服务。这有助于加强对建设项目业主和施工单位的风险管理,减少风险和损失发生的可能性。

(3)保障项目实施相关方的资产安全。

项目实施相关方的资产安全和效益与工程项目能否顺利实施密切相关。如果没有工程保险,出资人、贷款人和承包商等不得不承担因工程发生意外情况受损或停工而导致的投资、贷款和施工机具损失。引入工程保险机制后,损失的大部分被转嫁给保险公司,项目实施相关方的资产安全得以保障。

①按所遭受的实际损失给予补偿。当投保人的财产遭受损失后,保险人仅对投保人所蒙受的实际损失(最高不超过保险金额)给予补偿,使投保人在经济上恰好能恢复至保险事故刚发生以前的状态,保险合同的补偿额以重置或复原所需金额为限,禁止投保人以投机谋利为目的。

②保险人对补偿金额有一定的限度。

a.以实际损失(财产损失的市价)为限。

b.以保险金额为限。保险金额是保险人补偿金额的最高限度,补偿金额只能低于而不能高于保险金额。

c.以投保人对标的的保险利益为限。但对于定值保单,在财产发生损失时,无论该项财产的市价涨落如何,均按约定的价值予以赔付。

③保险人可以选择补偿的方式。保险人可以选择货币支付或修复原状或换置的方法来补偿投保人的损失。

④投保人不能通过补偿而得到额外利益。如果保险事故由第三者责任所引起,则投保人从保险人处获得全部补偿以后,必须将其对第三者享有的追偿有关损失的权利转让给保险人。如投保人对其财产投保多张保险单(重复保险),则它获得的赔款数额不能超过其财产总值。

(二)工程实施中的保险

建设项目工程实施中的保险详见表3-6,其中一般项目均涉及建筑工程一切险、安装工程一切险和第三者责任险。

表 3-6 建设项目工程实施中的保险

保险标的	保险类别	险种	可附加险种
责任保险	工程保险	建筑工程一切险	第三者责任险
		安装工程一切险	
	企业财产保险	财产保险综合险	
		房屋抵押贷款保险	
		房屋利益保险	
	运输工具保险	汽车保险	第三者责任险
		机动车辆保险	
	货物运输保险	水路、陆路、航空货物运输保险	
	第三者责任险	建筑工程第三者责任保险	
		安装工程第三者责任保险	
	公众责任险	电梯责任保险	
		旅馆综合责任保险	
	职业责任险	建筑设计责任保险	
		勘察设计责任保险	
		会计师责任保险	
	雇主责任险	雇主责任保险	第三者责任险
	产品责任险	锅炉、压力容器保险	第三者责任险
		水泥质量信誉保险	
信用保证保险	合同保证保险	投标保证保险	
		履约保证保险	
		预付款保证保险	
		质量维修保证保险	
	忠诚保证保险	雇员诚实保证保险	
	信用保险	投资保险	
人身保险	人寿保险	死亡保险	
		生存(年金)保险	
	人身意外伤害保险	人身意外伤害险	
		经理人身意外伤害险	
	健康保险	健康保险	
		疾病死亡保险	

1.建筑工程一切险

建筑工程一切险承保各类民用、工业用和公共事业用的建筑工程项目,如住宅、商业用房、医院、学校、剧院、工业厂房、电站、大坝、铁路、桥梁等在建造过程中因自然灾害或意外事故而引起的经济损失。

(1)投保人和被保险人。

在工程建设过程中,凡对建筑工程承担风险责任的各方都可作为投保人,投保建筑工程项目保险,如开发商,主承包商,分包商,设计单位,监理公司,材料、设备供应商等。而被保险人除投保人外,还包括其他承担风险责任的各方。因此,在建筑工程项目保险中,投保人是一个,而被保险人有多个。为了避免有关各方相互之间追偿责任,大部分保险单都加贴被保险人联合交叉责任条款。根据这一条款,每一个被保险人如同各自有一张单独保单,其应负的那部分责任发生问题,财产受损时即可从保险人那里获取相应的赔偿。如果每个被保险人发生相互之间的责任事故,每一个负有责任的被保险人都可以在保单项下获得保障,不需相互追偿。

(2)可保财产及保险金额的确定。

在工程建设过程中,下述财产可作为建筑工程项目保险的保险标的,并依下述规定确定保险金额:

①在建工程,包括永久工程、临时工程以及在工地的物料,即土木建筑项目、存放在工地的建筑材料设备、临时的工程建筑。

工程项目保险金额按工程合同金额(即工程总造价)计算,其中包括工程的设计费、施工费、安装费、运输费、保险费、运杂费、税金和其他有关费用。其中临时工程金额应单独列明。由于工程期内物价变动及计划不同导致实际工程造价与计划造价的不同,可先按工程计划预算造价确定保险金额,待工程完工后,再按工程的决算调整保险金额,保险费也相应增收或退减。

②建筑用机器、设备及有关装置,如施工用打桩机、起重机、铲车、混凝土搅拌设备、临时供电供水设备、垂直运输装置、脚手架、临时铁路等。建筑用机器、设备及有关装置的保险金额按其重置价值分别列明。

③工程所有人所提供的物料及项目。这里指未包括在承包合同金额内的财产。其保险金额由保险人与投保人商定。

④安装工程项目,指未包括在承包工程合同金额内的机器设备及安装工程项目,如楼内的发电、采暖等机器设备的安装项目。若安装工程项目已包括在建筑工程总造价中,则不需单独加保。

⑤场地清理费用,指发生灾害事故后,清理工地残骸等所支付的费用。其保险金额按工程的具体情况,由保险人与投保人协商确定,一般不能超过承包工程总保险金额的5%(大工程)或10%(小工程)。

⑥工地内已有的建筑物,指在建筑工地上不在承包工程范围内,为被保险人所有或由其照管的已有建筑物。其保险金额由保险人和投保人协商确定。

⑦被保险人在工地上的其他财产。其保险金额由保险人和投保人商定。

(3)保险责任。

在我国,建筑工程一切险的责任范围主要包括:

①自然灾害和意外事故。包括洪水、潮水、地震、台风、海啸、暴风雨、山崩、冻灾、冰雹、雷电、火灾、爆炸、地面下沉下陷等造成的经济损失。而在国际保险市场上，对洪水、地震一类的危险，往往不包括在基本条款之内，但可由保险人与投保人协商确定，另行加保。

②人为因素所导致的经济损失。这种人为因素必须具有"突然"和"不可预料"的特点，包括两大类：一类是由于工人、技术人员缺乏经验、疏忽、过失而造成的损失，如工人在施工中因疏忽将工具设备掉落，引起的设备和财产损失，保险人承担赔偿责任；另一类是恶意行为和盗窃所导致财产的损失。但对被保险人的恶意行为和盗窃导致的财产损失以及盘点物资发现的短缺，保险人不予赔偿。

③原材料的缺陷或工艺不善所引起的事故。但保险人对原材料的缺陷或工艺不善而导致其本身的损失以及因更换、修理、矫正标的本身原材料缺陷或工艺不善所支付的费用，保险公司不予赔偿。如电器设备由于工艺不善引起本身损失，保险公司不负责赔偿，但因电器短路引起火灾，造成其他财产损失，保险公司负责赔偿。

④因空中运行物体坠落引起的财产损失，如飞机坠毁等引起保险财产的损失。

（4）除外责任。

保险人对由下述原因导致保险财产的损失不负赔偿责任：

①被保险人及其代表的故意行为和重大过失引起的财产损失和责任。

②战争、类似战争行为、敌对行为、武装冲突、没收、征用、罢工、暴动、核反应、辐射或放射性污染引起的损失、费用和责任。

③自然磨损、氧化、锈蚀引起的损失和费用。这种损失是一种必然损失，不是不可预料的突然事故造成的，不属于保险责任范围。且由此引起的正常维修费用，保险公司也不赔偿。

④错误设计引起的损失、费用和责任。建筑师、设计师属于被保险人，而因被保险人的过失导致的损失属建筑工程项目保险的除外责任。这种责任若要获得保险保障，需投保职业责任保险。

⑤非外力引起的机械或电器装置的损坏或建筑用机器、设备、装置失灵。被保险人要获得该项保险，需投保机器损坏险。

⑥领用公用运输用执照的车辆、船舶、飞机的损失。因为这些运输工具行驶区域不限于建筑工地范围，应由各种运输工具保险给予保障。保险人只承保没有领取公共行车执照，仅在工地作业的推土机、吊车等施工用机具设备。

⑦其他除外责任，包括文件、账簿、票据、现金、有价证券、图表、技术资料的损失以及停工或部分停工、罚金损失和第三者责任，盘点货物当时发现的短缺和免赔额内的损失等。

（5）保险期限和保险费率。

建筑工程项目保险的保险期限为整个建设工期。我国通常是自投保工程动工日或被保险项目中所列财产卸至施工场地时开始，至建筑工程完成验收为止。对大型综合性的工程，由于其中各个部分分期施工，投保人可申请分别投保。若投保人需扩展保险期限，则应征得保险人的同意。

建筑工程项目保险没有固定的费率，其原因是建筑工程项目不同，各种风险发生的概率也不相同。同一建筑工程，不同保险标的风险发生的概率也不一样。因此，建筑工程项目保险费率应根据各保险项目的具体情况分别制定，通常需要考虑的因素是保险责任的大小、工程危险程度,如施工方法、现场管理情况、自然地理条件、施工种类和承包人的资信情况等。

(6)保险赔偿。

一旦被保险人发生上述保险责任范围内的灾害事故,保险人负责赔偿。建筑工程项目保险的赔偿处理,以恢复承保项目受损前的状态为限,可以现金支付,也可以重置受损项目或进行修理。

由于建筑工程项目保险的特殊性,保险人为鼓励被保险人对保险标的加强风险管理,以减少事故发生次数和严重程度,避免经常性的小额赔款,从而减少双方事务性工作和费用,保险人都规定免赔额,由被保险人自己负责补偿小额损失。免赔额的高低由保险人与被保险人根据工程风险程度,自然、地理条件和工期长短等因素协商确定。目前一般规定建筑工程项目的免赔额为保险金额的 0.5%～2%,建筑用机器设备等的免赔额为保险金额的 5%,其他项目的免赔额是保险金额的 2%,洪水、地震灾害每次事故的免赔额为 2000～50000 元。

保险人除对小额损失规定免赔额外,还对特殊灾害(如洪水、地震)规定保险赔偿的最高限额,即赔偿限额,以控制保险人承担责任的限额。被保险人无论发生一次还是多次特殊灾害,累计赔偿都不得超过该限额。赔偿限额的高低,由工程所处的地理条件、工程项目本身抗御灾害能力和该地区以往发生特种灾害的记录等因素确定。一般特种灾害发生可能性大的工程,赔偿限额低,反之赔偿限额高,但一般为工程项目保险金额的 50%～80%。

2. 安装工程一切险

安装工程一切险承保安装工程项目中的财产在安装过程中因自然灾害和意外事故所导致的经济损失。安装工程一切险和建筑工程一切险在形式和内容上基本一致,是承包工程项目相辅相成的两个险种,只是安装工程一切险针对机器设备的特点,在承保和责任范围方面与建筑工程一切险有所不同。

(1)投保人和被保险人。

在工程建设过程中,凡是对安装工程有保险利益的人,都可作为安装工程项目保险的投保人和被保险人,如安装工程所有人、主承包商、分承包商、工程监理以及机器设备的供货商或制造商等。安装工程项目保险的投保人与被保险人之间的关系和建筑工程项目保险相同。

(2)可保财产和保险金额的确定。

安装工程中的下述财产可投保安装工程项目保险:

①安装项目,包括安装的机器设备、物料、基础工程和临时设施等。其保险金额为保险标的安装完成时的总价值,包括运费、安装费、关税等。

②安装用机具、设备等。其价值不包括在安装工程造价中,应单独投保。其保险金额按机器设备的重置价值计算。

③土木建筑工程项目,指仓库、厂房、办公楼、宿舍等土建项目。其保险金额可为该项目建成价值,也可由双方商定。若安装合同金额中已包括土建工程项目,则不需另外投保。

④场地清理费,其保险金额按工程的具体情况,由保险人与投保人协商确定,一般不能超过承包工程总保险金额的 5%(大工程)或 10%(小工程)。

⑤安装工地内现有的财产和建筑物,指不在承包工程范围内的为所有人或承包人所有或由其保管的财产,其保险金额由保险人与投保人协商确定。

(3)保险责任与除外责任。

安装工程项目保险的保险责任和除外责任与建筑工程项目保险的保险责任和除外责任基本相同,但需注意以下两点:

①建筑工程一切险既不负责因设计错误引起的保险本身损失,也不负责此种原因造成的其他保险财产的损失和费用;而安装工程一切险对于由设计错误等原因引起的其他保险财产损失予以负责。

②安装工程一切险对由超负荷、超电压、碰线等原因造成的电气设备本身损失不予负责,只对由电气原因造成的其他财产损失予以负责;而建筑工程一切险对于此种原因造成的任何损失都予以负责。

(4)保险期限和保险费率。

安装工程项目保险的保险期限从投保工程动工日或自被保险项目被卸至安装工地时开始,至安装工程完毕并验收为止。若保险合同中有试车、考核规定,则试车、考核阶段应以保单中规定的期限为限;如果该安装项目是旧产品,则从试车开始,保险终止。投保人如需扩展保险期限,应征得保险人的同意。

安装工程项目保险的保险费率同建筑工程项目保险的保险费率确定因素类似,但由于安装工程风险较大,其保险费率一般高于建筑工程项目保险的费率。

3. 工程第三者责任保险

工程项目保险中的第三者,是指除被保险人之外的法人或自然人,他们与工程项目无任何利益关系,如行人、工地附近的居民、工地上的外来人等。而在工程现场从事与工程相关工作的人员,不属于第三者。第三者责任是指被保险人对第三者应负的财产损失和人身伤亡的经济赔偿责任,以及由此引起的诉讼费用等有关费用。

工程第三者责任保险是作为工程项目保险的附加险,保险人对工程施工期间,因意外事故导致第三者的人身伤亡和财产损失而依法应由被保险人承担的经济赔偿责任,负责赔偿。

工程项目保险第三者责任保险有建筑工程第三者责任保险和安装工程第三者责任保险。

(1)建筑工程第三者责任保险。

建筑工程第三者责任保险是建筑工程项目保险的附加险,保险人承担建筑工程中由被保险人对第三者应负的经济赔偿责任。

①保险责任范围:本险种承担建筑工程建设过程中因发生意外事故造成在工地及邻近地区的第三者人身伤亡、致疾致残和财产损失,依法应由被保险人承担的赔偿责任,包括被保险人因此而支付的诉讼费用或事先经保险人同意支付的其他费用。

②除外责任,包括:

a. 被保险人的故意行为导致的第三者责任;

b. 业主、承包人或其他关系方在现场从事与工程有关工作的职员以及他们家庭成员的人身伤亡和财产损失,他们所有的或由其照管、控制的财产发生的损失;

c. 领有公共行车执照的车辆造成的第三者责任,如撞伤行人或其财产,这种责任属于运输工具的第三者责任保险范畴,投保人可投保运输工具的第三者责任保险;

d. 由于建筑工程中的振动、移动或支撑减弱而造成的其他财产、土地、房屋的损失或人身伤亡,如施工中打桩的振动可能造成工地邻近房屋财产损失等,但这是可以预见的危险,这类损失责任只要设计、管理正确合理,一般都可避免,因而作为除外责任,但当被保险人要求加保这项保险时,可扩展承保,并增加保险费;

e.因错误设计而导致的第三者责任,属于职业责任保障范围,被保险人可投保职业责任保险,获得保险保障;

f.被保险人应自行负担的免赔额和被保险人根据与他人的协议支付的赔偿或其他款项。

③赔偿限额:建筑工程第三者责任保险的赔偿责任限额可分为如下四类。

a.每次事故、每个人的人身伤亡的赔偿限额;

b.每次事故人身伤亡的赔偿限额;

c.每次事故财产损失的赔偿限额;

d.保险单总赔偿限额。

限额高低依据被保险人所从事的工程性质、管理水平及施工期间可能造成第三者人身或财产损害的最大危险程度,由双方商定且据此计算保险费。一般来说,对责任风险较小的项目,只需规定每次事故的总赔偿限额,不规定分项限额和累计限额;对风险责任较大的项目,可分项规定赔偿限额,以便控制赔偿责任。当发生保险责任范围内的灾害事故,被保险人不能擅自做出任何承诺、出价、约定、付款或赔偿,以便保险人正确处理赔案。在建筑工程第三者责任保险中,为加强被保险人的安全施工管理,减少小额赔款支出,保险人还规定免赔额,免赔额可由保险双方当事人协商确定,一般在赔偿限额的2%左右。但对人身伤亡赔偿,因我国目前对人身伤亡的损害赔偿标准较低,故不规定免赔额。

④保险费率:建筑工程第三者责任保险的保险费率根据工程情况和对第三者人身伤亡和财产损失的限额核定,保险费率为2.5‰~3.5‰,保险期限应分别与建筑、安装工程险相同。

⑤其他内容:如投保人、被保险人、保险期限等与建筑工程项目保险相同。

(2)安装工程第三者责任保险。

安装工程第三者责任保险是以安装工程中的第三者责任为保险标的的保险,保险人承担被保险人对第三者依法承担的经济赔偿责任。与建筑工程第三者责任保险相比,安装工程第三者责任保险有以下特点。

①导致第三者责任原因的专业性强。各种安装中的机器设备用途和性能不同,发生的第三者责任多与机器设备本身有关,技术因素居多,专业性较强。

②安装工程中承保了相应的建筑工程,保险人承保的责任不仅包括工程中的第三者责任,还包括建筑工程中的第三者责任,因此责任范围较广。

③安装工程第三者责任风险较集中。一般越接近工程完工,风险越大。尤其是安装完工后的试车考核期间风险最大。

④安装工程大多与电有关,在安装期内因用电、停电及各种电路故障导致的第三者责任较多。

⑤安装工程第三者责任中包括由于振动、移动或支撑减弱而造成的第三者责任,而该责任是建筑工程第三者责任的除外责任,这是因为安装项目本身就存在振动和移动等风险,在试车期内更是如此。剔除它可使被保险人的利益得到适当保障。

⑥保险人在承保安装工程第三者责任险时,常规定若干特别限制条款,如防火设备特别限制条款。中国人民保险公司在承保大型化工设备或其他易燃、易爆装置的安装工程项目时,都规定了防火设备特别条款,其主要内容有:被保险人在安装工地上应配备适当的防火

灭火设备,并有足够的经过培训的防火器械使用人员,以便立即有效地灭火;若安装工地周围有易燃品,应修建防火墙或防火门;若易燃品周围需进行焊接或明火作业,必须有灭火人员在场,以减轻火灾可能导致的损失。

以上内容应视同被保险人的义务,被保险人应保证执行,否则发生第三者责任时,被保险人应部分承担或全部承担其损害赔偿责任。

(三)工程保险的选择

保险作为一种保障和风险转移机制,能消除风险损失的不确定性。因此,购买保险是有益的、可取的。但是,这并不意味着应购买保险公司开办的所有保险。风险管理的目标是以最小的成本获得最大的安全保障,如果投保险种过多,必将大大增加自身成本开支,加重负担,背离风险管理目标。所以,进行科学的保险选择显得很有必要。

1.选择保险险种

(1)了解、确定本单位所面临的风险及其大小。风险管理者应采用风险识别技术,深入企业实际和项目现场,找出自身当前及今后一定时期所面临的种种风险,同时根据历史资料和现实情况,对风险进行估计,判定风险的大小。

(2)了解保险市场的状况。风险管理者应通过走访,了解各保险公司出售的保险险种、性质、保险责任范围及保费情况。对某一险种,风险管理者要明了其保险责任和除外责任条款,并审慎考虑可附加的保险责任。对于某些确需转移的风险,如果在保险市场上没有相应的险种,风险管理者可与保险公司专门协商,议订主要条款,基本明确保险责任、保费数量。

(3)进行风险成本效益分析,选定投保险种。结合企业自身风险与保险公司保险范围,确定每一保险险种可为企业解除的风险大小。综合分析保险成本(保费多少)与效益(所获安全保障大小),最后选定投保的保险险种。

2.确定保险金额

保险金额是保险人承担补偿或给付保险金责任的最高限额,也是保险费的计算依据。因此,确定一个适当的保险金额,直接关系经济单位所享有的保障水平和保险费的支付额。购买保险时,风险管理者应当认真研究。

3.议决投保程度

议决投保程度,从本质上说,是风险转移与风险自留的结合。这种结合通常有三种方式:

(1)不足额保险,即保险事故发生时,保险标的的实际价值高于保险金额,保险公司对于损失按照保险金额与出险时保险标的实际价值的比例赔偿保险金,企业自己也承担一部分损失。对企业来说,可以节省一部分保费,对保险公司来说,可以使投保人增强责任心,以减少保险损失;但是此时企业不能得到十足的保障,特别是当损失幅度较大时,保障会有相当大的缺口。

(2)自负额保险,由自负额条款来完成,它要求企业先自行承担一小部分风险损失。这样既可以节省保险费,又可以获得较高的保障,因而企业对此种方法运用较多。

(3)限制损失保险,即企业建立自保基金将风险自留,但是担心发生巨灾损失而危及自保基金,遂向保险公司购买巨灾损失的保险,并约定一个较大的损失额,保险公司对于损失的累积额超过双方约定的额度以上的那一部分损失负赔偿责任。

4.研究保险费

保险费是企业将自己面临的风险转移给保险公司所应支付的代价,是风险决策时需研究的重要内容之一。

5.选择保险机构

企业要对保险险种及其特点,对保险公司的性质、信誉、实力、服务质量等进行考察,再做选择。保险人的选择要着重考虑以下因素:

(1)保险人的财务实力。风险管理者必须为企业找一位可靠的"保护神",而不是自身难保的"泥菩萨"。

(2)保险人的服务质量。服务质量体现在帮助识别和评估风险,提供满足投保人特别需要的保险合同,对保险合同变更、撤保、复效、保单抵押持公平态度,帮助损失控制和风险管理,迅速而公正地理赔,服务全面、周到、耐心、细致。

6.推敲保险条款

(1)保险条款载明保险有关各方的权利和义务,风险管理者要认真仔细地推敲,弄清其真实含义。有些人,也许是相当数量的人,"买了保单,随便一塞了事",或者只是"粗看一下",等到出了事故,才去仔细研究,如发现不如想象的那样受到保单的保护,怨天尤人,于事无补。

(2)风险管理者最好能参与起草保险合同,而不是被动地接受保险公司所出示的保险合同。

(3)风险管理者要充分了解保险合同中的权利与义务。

只有这样,企业才能切实履行自己的义务,保障自身的合法权益。要防止由于自己没有履行义务而丧失本来可以具有的权益。

(四)工程保险的索赔

索赔是指在保险事故发生后,投保人或受益人依照保险合同的规定,要求保险人给付保险金的行为。保险索赔的步骤如下。

1.积极施救

风险事故一旦发生,投保人应像未参加保险一样,采取一切合理的施救、整理措施,防止损失扩大。因此产生的费用,在保险金额范围内的由保险公司负责赔偿。反之,如果因为投保人延误抢救良机,或袖手旁观而任其发展,那么保险公司有权终止保险合同或拒绝赔偿。这样的规定,是基于社会经济生活安定和人类文明进步的要求,各企业应有充分认识。

2.损失通知

保险事故发生,投保人、被投保人或受益人有通知保险人的义务,通知必须迅速、及时。这一方面能使保险人立即进行损失调整,另一方面也便于保险双方共同采取措施,以防止损失扩大,从而有益于社会。

3.保护现场,接受检验

风险事故发生后,投保人或受益人对于事故现场,有责任加以保护,直至保险人定损之后。

4. 索赔

被保险方应当在约定的期限内（人寿保险以外的其他保险，2年不行使索赔权而消灭；人寿保险5年不行使索赔权而消灭），或者在经保险公司书面同意的展延期内，向保险公司提出赔款或给付保险金的申请。

索赔通常需提交以下文件：①保险单；②损失清单和各项施救、保护及整理费用清单；③根据需要，提供有关财务账册、单证、收据、发票、装箱单等；④出险调查报告、有关部门签发的出险原因证书以及损失程度的技术鉴定报告等。

5. 领取赔款

保险公司经查勘定损之后，决定给付或不给付保险金。保险金一般以现金支付，对于某些特定的标的或根据事先的约定，也可采用修复、重置方式进行赔偿，还可先预赔付，等赔款数额最终确定后，再由保险公司支付相应的差额。

6. 权益转让

在得到补偿之后，如果损失是由肇事的第三者所致，那么投保人应当出具证明，表示保险公司已经赔付，并将进一步追索权益转让给保险公司。

7. 恢复保额

在企业财产保险等财产保险中，如果保险人支付的赔款尚未达到保险金额，那么保险继续有效，但有效保额减小。投保人如欲恢复原定的保额，则应补交一定的保险费。

五、工程担保

（一）工程担保制度

工程担保是指在工程建设活动中，保证人受合同一方当事人（被保证人）委托，向合同另一方当事人（受益人）保证，当被保证人不履行合同义务时，保证人代为履行或承担代偿责任的行为。

工程担保通过以下两种途径发挥作用：一是使守信者得到酬偿，信誉高→保证人愿意担保→担保费低→容易得到更多的订单或工程；二是使失信者受到惩罚，信用记录出现污点→没人愿意担保或担保费高得出奇→市场份额逐渐被蚕食→保证金及反担保资产被用于赔偿→巨额损失危及生存。因此，推行工程担保制度是规范建设市场秩序的一项重要举措，对规范工程承发包交易行为，保证参与工程各方的正当权益，防范和化解工程风险，遏制拖欠工程款和农民工工资，保证工程质量和安全等具有重要作用。

工程担保与工程保险均属于风险转移的方式，但两者之间存在根本的区别：

①针对对象不同，担保主要针对人为违约责任的信用风险，保险主要针对意外事件、自然灾害的损失风险。

②风险转移不同，保险合同仅涉及投保人和保险人两方，投保人将风险转移给保险人；担保涉及三方，即保证人、被保证人和受益人，受益人通过保证人的担保，将合同违约的风险转移给被保证人。

③损失预期不同，保险对于风险损失是有预期的，而担保在理论上却不希望风险损失发生。保证人在出具保函前，通过对委托人进行审查，尽量避免被保证人的不履约行为。

④作用机制不同,保险起作用的是互助机制,而保证担保起作用的是信用机制。

1995年6月30日,全国人民代表大会常务委员会通过《中华人民共和国担保法》,初步构建了具有保证、抵押、留置、质押和定金五种方式的工程担保制度。2004年8月我国建设部发布了《关于在房地产开发项目中推行工程建设合同担保的若干规定》,要求工程建设合同造价在1000万元以上的房地产开发项目(包括新建、改建、扩建的项目)应推行投标担保、业主工程款支付担保、承包商履约担保和承包商付款担保。2005年5月我国建设部发布了《工程担保合同示范文本(试行)》,包括投标委托保证合同、业主支付委托保证合同、承包商履约委托保证合同、总承包商付款(分包)委托保证合同和总承包商付款(供货)委托保证合同,规范了工程担保行为。2006年12月我国建设部印发《关于在建设工程项目中进一步推行工程担保制度的意见》的通知,要求工程建设合同造价在1000万元以上的房地产开发项目(包括新建、改建、扩建的项目),施工单位应当提供以建设单位为受益人的承包商履约担保,建设单位应当提供以施工单位为受益人的业主工程款支付担保,同时提出到2010年,建成具备较为完善的法律法规体系、信用管理体系、风险控制体系和行业自律机制的工程担保制度。

按国际惯例,工程担保可分为承包商保证担保和建设单位责任保证担保。

(二)承包商保证担保

承包商保证担保是指以承包商为被保证人的担保,主要包括投标担保、履约担保、承包商付款担保、保修金担保等。

1.投标担保

投标担保是指保证人为投标人(工程承包商)向招标人提供的,保证投标人按照招标文件的规定履行投标人义务的担保。

除不可抗力外,在发生以下情形时,保证人承担保证责任:①投标人在招标文件规定的投标有效期内未经招标人许可撤回投标文件;②投标人中标后未在招标文件规定的时间内与招标人签订建设工程施工合同;③投标人中标后不能按照招标文件的规定提供履约保证。

保证人承担保证责任的形式有:①向招标人支付投标保证金;②如果招标人选择次低标中标,应向招标人支付中标价与次低标价之间的差额;③如果招标人选择重新招标,应向招标人支付重新招标的费用。上述三种情况下,支付金额不能超过双方约定的保证金额。

投标保证担保可采用银行保函或担保公司担保书、投标保证担保金等方式,具体方式可由招标人在招标文件中规定。投标保证担保的担保金额一般不超过投标总价的2%,最高不得超过80万元人民币。投标保证担保的有效期应超出投标有效期至少28d。招标人与中标人签订合同之日起5个工作日内,应当退还未中标人的投标保证担保保函。

2.履约担保

履约担保是指保证人向建设单位提供履约保证,保证承包商严格履行建设工程承包合同中约定的交付工程的义务。

保证人在承包商未按照合同的约定交付工程时承担连带保证责任。保证人承担保证责任的形式有:①向承包商提供资金、设备或技术援助,使其能够继续履行合同义务;②由保证人直接接管该项工程或另觅经业主同意的有资质的其他承包商,以便继续履行合同;③保证人对业主的损失进行赔偿,但赔偿金额不超过双方约定的保证金额。

履约担保的方式可采用银行保函、专业担保公司的保证,具体方式由招标人在招标文件中做出规定或者在建设工程合同中约定。担保金额一般不得低于合同价款的10%。若用经评审的最低投标价法中标的,则担保金额不得低于合同价款的15%。承包人履约担保的有效期应在合同中约定,合同约定的有效期截止时间为工程建设合同约定的工程竣工验收合格之日后的30~180d。

在担保有效期内,因承包人不履行合同而导致其履约保函金额被业主索赔提取后,承包人应在15日内向业主提交同等金额履约保函。否则,业主可重新发包,更换承包人。

3.承包商付款担保

付款担保是指保证人为承包商向分包商、材料设备供应商和建筑工人提供的,保证承包商履行工程承包合同的约定向分包商、材料设备供应商和建筑工人支付各种费用、价款和工资的担保。因为承包商违约给分包商和材料供应商造成的损失,在没有预付款保证担保的情况下,经常由业主协调解决,甚至使业主卷入可能的法律纠纷,在管理上造成很大负担;而在保证担保的情况下,业主可避免可能引起的法律纠纷和管理上的负担,同时也保证了建筑工人、分包商和供应商的利益。

4.保修金担保

保修金担保是指保证人为保证承包商在工程保修期内承担保修义务而提供的担保。

保修金担保金额应当与保修合同约定的保修金额相等,保修金保证担保有效期由发包人与承包人在保修合同中约定,承包商不履行保修责任时,发包人有权要求保证人承担保证担保责任。

(三)建设单位责任保证担保

建设单位责任保证担保是指以建设单位为被保证人的担保,主要为业主工程款支付担保。业主工程款支付担保是指为保证业主履行合同约定的工程款支付义务,由保证人为业主向承包商提供的保证业主支付工程款的担保。

业主工程款支付担保可以采用银行保函、专业担保公司的保证。其担保金额应当与承包商履约担保的担保金额相等,不得低于合同价款的10%,且不得小于合同约定的分期付款的最高额度。担保的有效期应当在合同中约定。合同约定的有效期截止时间为业主根据合同的约定完成了除工程质量保修金以外的全部工程结算款项支付之日起30~180d。

对于工程建设合同额超过1亿元人民币以上的工程,业主工程款支付担保可以按工程合同确定的付款周期实行分段滚动担保,但每段的担保金额为该段工程合同额的10%~15%。在业主、项目监理工程师或造价工程师对分段工程进度签字确认或结算业主支付相应的工程款后,当期业主工程款支付担保解除,并自动进入下一阶段工程的担保。

业主在签订工程建设合同的同时,应当向承包商提交业主工程款支付担保。未提交业主工程款支付担保的建设工程,视作建设资金未落实。业主工程款支付担保与工程建设合同应当由业主一并送建设行政主管部门备案。

情境四 资源管理

5分钟看完
情境四

情境目标

1.理解项目资源管理的相关概念,熟悉项目人力资源、材料、机械设备的管控要点。

2.掌握材料 ABC 分类法的应用。

3.掌握机械设备的选用原则与方法。

4.了解项目资金管理计划的相关内容。

情境内容

1.项目资源管理概述。

2.项目人力资源管理。

3.项目材料管理。

4.项目机械设备管理。

5.项目技术管理。

6.项目资金管理。

情境四 资源管理微课

情境知识点和技能点

		知识单元	知识点
知识领域	核心知识单元	项目资源管理概述	1.项目资源的种类； 2.项目资源管理计划
		项目人力资源管理	1.项目人力资源管理计划； 2.项目人力资源管理控制； 3.项目人力资源管理考核
		项目材料管理	1.材料 ABC 分类法； 2.项目材料管理计划； 3.项目材料管理控制
		项目机械设备管理	1.项目机械设备管理计划； 2.项目机械设备管理控制
		项目技术管理	1.项目技术管理基本制度； 2.项目技术管理计划、控制与考核
		项目资金管理	1.项目资金管理计划； 2.项目资金管理控制
	拓展知识单元	1.工程项目材料台账； 2.物资供货合同样式	1.材料台账的编制； 2.物资供货合同的签订
		技能单元	技能点
技能领域	核心技能单元	材料 ABC 分类法的应用	1.统计数量； 2.累计频数； 3.分类汇总
		单位工程量成本比较法的应用	1.计算各设备直接费； 2.比较选择直接费最低的设备组合； 3.计算总费用
	拓展技能单元	材料最优采购批量计算	1.确定最优采购批量； 2.确定采购费、储存费； 3.计算年材料总费用

情境案例

案例一 某学校教学楼为7层建筑,框架结构,建筑高度为26m。其中教学楼工程中的多媒体教室装饰装修施工任务由某建筑装饰公司承担。为做好装饰材料的管理工作,在施工前根据材料清单购买的材料见下表。

建筑装饰材料清单表

序号	材料名称	材料数量	计量单位	材料单价/元
1	细木工板	12	m³	930.0
2	砂	32	m³	24.0
3	实木装饰门扇	120	m²	200.0
4	铝合金窗	100	m²	130.0
5	白水泥	9000	kg	0.4
6	白乳胶	220	kg	5.6
7	纸面石膏板	150	m	12.0
8	地板	93	m²	62.0
9	醇酸磁漆	80	kg	17.08
10	瓷砖	266	m²	37.0

问题:

在本工程中,试述材料ABC分类法的计算步骤,并简述应如何对建筑装饰材料进行科学管理。

案例二 某基础公司分包地下商业城土方工程,土方量为128600m³,平均运土距离为8km,合同工期为45d。该公司能投入本工程的机械设备见下表。

能投入本工程的机械设备表

挖掘机			
型号	PC01-01	PC02-01	PC09-01
斗容量/m³	0.84	1.17	1.96
台班产量/(m³/台班)	600	1000	1580
台班单价/(元/台班)	1180	1860	3000
自卸汽车			
载重能力	8t	12t	15t
运距8km台班产量/(m³/台班)	45	63	77
台班单价/(元/台班)	516	680	850

问题:

若完成该挖土任务,要求按上表中挖掘机和自卸汽车型号各选一种,且数量没有限制,应如何组织最经济?相应地,每立方米土方挖运直接费为多少?

模块一　项目资源管理概述

工程项目资源管理对于施工企业而言就是施工项目生产要素的管理。施工项目的生产要素是指构成施工项目生产过程的人力、财力、物力等要素,即施工企业投入到项目中的劳动力、材料、机械设备、技术和资金等要素。它们构成了施工生产的基本劳动与物化劳动的基础。

一、项目资源的种类

在工程项目管理过程中,为了能够实现阶段性目标和最终目标,在进行各项工作时,必须加强项目资源管理。项目资源管理的主体是以项目经理为首的项目经理部,项目资源管理的客体是与施工活动相关的各生产要素。因此,要加强对施工项目的资源管理,就必须对工程项目的各生产要素进行认真分析和研究。

(一)人力资源

在工程项目资源中,人力资源在各生产要素中起主导作用,主要包括劳动力总量,各专业、各级别的劳动力,操作工人,修理工以及不同层次和职能的管理人员。

随着国家和建筑业用工制度的改革,目前各施工企业已有多种形式的用工,包括固定工、合同工、临时工和城建制的外地队伍,而且已经形成了弹性结构。当施工任务增大时,可以多用农村建筑队;当施工任务减少时,可以少用农村建筑队,以避免窝工。这些用工形式已基本解决了劳动力招工难和不稳定的问题,促进了劳动生产率的提高。民工和临时工到企业中来,既不增加企业的负担,又不增加城市和社会的负担,因而大大节省了福利费用,减轻了国家和企业的负担,适应了建筑施工和施工项目用工弹性和流动性的要求。

(二)材料

材料是人进行建筑活动的必需品,主要包括原材料、设备和周转材料。其中,原材料和设备构成工程建筑的实体。按在生产中的作用分类,建筑材料可分为主要材料、辅助材料和其他材料。主要材料是指在施工中被直接加工,构成工程实体的各种材料,如钢材、水泥、木材、砂、石等。辅助材料是指在施工中有助于产品的形成,但不构成实体的材料,如促凝剂、脱模剂、润滑物等。其他材料是指不构成工程实体,但又是施工中必需的材料,如燃料、油料、砂纸、棉纱等。

周转材料,如脚手架、模板、工具、预制构配件、机械零配件等,因在施工中有独特作用而自成一类,其管理方式与原材料基本相同。

(三)机械设备

工程项目的机械设备主要是指项目施工所需的施工设备、临时设施和必需的后勤供应。施工设备,如塔吊、汽车泵、混凝土拌和设备、运输设备等;临时设施,如施工用仓库、宿舍、办公室、工棚、厕所、现场施工用供排系统(水电管网、道路等)。

(四)技术

一项技术是关于某一领域有效的科学(理论和研究方法)的全部,以及在该领域为实现公共或个体目标而解决设计问题的规则的全部,如操作技能、劳动手段、劳动者素质、生产工艺、试验检验、管理程序和方法等。任何物质生产活动都是建立在一定的技术基础上的,也是在一定技术要求和技术标准的控制下进行的。随着生产的发展,技术水平在不断提高,技术在生产中的地位和作用也就越来越重要。

(五)资金

资金也是一种资源,从流动过程来讲,首先是投入,即筹集到的资金投入到施工项目上;其次是使用,也就是支出。资金的合理使用是施工有序进行的重要保证,这也是常说的"资金是项目的生命线"的原因。

此外,项目资源还可能包括计算机软件、信息系统、服务、专利技术等。

二、项目资源管理计划

项目资源是工程项目实施的基本要素。项目资源管理计划是对工程项目资源管理的规划和安排,主要包括两方面内容,即资源的使用计划和资源的供应计划。

(一)项目资源管理计划的内容

(1)资源管理制度;
(2)资源使用计划;
(3)资源供应计划;
(4)资源处置计划。

(二)项目资源管理计划的编制过程

(1)确定资源的种类、质量和用量。初步确定资源种类、质量和需用量,再逐步汇总,最终得到整个项目各种资源的总用量表。

(2)调查市场资源供应状况。主要调查各种资源的费用、供应能力、供应质量及供应的稳定性,对上述情况进行分析。

(3)资源使用状况。主要考虑资源使用的安全性、可用性、对周围环境的影响等因素。

(4)确定资源使用计划。通常是在进度计划的基础上确定资源的使用计划,即确定资源投入量与时间关系直方图,确定各资源使用时间和地点。

(5)确定具体资源供应方案。明确各种资源的供应方案、供应环节及具体时间安排等。

(6)确定后勤保障体系。确定施工现场的水电管网的位置,材料仓储位置,项目办公室、宿舍的平面布置等。

(三)项目资源管理计划的优化

工程施工过程中,资源的获得、供应、使用及安排的方案很多,需要多方案比选。

1.确定资源管理优先级

确定资源管理优先级时的考虑因素主要有：

(1)资源的价值和需用量(ABC分类)。

(2)资源是否可以被替代。通常那些不可或缺的,使用面较窄、需专门生产的且没有替代可能的材料优先级较高。

(3)资源获得的难易程度。通常那些对资源要求较高、风险较大或获得较为困难的材料优先级较高。

(4)资源增减的可能性。那些需要专门加工定做的,或由专门采购供应的材料优先级较高。

(5)资源供应状况对项目的影响。那些供应出现问题将直接影响工程进展,甚至造成工程全部停工的不可缺少的材料优先级较高。

2.资源的平衡和限制

资源的平衡和限制分两种情况：

(1)保证预定工期,资源使用连续、均衡。

(2)限定资源用量,按预定工期建设,并尽可能缩短工期。

3.资源的调整

资源的调整包括人力、机械、材料等。当资源不足时解决办法主要有两种：一是设法增加资源供应量；二是设法调整工序的时间,以减少单位时间内的资源消耗量。当采用调整工序时间来解决资源不足的问题时,有两种情况：一是某资源仅属于一个工序使用时,只能采用延长此工序持续时间来降低单位时间资源消耗量的办法；二是某资源为多个工序所需要时,在某段时间发生了冲突,解决办法只能是将同一时间施工的某几个工序错开时间,避免资源使用冲突。此时,最好的解决方法是资源调配法(RSM)。

资源调配法

模块二　项目人力资源管理

人力资源是指一定时期内组织中的人所拥有的能够被企业所用,且对价值创造起贡献作用的教育、能力、技能、经验、体力等的统称。

一、项目人力资源管理计划

为了完成生产任务,履行施工合同,保证工程项目的施工期限、质量和安全,同时加强对人力资源的管理,应编制人力资源管理计划。

(一)人力资源需求计划

确定工程项目人力资源需要量,是人力资源管理计划的重要组成部分。

1.确定劳动效率

劳动效率通常用"产量/单位时间"或"工时消耗量/单位工作量"表示。劳动效率可以在劳动定额中直接查到。

2.确定劳动力投入量

确定劳动力投入量可依据拟定工期、劳动效率、班次算得。劳动力需要量计划中还应包括其他人员使用计划,如工地警卫、勤杂人员等。

(二)人力资源配置计划

人力资源配置包括人力资源的合理选择、供应和使用。人力资源配置既包括市场资源,也包括内部资源。人力资源配置计划的编制方法如下:

(1)按设备计算定员,根据机器设备的数量、工人操作设备定额和生产班次等计算生产定员人数。

(2)按劳动定额定员,根据工作量或生产任务量,按劳动定额计算生产定员人数。

(3)按岗位计算定员,根据设备操作岗位和每个岗位需要的工人数计算生产定员人数。

(4)按比例计算定员,如根据服务人员占职工总数或者生产人员数量的比例计算所需服务人员的数量。

(5)按劳动效率计算定员,根据生产任务和生产人员的劳动效率计算生产定员人数。

(6)按组织机构职责范围、业务分工计算管理人员的人数。

(三)人力资源培训计划

人力资源培训计划按培训对象的不同分为工人培训计划、管理人员培训计划、技术人员培训计划等。

人力资源培训计划的内容包括培训目标、培训方式、培训时间、各种形式的培训人数、培训经费、师资保证等。

(四)人力资源经济激励计划

(1)时间相关激励计划:按基本小时工资付给工人超时工资。

(2)工作相关激励计划:按完成工程量付给工人工资。

(3)一次付清工作报酬。

(4)按利润分享奖金。

二、项目人力资源管理控制

(一)人力资源的选择

人力资源的选择需要根据项目需求确定人力资源的性质数量标准,根据组织中工作岗位的需求,提出人员补充计划。

(二)劳务分包合同

劳务分包合同是在建筑行业内,施工责任单位和负责招募工人施工的施工单位双方依法签订的一种关于劳务分包的合同。合同具体内容参见《建设工程施工劳务分包合同(示范文本)》(GF—2003-0214)。

(三)人力资源的培训

(1)管理人员培训,包括岗位培训、继续教育、学历教育。

(2)工人的培训,包括班组长培训、技术工人等级培训、特种作业人员的培训、对外埠施工队伍的培训。

(四)班组劳动力管理

由于我国大部分工程项目均采用分包劳动力,故班组劳动力管理的重点是班组建设。班组建设内容包括班组组织建设、班组业务建设、班组劳动纪律和规章制度建设、班组生活需求建设。

三、项目人力资源管理考核

人力资源考核分为试用期考核、业绩考核、后进职工考核、个案考核、调配考核、离职考核。考核等级分为四级(优、良、中、差),可以按照岗位职责划分出的分项目,使其量化。总分为 100 分,90 分及 90 分以上为优,80 分及 80 分以上为良,70 分及 70 分以上为中,69 分及以下为差。

模块三　项目材料管理

一、材料 ABC 分类法

ABC 分类法也称为重点管理法。此方法可以找出材料管理的重点对象,针对不同对象采取不同管理措施,以期收到最好的经济效果。ABC 分类法的步骤如下:

(1)计算每一种材料的金额;

(2)按照金额由大到小排列并列表;

(3)计算每一种材料金额占库存材料总金额的比率;

(4)计算累计比率;

(5)分类,累计比率在 0~80% 的材料划为 A 类,累计比率在 80%~95% 的材料划为 B 类,其余占总金额 5% 的材料划为 C 类。A 类材料应重点管理,B 类材料应次要管理,C 类材料应适当加强管理。

二、项目材料管理计划

项目材料管理计划是对施工项目所需材料的预测、部署和安排,是指导与组织施工项目材料的订货、采购、运输、分配、供应、储备、使用的依据,是降低成本、加速资金周转、节约资金的一个重要因素,对促进生产具有十分重要的作用。

(一)材料需求计划

材料需求计划一般包括整个工程项目的需求计划和各计划期的需求计划,准确确定材料需求量是编制材料计划的关键。

1. 材料需求量计算

利用施工图纸计算实物工程量,套用材料消耗定额,逐条逐项计算各种材料需求量,然后汇总编制材料需求计划。

2. 材料总需求计划的编制

材料总需求计划包括主要材料的供应模式、主要材料大概用量、供方名称、所选定物资供方的理由和材质证明、生产企业资质文件等。

(二)材料使用计划

材料使用计划是材料供应部门根据材料需求计划、材料库存情况及合理储备等要求,经综合平衡后制定的,指导材料订货、采购等活动的计划。它是组织、指导材料供应与管理业务活动的具体行动计划,主要反映施工项目所需材料的来源,如需向国家申请调拨还是需向市场购买等。

(三)分阶段材料计划

分阶段材料计划一般包括年度材料计划、季度材料计划、月度材料计划。

三、材料管理控制

(一)供应单位的选择

选择确定供应单位的方法有:

(1)经验判断法。根据采购人员以往的经验和以前掌握的情况进行分析、比较,择优选用供应单位。

(2)采购成本比较法。当几个采购对象对所购材料在数量、质量、价格上均能满足,而只在个别因素上有差异时,需分别计算采购成本,成本低的对象应优先考虑。

(3)采购招标法。在选定材料供应单位时,还应对其供货能力、质量保证能力、售后服务等进行评定。

(二)订立采购供应合同

采购供应合同的签约要经过要约和承诺两个步骤,材料采购供应合同应包括材料名称、规格、数量、计量单位、包装标准、交货方法、到货时间与地点、材料单价、总价、结算方式、违约责任等内容。

(三)材料进场或出厂验收

材料进场时,应当予以验收,验收程序见图4-1。

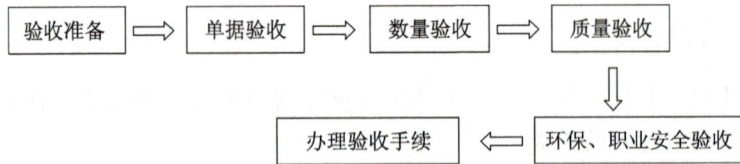

图 4-1　材料进场验收程序

(四)仓储管理

1.仓库布置

(1)接近用料点,避免二次搬运;

(2)需要有合理的通道,便于吞吐材料;

(3)仓库及料场容量应满足最大库存量要求;

(4)堆场应防火、防雨、防潮、防水。

2.材料储存要求

材料储存要求有全面规划、科学管理、制度严密、防火防盗、勤于盘点、及时记账。

3.材料保养要求

材料保养要求有温度、湿度管理,防锈、防虫害。

4.仓库管理制度

库存材料应定期进行盘点,出现差错和盈亏时要查明原因。

(五)使用管理及不合格品处理

1.材料领发

材料领发步骤是:发放准备→核对凭证→备料→复核→点交。

2.限额领料

限额领料是指在施工阶段中将施工人员所使用物资的消耗量控制在一定的消耗范围内。限额领料的程序是:签发限额领料单→下达→应用→检查→验收→结算与分析。

3.不合格品处理

验收质量不合格,可以拒收并及时通知上级供应部门或供货单位。如与供货单位协商代保管,则应有书面协议并单独存放;已进场材料发现质量问题或技术资料不齐时,应及时报上一级主管部门,暂不发料、不使用,原封妥善保管。

模块四　项目机械设备管理

一、项目机械设备管理计划

(一)机械设备需求计划

机械设备需求计划主要用于确定施工机械设备的类型、数量、进场时间,可据此落实施工机械设备来源,组织进场。

(二)机械设备使用计划

机械设备使用计划一般由项目经理部机械管理员或施工准备员负责编制。中、小型设备机械一般由项目经理部主管经理审批。大型设备经主管经理审批后,报组织有关职能部门审批,方可实施运作。

(三)机械设备保养计划

为了保证机械设备能够长期正常运转,机械设备保养工作应进行到位。

1.例行保养

例行保养不占用机械设备运转时间,由操作人员在机械运转间隙进行,如添加润滑油、补充冷却水等。

2.强制保养

强制保养是需要占用机械设备正常运转时间而停工进行的保养,如对易损件进行更换、电动机修理等。

二、项目机械设备管理控制

(一)机械设备购置管理

在选择施工机械设备时,应本着"切合需要,实际可能,经济合理"的原则进行,常用的两种机械设备选择方法如下。

(1)单位工程量成本比较法。单位工程量成本计算式如下:

单位工程量成本=(操作时间固定费用+操作时间×单位时间操作费)/(操作时间×单位时间产量)

【例 4-1】　假如有两种挖土机械均可满足施工要求,预计每月使用时间为 120h,其有关经济资料见表 4-1,问选哪一种机械好?

表 4-1　　　　　　　　　　两种挖土机械的经济资源

机种	月固定费用/元	每小时操作费/元	每小时产量/m³
A	6500	27.6	50
B	7600	26.3	55

【解】

A 机的单位工程量成本=(6500+27.6×120)/(120×50)=1.64(元/m³)

B 机的单位工程量成本=(7600+26.3×120)/(120×55)=1.63(元/m³)

显然,B 机的单位工程量成本低于 A 机,应该选择 B 机。

(2)折算费用选择法。当机械在一项工程中使用时间较长,甚至涉及购置费时,在选择时往往涉及机械的原值;利用银行贷款时又涉及利息,甚至复利计息,此时可采用折算费用选择法。其计算式如下:

年折算费用=每年按等值分摊的机械投资+每年的机械使用费

如需考虑复利和残值,则:

$$年折算费用＝(原值－残值)×资金回收系数＋残值×利率＋年度机械使用费$$

$$资金回收系数＝i(1＋i)^n/[(1＋i)^n－1]$$

式中　i——负利率;

　　　n——计利期。

【例 4-2】　某企业要进行一项工程建设,施工组织设计基本完成以后,发现本企业现有的机械均不能满足要求,故需要做出是购买设备还是向机械出租站租赁的决策。表 4-2 的资料可供决策。试问该企业该如何决策。

表 4-2　　　　　　　　　　　　　　自购与租赁设备费用资料

方案	一次投资/元	年使用费/元	使用年限/年	残值/元	年复利率/%	年租金/元
自购	200000	38000	10	20000	10	—
租赁	—	21000	—	—	—	42000

【解】　自购机械年折算费用计算如下:

$$(200000－20000)×\{0.10(1＋0.10)^{10}/[(1＋0.10)^{10}－1]\}＋20000×0.10＋38000＝69925(元)$$

年租金及使用费用计算如下:

$$21000＋42000＝63000(元)$$

由于自购机械年折算费用比租赁机械的年支出费用要高出 6925 元,故不宜自购。

(二)机械设备租赁管理

1.内部租赁

内部租赁是指由施工企业所属的机械经营单位与施工单位之间的机械租赁。

2.社会租赁

社会租赁是指社会化的租赁企业对施工企业的机械租赁。

(三)机械设备使用管理

机械设备使用管理是机械设备管理的基本环节,只有正确合理地使用机械,才能减轻机械磨损,保持机械良好的性能。

项目经理部除了机械进场验收、安装等管理外,还应坚持实行操作制度,无证不准上岗。机械设备在使用中落实"三定"制度(即定机、定人、定岗位职责)。

(四)机械设备保养和维修管理

1.机械设备的磨损

机械设备的磨损包括磨合磨损、正常工作磨损、事故性磨损。

2.机械设备的保养

机械设备的保养内容有清洁、紧固、调整、润滑、防腐。

3.机械设备的修理

机械设备的修理方式有故障修理、定期修理、按需修理、综合修理、预知修理。

模块五　项目技术管理

一、项目技术管理基本制度

(一)图样审查制度

图样审查的步骤分为学习、初审、会审三个阶段。

(二)技术交底制度

技术交底有会议交底、书面交底、样板交底、岗位交底四种形式。

技术交底的内容包括图样交底、施工组织设计交底、设计变更交底、分项工程技术交底。

技术交底可分级、分阶段进行。各级交底除口头和文字交底外,必要时用图表、样板、示范操作等方法进行。

(三)技术核定制度

技术核定是指对重要的关键部位或影响全工程的技术对象进行复核,避免发生重大差错而影响工程的质量和使用。

(四)检验制度

建筑材料、构件、零配件和机械设备质量的优劣,将直接影响建筑工程质量。因此,必须加强检验工作,并健全试验检验机构,把好质量检验关。

(五)工程质量检查和验收制度

依据有关质量标准逐项检查操作质量,并根据施工项目特点分别对隐蔽工程、分项工程和竣工工程进行验收,逐环节地保证工程质量。

(六)科技情报制度

由于社会生产力不断发展,"四新"产品的不断推广应用,施工项目必须重视建筑技术发展的最新动态和情报信息,主要工作有:①建立信息机构;②积极开展信息网活动;③总结本单位科研成果及从外部收集的信息,及时提供给生产部门;④组织科技资料与信息的交流。

(七)技术档案管理制度

技术档案包括:①工程技术档案;②施工技术档案,主要包括施工组织设计和施工经验总结;③大型临时设施档案;④施工技术日志。

二、项目技术管理的计划、控制与考核

(一)技术管理计划

技术管理计划包括技术开发计划、设计技术计划、工艺技术计划。

(二)技术管理控制

1.技术开发管理

确立技术开发方向和方式,加大技术开发的投入,加大科技推广和转化力度,增大技术装备投入,强化应用计算机和网络技术,加强科技开发信息的管理。

2.新产品、新材料、新工艺的应用管理

新产品、新材料、新工艺应由权威的技术检验部门出具其技术性能鉴定书,制定出质量标准以及操作规程后,才能在工程上使用,加大推广力度。

3.施工组织设计管理

要进行充分调研,广泛发动技术人员、管理人员,制定措施,使施工组织设计符合实际,切实可行。

4.技术档案管理

资料收集做到及时、准确、完整,分类正确,传递及时,符合地方法规要求,无遗留问题。

5.测试仪器管理

组织建立计量、测量工作管理制度。

(三)技术管理考核

项目技术管理考核应包括对技术管理工作计划的执行,技术方案的实施,技术措施的实施,技术问题的处置,技术资料收集、整理和归档以及技术开发,新技术和新工艺应用等情况进行分析和评价。

模块六　项目资金管理

一、项目资金管理计划

(一)项目资金管理计划的编制

项目资金管理计划过程中最重要的步骤,就是项目投资目标的分解。根据投资控制目标和要求的不同,资金使用计划可以分为按投资构成分解的资金使用计划、按子项目分解的资金使用计划、按时间进度分解的资金使用计划三种类型。

(二)项目资金预测

1.项目资金收入预测

项目资金收入预测,应从收取预付款开始,每月按进度收取进度款,直到竣工验收合格办理竣工结算。

2.项目资金支出预测

项目资金的支出主要用于劳动对象和劳动资料的购买或租赁及劳动者工资的支付,再加上现场的管理费用等。

3.项目资金收入与支出对比

在做出了项目资金收入与资金支出的预测之后,可把两者画在坐标图上进行比较。

(三)项目资金管理计划的具体内容

1.项目资金流动计划

(1)资金支出计划。

承包商工程项目的支付计划包括人工费支付计划、材料费支付计划、机械设备使用费支付计划、分包工程款支付计划、现场管理费支付计划、其他费用计划。

(2)工程款收入计划。

承包商工程款收入计划,即业主工程款支付计划,它与工程进度和合同确定的付款方式有关,可以按月进度结算或是按工程形象进度结算,也可以在工程完工后一次性结算。

(3)现金流量计划。

在工程款支付计划和工程款收入计划的基础上可以得到工程的现金流量。现金流量可以通过图或表的形式反映出来,如现金流量图。

(4)项目融资计划。

由于工程款收入计划与工程款支付计划之间存在差异,如果出现负现金流量,则需要注入资金并确定注入资金的时间和数量、融资的方式。

2.财务用款计划

财务用款计划要注明用款部门、支出内容、金额等,还需企业相关部门审批。

二、项目资金管理控制

1.资金收入与支出管理

(1)资金收入与支出管理原则,包括:"以收定支"原则;制定资金使用计划原则。

(2)项目资金的收取,具体内容包括:新开工项目收取预付款,工程变更时计算索赔,按月编制进度款结算单,工程尾款应及时收取。

2.资金使用成本管理

组织应建立健全项目资金管理责任制。

(1)按用款计划控制资金使用,项目经理部各部门每次领用支票或现金,都要填写用款申请表,由项目经理部部门负责人控制该部门支出。

(2)设立财务台账,记录资金支出。

(3)加强财务核算,及时盘点盈亏。

3.资金风险管理

建设单位及施工企业应加强资金风险管理,尤其是垫资施工的项目,必要时可延缓施工。

情境五 进度管理

5 分钟看完
情境五

情境目标

1. 了解进度控制的概念、内容、措施和方法;
2. 掌握工程施工组织的方式;
3. 掌握流水施工参数的计算;
4. 掌握流水施工的组织方式;
5. 掌握网络计划的原理、绘制和时间参数计算;
6. 掌握双代号时标网络图的绘制和时间参数计算;
7. 掌握网络计划的优化和进度计划检查。

情境内容

1. 进度控制概述。
2. 工程施工组织方式。
3. 流水施工参数。
4. 流水施工组织方式。
5. 网络计划基本原理。
6. 双代号网络图绘制。
7. 双代号网络计划时间参数计算。
8. 双代号时标网络图绘制。
9. 网络计划的优化。
10. 网络图进度计划检查。

情境知识点和技能点

	知识单元		知识点
知识领域	基础知识单元	进度控制的基本概念和方法	相关概念、内容、措施和采用的方法
		工程施工组织的方式	依次施工、平行施工和流水施工的方法和优缺点
		流水施工的组织方式	不同流水施工方法参数的计算
		网络图的绘制和计算	普通网络图、时标网络图的绘制和计算方法
		网络计划的检查	检查的方法和适用情况
	核心知识单元	流水施工的组织	等节拍、异节拍不同的计算和组织方式
		网络进度计划的绘制	绘制的方法和检查方法及虚工作的使用
		网络进度计划的计算	工作计算法、节点计算法和标号法的计算
		网络进度计划的检查	前锋线法、列表法、S曲线、香蕉图、横道图的使用
	拓展知识单元	1.网络进度的优化； 2.网络进度计划的计算机绘制和计算方法； 3.网络进度计划在工程中的具体使用	

	技能单元		技能点
技能领域	核心技能单元	流水施工的组织及横道图绘制	1.查阅施工劳动定额； 2.查阅相关工种最小劳动组合人数要求； 3.查阅相关工种最小工作面要求； 4.依据工期倒排进度； 5.确定工人人数； 6.组织流水施工
		网络图绘制及时间参数计算	1.根据流水施工绘制双代号网络图； 2.在网络图上计算参数
	拓展技术单元	1.可以针对具体工程状况进行网络进度的优化； 2.利用计算机进行网络图的绘制和计算； 3.由横道图改画双代号网络图	

模块一　　进度控制概述

一、工程项目进度控制的概念

可视化进度
控制表

工程项目进度控制是指在工程项目各建设阶段编制进度计划,将该计划付诸实施,在实施的过程中经常检查实际进度是否按计划要求进行,如有偏差,则分析产生偏差的原因,采取补救措施或调整、修改原计划,直至工程竣工,交付使用。

二、影响工程项目进度的因素

1.人的干扰因素

影响项目进度的人的因素主要包括具体的施工人员和管理人员两大类。施工人员和管理人员的素质和能力将直接决定项目的进度。

2.材料、机具、设备干扰因素

材料、机具、设备因素主要表现在:材料、机具、设备等供应环节的差错,其品种、规格、质量、数量、时间等不能满足工程的需要;特殊材料及新材料的不合理使用;施工设备不配套,选型失当,安装有误、有故障等。

3.工程建设相关单位的影响

影响工程项目施工进度的单位不仅仅只是施工承包单位。事实上,只要是与工程建设有关的单位(如政府有关部门、资金贷款单位、设计单位、业主、物资供应单位以及运输、通信、供电等部门等),其工作进度的拖后必将对施工进度造成影响。因此,控制施工进度仅仅考虑施工承包单位是不够的,必须充分发挥监理的作用,协调各相关单位之间的进度关系。而对于那些无法进行协调控制的进度关系,在进度计划的安排中应留有足够的机动时间。

4.资金干扰因素

一般来说,资金的影响主要来自业主,或者是没有及时给足工程预付款,或者是拖欠了工程进度款,这些都会影响承包单位流动资金的周转,进而拖后施工进度。项目进度控制人员应根据业主的资金供应能力,安排好施工进度计划,并督促业主及时拨付工程预付款和工程进度款,以免因资金供应不足而拖延进度,导致工期索赔。

5.环境干扰因素

(1)社会环境的因素,主要表现在:临时停水、停电、断路,重大政治活动、社会活动、节假日,市容整顿,交通道路的限制等。

(2)自然环境因素,如复杂的地质工程条件,不明的水文气象条件,地下埋藏文物的保护、处理,洪水、地震、台风等不可抗力等。

三、工程项目进度控制的内容

1. 监理单位的进度控制

(1)在设计前的准备阶段,向建设单位提供有关工期的信息和咨询,协助其进行工期目标和进度控制决策。

(2)进行环境和施工现场调查和分析,编制项目进度规划和总进度计划,编制设计前准备工作详细计划并控制其执行。

(3)签发开工通知书。

(4)审核总承包单位、设计单位、分承包单位及供应单位的进度控制计划,并在其实施过程中通过履行监理职责,监督、检查、控制、协调各项进度计划的实施。

(5)通过核准、审批设计单位和施工单位的进度付款,对其进度实施动态间接控制。妥善处理和核批施工单位的进度索赔。

2. 设计单位的进度控制

(1)编制设计准备工作计划、设计总进度计划和各专业设计的出图计划,确定计划工作进度目标及其实施步骤。

(2)执行各类计划,在执行中加强检查,采取相应措施排除各种障碍,包括必要时对计划进行调整或修改,保证计划的实现。

(3)为施工单位的进度控制提供设计保证。

(4)接受监理单位的设计进度监理。

3. 施工单位的进度控制

(1)根据合同工期目标,编制施工准备工作计划、施工方案、项目施工总进度计划和单位工程施工进度计划。

(2)编制月(旬)作业计划和施工任务书,做好进度记录。

(3)采用实际进度与计划进度对比的方法,以定期检查为主,应急检查为辅,对进度实施跟踪控制,实行进度控制报告制度。

(4)监督并协助分包单位实施其承包范围内的进度控制。

(5)对项目及阶段进度控制目标的完成情况、进度控制中的经验和问题做出总结分析。

(6)接受监理单位的施工进度控制监理。

四、工程项目进度控制的措施

1. 组织措施

组织是目标能否实现的决定性因素,为实现项目的进度目标,应充分重视健全项目管理的组织体系。在项目组织结构中应有专门的工作部门和符合进度控制岗位资格的专人负责进度控制工作。

进度控制的主要工作环节包括分析和论证进度目标,编制进度计划,定期跟踪进度计划的执行情况,采取纠偏措施以及调整进度计划。

2. 管理措施

建设工程项目进度控制的管理措施涉及管理的思想、管理的方法、管理的手段、承发包模式、合同管理和风险管理等。

用工程网络计划的方法编制进度计划必须很严谨地分析和考虑工作之间的逻辑关系，通过工程网络的计算可发现关键工作和关键线路，也可知道非关键工作可使用的时差。工程网络计划的方法有利于实现进度控制的科学化。

承发包模式的选择直接关系工程实施的组织和协调。为了实现进度目标，应选择合理的合同结构，以避免出现过多的合同交界面而影响工程的进度。工程物资的采购模式对进度也有直接的影响，对此应做比较分析。

应重视信息技术（包括相应的软件、局域网、互联网以及数据处理设备）在进度控制中的应用。虽然信息技术对进度控制而言只是一种管理手段，但它的应用有利于提高进度信息处理的效率，有利于提高进度信息的透明度，有利于促进进度信息的交流和项目各参与方的协同工作。

3.经济措施

建设工程项目进度控制的经济措施涉及资金需求计划、资金供应的条件和经济激励措施等。为确保进度目标的实现，应编制与进度计划相适应的资源需求计划，包括资金需求计划和其他资源（人力和物力资源）需求计划，以反映工程实施各时段所需要的资源。资源需求分析，可发现所编制的进度计划实现的可能性。若资源条件不具备，则应调整进度计划。资金需求计划也是工程融资的重要依据。资金供应条件包括可能的资金总供应量、资金来源（自有资金和外来资金）以及资金供应的时间。在工程预算中应考虑加快工程进度所需要的资金，其中包括为实现进度目标将要采取的经济激励措施所需要的费用。

4.技术措施

建设工程项目进度控制的技术措施涉及对实现进度目标有利的设计技术和施工技术的选用。不同的设计理念、设计技术路线、设计方案会对工程进度产生不同的影响，在设计工作的前期，特别是在设计方案评审和选用时，应对设计技术与工程进度的关系做分析比较。当工程进度受阻时，应分析是否存在设计技术的影响因素，为实现进度目标有无设计变更的可能性。

施工方案对工程进度有直接的影响，在选用施工方案时，不仅应分析技术的先进性和经济的合理性，还应考虑其对进度的影响。当工程进度受阻时，应分析是否存在施工技术的影响因素，为实现进度目标有无改变施工技术、施工方法和施工机械的可能性。

五、工程项目进度计划系统

(一)概念

建设工程项目进度计划系统是由多个相互关联的进度计划组成的系统，它是项目进度控制的依据。由于各种进度计划编制所需要的必要资料是在项目进展过程中逐步形成的，因此项目进度计划系统的建立和完善也有一个过程，它是逐步形成的。

图 5-1 是一个建设工程项目进度计划系统的示例，这个计划系统有 4 个计划层次。

(二)分类

根据项目进度控制需要和用途的不同，业主方和项目各参与方可以构建多个不同的建设工程项目进度计划系统，如：①由多个相互关联的不同计划深度的进度计划组成的计划系

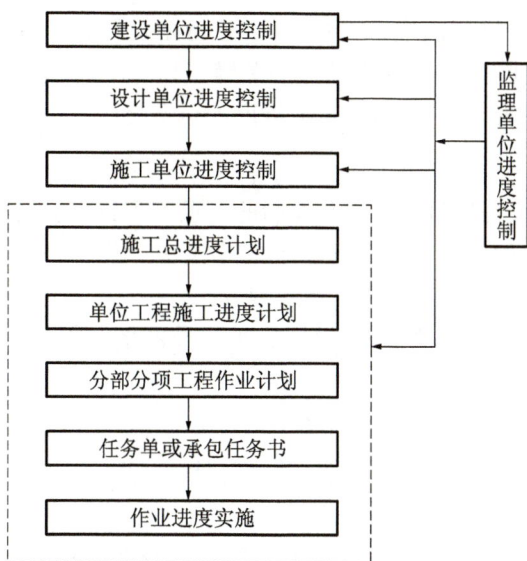

图 5-1　工程项目进度计划系统

统;②由多个相互关联的不同计划功能的进度计划组成的计划系统;③由
多个相互关联的不同项目参与方的进度计划组成的计划系统;④由多个相
互关联的不同计划周期的进度计划组成的计划系统。

(1)由不同深度的计划构成进度计划系统,包括:①总进度规划(计划);
②项目子系统进度规划(计划);③项目子系统中的单项工程进度计划等。

(2)由不同功能的计划构成进度计划系统,包括:①控制性进度规划
(计划);②指导性进度规划(计划);③实施性(操作性)进度计划等。

(3)由不同项目参与方的计划构成进度计划系统,包括:①业主方编制
的整个项目实施的进度计划;②设计进度计划;③施工和设备安装进度计
划;④采购和供货进度计划等。

(4)由不同周期的计划构成进度计划系统,包括:①5 年建设进度计
划;②年度、季度、月度和旬计划等。

在建设工程项目进度计划系统中,对各进度计划或各子系统进度计划
编制和调整时必须注意其相互间的联系和协调,如:总进度规划(计划)、项
目子系统进度规划(计划)与项目子系统中的单项工程进度计划之间的联
系和协调;控制性进度规划(计划)、指导性进度规划(计划)与实施性(操作
性)进度计划之间的联系和协调;业主方编制的整个项目实施的进度计划、
设计方编制的进度计划、施工和设备安装方编制的进度计划与采购和供货
方编制的进度计划之间的联系和协调等。

六、工程项目进度计划的编制方法

1.横道图

横道图进度计划是传统的进度计划编制方法,这种方法的表达方式较
直观,易于理解计划编制的意图。但是,横道图进度计划也存在一些问题,

横道图
工程实例

如工序(工作)之间的逻辑关系可以设法表达,但不易表达清楚;适用于手工编制计划;没有通过严谨的进度计划时间参数计算,不能确定计划的关键工作、关键路线与时差;计划调整只能用手工方式进行,其工作量较大;难以适应大的进度计划系统。

2.工程网络计划

工程网络计划技术是用于工程项目的计划与控制的一项管理技术。它是 20 世纪 50 年代末发展起来的,依其起源有关键路径法(CPM)与计划评审法(PERT)之分。网络计划技术术既是一种科学的计划方法,又是一种有效的生产管理方法。

常用的工程网络计划类型包括:双代号网络计划、单代号网络计划、双代号时标网络计划、单代号搭接网络计划。

模块二　工程施工组织方式

在组织多幢同类型房屋或将一幢房屋分成若干个施工区段进行施工时,可以采用依次施工、平行施工和流水施工三种组织施工方式。

一、依次施工的原理

依次施工也称为顺序施工,是将工程任务分解成若干个施工过程,按照一定的施工顺序,前一个施工过程完成后,后一个施工过程才开始施工;或前一个施工段完成后,后一个施工段才开始施工。它是一种最基本、最原始的施工组织方式,如图 5-2 所示。

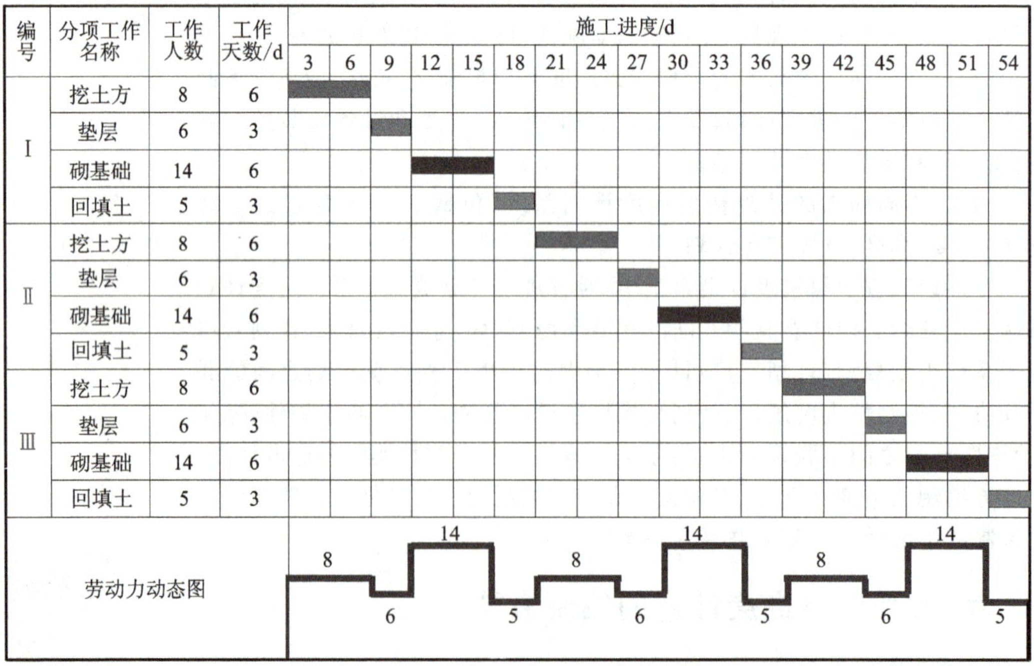

图 5-2　依次施工图示例

1. 优点

每天投入的劳动力较少,机具使用不集中,材料供应单一,便于管理。

2. 缺点

(1)没有充分地利用工作面去争取时间,所以工期较长;

(2)各队组施工及材料供应无法保持连续和均衡,工人有窝工现象;

(3)不利于改进工人的操作方法和施工机具使用效率,不利于提高工程质量和劳动生产率。

二、平行施工的原理

平行施工组织方式是将几个相同的施工过程,分别组织几个相同的工作队,在同一时间、不同的空间上平行进行施工,如图 5-3 所示。

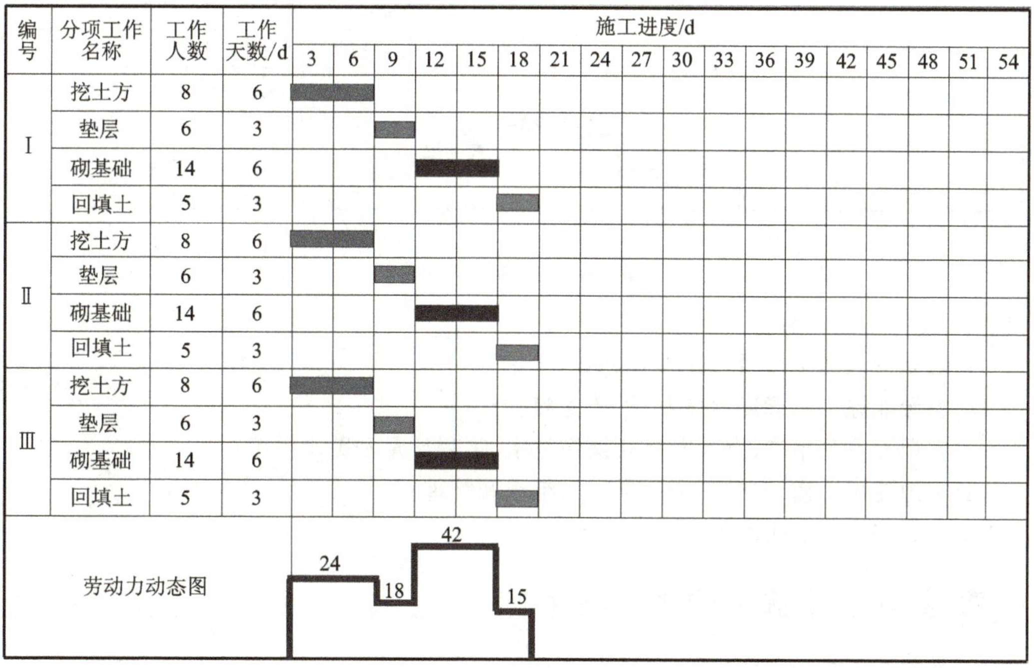

编号	分项工作名称	工作人数	工作天数/d	施工进度/d															
				3 6 9 12 15 18 21 24 27 30 33 36 39 42 45 48 51 54															
I	挖土方	8	6																
	垫层	6	3																
	砌基础	14	6																
	回填土	5	3																
II	挖土方	8	6																
	垫层	6	3																
	砌基础	14	6																
	回填土	5	3																
III	挖土方	8	6																
	垫层	6	3																
	砌基础	14	6																
	回填土	5	3																
劳动力动态图				24　18　42　15															

图 5-3　平行施工图示例

1. 优点

充分利用了工作面,完成任务的时间最短。

2. 缺点

(1)施工队组成倍增加,机具设备相应增加,材料供应集中;

(2)临设仓库增加,管理困难,成本增加。

三、流水施工的原理

流水施工是将拟建工程在竖直方向上划分施工层,在平面上划分施工段,然后按施工工艺的分解组建相应的专业施工队,按施工顺序的先后进行各施工层、施工段的施工,如图 5-4 所示。

编号	分项工作名称	工作人数	工作天数/d	施工进度/d
				3　6　9　12　15　18　21　24　27　30　33　36　39　42　45　48　51　54
Ⅰ	挖土方	8	6	
	垫层	6	3	
	砌基础	14	6	
	回填土	5	3	
Ⅱ	挖土方	8	6	
	垫层	6	3	
	砌基础	14	6	
	回填土	5	3	
Ⅲ	挖土方	8	6	
	垫层	6	3	
	砌基础	14	6	
	回填土	5	3	
	劳动力动态图			8　14　22　28　27　20　19　14　5

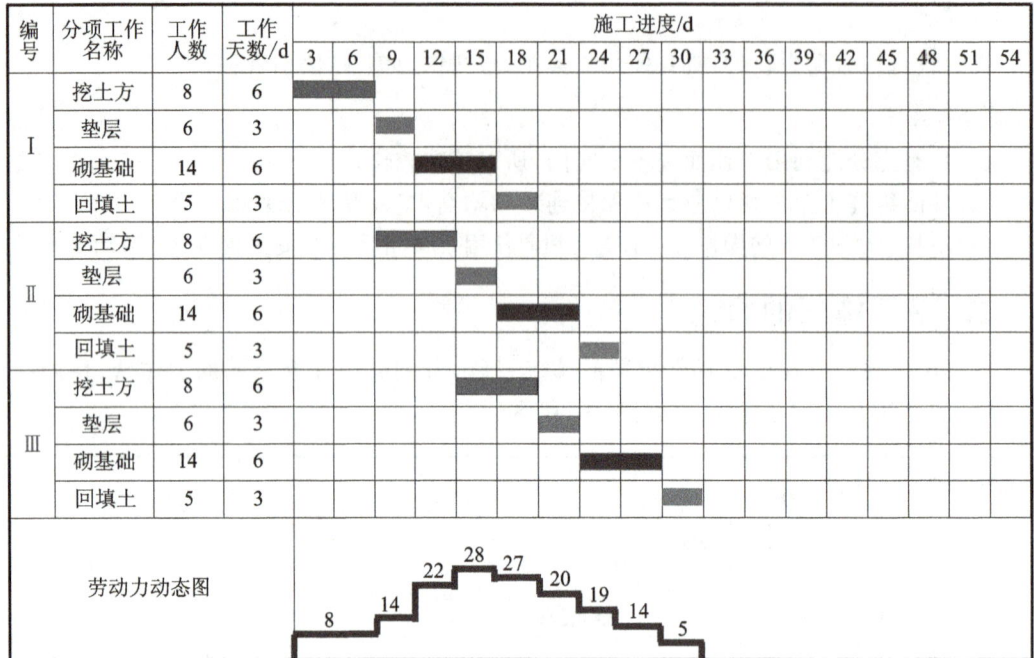

图 5-4　流水施工图示例

流水施工的特点有:

(1)既充分利用工作面,又缩短工期;

(2)各专业施工队能连续作业,不产生窝工;

(3)实现专业化生产,有利于提高操作技术、工程质量和劳动效率;

(4)资源使用均衡,有利于资源供应的组织和管理;

(5)有利于现场文明施工和科学管理。

四、组织流水施工的必要条件

(1)划分分部分项工程;

(2)划分施工段;

(3)每个施工过程组织独立的施工队组;

(4)主要的施工过程必须连续、均衡地施工;

(5)不同的施工过程尽可能地组织平行搭接施工。

模块三　流水施工参数

一、工艺参数

在组织流水施工时,用以表达流水施工在施工工艺上开展顺序及其特征的参数,称为工艺参数,包括施工过程数和流水强度。

1. 施工过程数(*n*)

施工过程数是指参与一组流水的施工过程数目。

一项工程施工由许多施工过程(分部、分项、工序)组成。施工过程的划分应按工程对象、施工方法及计划性质确定。

编制控制性施工进度计划时,流水施工的施工过程可粗一些,只列出分部工程;编制实施性施工进度计划时,施工过程应划分得细一些,将分部工程分解为分项工程乃至施工工序,以便指导施工。

$$\text{施工过程} \begin{cases} \text{制备类施工过程} \\ \text{运输类施工过程} \\ \text{安装砌筑类施工过程} \end{cases}$$

2. 流水强度(*V_i*)

流水强度是指某施工过程在单位时间内所完成的工程量,一般用V_i表示。

(1)机械施工过程的流水强度。

$$V_i = \sum_{i=1}^{x} R_i \cdot S_i$$

式中　R_i——投入施工过程i的某种施工机械台数;

　　　S_i——投入施工过程i的某种机械产量定额;

　　　x——投入施工过程i的施工机械种类数。

(2)人工过程的流水强度。

$$V_i = R_i \cdot S_i$$

式中　R_i——投入施工过程i的专业施工队人数;

　　　S_i——投入施工过程i的专业施工队平均产量定额;

　　　V_i——某施工过程i的人工操作流水强度。

二、空间参数

在组织流水施工时,用以表达流水施工在空间布置上所处状态的参数称为空间参数。主要包括:工作面、施工段数和施工层数。

1. 工作面

某专业工种的工人在从事建筑产品施工生产过程中,所必须具备的活动空间。

工作面的大小,表明能安排施工人数或机械台数的多少。工作面确定的合理与否,直接影响专业工作队的生产效率。

每个作业的工人或每台施工机械所需工作面的大小,取决于单位时间内其完成的工程量和安全施工的要求。

2. 施工段数

为了有效地组织流水施工,通常把拟建工程项目在平面上划分成若干个劳动量大致相等的施工段落,这些施工段落称为施工段(通常以m表示)。

(1)划分施工段的目的。

划分施工段的目的就是为了组织流水施工。

由于建设工程体形庞大,可以将其划分成若干个施工段,从而为组织流水施工提供足够的空间。在组织流水施工时,产生连续流动施工的效果。

在一般情况下,一个施工段在同一时间内只安排一个专业工作队施工,各专业工作队遵循施工工艺顺序依次投入作业,同一时间内在不同的施工段上平行施工,使流水施工均衡地进行。

组织流水施工时,可以划分足够数量的施工段,充分利用工作面,避免窝工,缩短工期。

(2)划分施工段的原则。

由于施工段内的施工任务由专业工作队依次完成,因而在两个施工段之间容易形成一个施工缝。同时,由于施工段数量的多少,将直接影响流水施工的效果。为使施工段划分得合理,一般应遵循下列原则:

①施工段的分界线应尽可能与结构界线(如沉降缝、伸缩缝等)相一致,或设在对建筑结构整体性影响小的部位;

②同一专业工作队在各个施工段上的劳动量应大致相等,相差幅度不宜超过 10%~15%;

③每个施工段内要有足够的工作面,使其所容纳的劳动力人数或机械台数,能满足合理劳动组织的要求;

④施工段的数目要满足合理组织流水施工的要求。

如果施工段数目过多,会降低施工速度,延长工期;而如果施工段过少,不利于充分利用工作面,可能造成窝工。

另外,对于多层或高层建筑物,施工段数(m)应大于或等于施工过程数(n)。

⑤对于多层建筑物、构筑物或需要分层施工的工程,既要划分施工段,又要划分施工层。

3. 施工层数

在组织流水施工时,为了满足专业工种对操作高度和施工工艺的要求,将拟建工程项目在竖向上划分为若干个操作层,这些操作层称为施工层。施工层一般以 r 表示。

施工层的划分,要按施工项目的具体情况,根据建筑物的高度、楼层来确定。如砌筑工程的施工层高度一般为 1.2m,室内抹灰、木装饰、油漆玻璃和水电安装等,可按楼层进行施工层划分。

三、时间参数

时间参数是指在组织流水施工时,用以表达流水施工在时间安排上所处状态的参数,主要包括流水节拍、流水步距、平行搭接时间、间歇时间和流水施工工期。

1. 流水节拍

流水节拍(t_i)是指某个专业施工队在一个施工段上工作的延续时间。流水节拍的大小可反映出流水施工速度的快慢、节奏感的强弱和资源消耗量的多少。按流水节拍的数值特征,流水施工可分为固定节拍(等节拍)专业流水施工、成倍节拍(异节拍)专业流水施工和分别(无节奏)流水施工三种。

(1)确定流水节拍应考虑的因素。

①工期:能有效保证或缩短计划工期。

②工作面:既能安置足够数量的操作工人或施工机械,又不降低劳动(机械)效率。

③资源供应能力:各施工段能投入的劳动力或施工机械台数、材料供应情况。

④劳动效率:能最大限度地发挥工人或机械的劳动(机械)效率。

（2）流水节拍的确定方法。

①经验估算法。

一般为了提高其准确程度，往往先估算出该流水节拍的最长、最短和最可能三种时间，然后求出期望时间，以此作为某施工队组在某施工段上的流水节拍。

$$t_i = \frac{a + 4c + b}{6}$$

式中　a——最短估算时间；

　　　b——最长估算时间；

　　　c——最可能估算时间。

这种方法多用于采用新工艺、新方法和新材料等没有定额可循的工程。

②定额计算法。

根据各施工段拟投入的资源能力确定流水节拍，按下式计算：

$$t_i = \frac{Q}{RS} = \frac{P}{R}$$

式中　Q——某施工段的工程量；

　　　R——专业队的人数或机械台数；

　　　S——产量定额，即工日或台班完成的工程量；

　　　P——某施工段所需的劳动量或机械台班量。

③工期倒排法。

对某些施工任务在规定日期内必须完成的工程项目，往往采用倒排进度法，即根据工期要求确定流水节拍 t_i，步骤如下：

a.倒排施工进度，根据工期倒排施工进度，确定主导施工过程的流水节拍，然后安排需要投入的相关资源。

b.确定流水节拍，若同一施工过程的流水节拍不等，则用估算法确定；若流水节拍相等，则按下式确定。

$$t_i = \frac{T}{m}$$

式中　t_i——流水节拍；

　　　T——某施工过程的工作持续时间；

　　　m——某施工过程划分的施工段数。

c.确定最小流水节拍，施工段数确定后，流水节拍大则工期较长，但流水节拍太小，实际上又受工作面或工艺要求的限制。这时就需要根据工作面的大小、操作工人或施工机械的最佳配置、工艺要求和劳动效率来综合确定最小流水节拍。

确定的流水节拍应取整数或半个工作日的整倍数。

（3）确定流水节拍应注意的事项：

①施工队组人数应符合该施工过程最小劳动组合人数。

②要考虑工作面的大小或某种条件的限制。

③要考虑各种机械台班的效率或机械台班产量的大小。

④要考虑各种材料、构配件等施工现场堆放量、供应能力及其他有关条件的限制。

⑤要考虑施工及技术条件的要求。

⑥确定一个分部工程各施工过程的流水节拍时，首先应考虑主要的、大量的施工过程的

节拍值,其次确定其他施工过程的节拍值。

⑦节拍值一般取整数,必要时可保留 0.5d(台班)的小数值。

2.流水步距

流水步距是指两个相邻的施工过程的施工队组相继进入同一施工段开始施工的最小时间间隔(不包括技术与组织间歇时间),用符号 $K_{i,i+1}$ 表示。一般说来,施工段确定后,流水步距越大,工期越长;流水步距越小,工期越短。流水步距的数值取决于参加流水施工的施工过程数或专业施工队数,流水步距的总数为 $n-1$。

确定流水步距的基本要求有:

①始终保持前、后两个施工过程合理的工艺顺序,尽可能地使施工时间相互搭接(即前一施工过程完成后,能尽早进入后一施工过程施工);

②保持各施工过程的连续作业,妥善处理间隙时间,避免发生停工、窝工;

③流水步距至少为一个或半个工作班。

3.平行搭接时间

后面的施工过程提前进入前一个施工过程的施工段,两者在同一施工段上平行搭接施工,这个搭接时间称为平行搭接时间,通常用 $C_{i,i+1}$ 表示。平行搭接施工的条件是有允许的工作面。

4.间歇时间

由于工艺要求或组织因素,流水施工中两个相邻的施工过程往往需考虑一定的流水间隙时间($Z_{i,i+1}$)。

工艺间隙时间 Z_1,如楼板混凝土浇筑后需一定的养护时间才能进行后道工序的施工;屋面找平层完成后需干燥后才能进行防水层的施工。

组织间隙时间 Z_2,如基坑持力层验槽、回填土前的隐蔽工程验收、装修开始前的主体结构验收或安全检查等。

工艺间隙时间和组织间隙时间在流水施工中,可与相应施工过程一并考虑,也可分别考虑。灵活运用工艺间隙和组织间隙的时间参数特点,对简化流水施工的组织有特殊的作用。

5.工期(T)

工期是指完成一项工程任务或一个流水组施工所需的时间。即从第一个专业施工队投入施工开始至最后一个专业施工队完成最后一段施工过程为止的整个持续时间。流水施工工期不是工程的总工期,但受总工期的制约,要确保总工期目标的实现。

$$T = \sum K_{i,i+1} + T_n + \sum Z_{i,i+1} - \sum C_{i,i+1}$$

模块四　流水施工组织方式

按照流水节拍的节奏特征,流水作业主要包括等节拍流水作业、异节拍流水作业和无节奏流水作业三种方式。

一、等节拍流水施工

1.等节拍流水施工的特征

(1)各施工过程在各施工段上的流水节拍彼此相等,即 $t_1 = t_2 = \cdots = t_n = t$(常数)。

(2)流水步距彼此相等,而且等于流水节拍值。$K_{1,2}=K_{2,3}=\cdots=K_{n-1,n}=K=t$(常数)。

(3)各专业工作队在各施工段上能够连续作业,施工段之间没有空闲时间。

(4)施工班组数(n_1)等于施工过程数(n)。

2.等节拍流水施工段数(m)的确定

(1)无层间关系时,施工段数(m)按划分施工段的基本要求确定即可。

(2)有层间关系时,为了保证连续施工,应使 $m \geqslant n$,此时,空闲数为 $m-n$,一个空闲施工段的时间为 t,则每层的空闲时间为

$$(m-n) \cdot t = (m-n) \cdot K$$

如一个楼层各施工过程间的技术、组织间歇时间之和为 $\sum Z_1$,楼层间技术组织间歇时间为 Z_2,则

$$(m-n) \cdot K = \sum Z_1 + Z_2$$

$$m = n + \frac{\sum Z_1}{K} + \frac{Z_2}{K}$$

3.流水施工工期计算

$$T = \sum K_{i,i+1} + T_n + \sum Z_{i,i+1} - \sum C_{i,i+1}$$

【例 5-1】　如表 5-1 所示,某工程划分 A、B、C、D 四个施工过程,每个施工过程分四个施工段,流水节拍均为 2d,组织等节拍流水施工,试计算工期。

表 5-1　　　　　　　　　　　　　流水节拍表

m ＼ n	一	二	三	四
A	2	2	2	2
B	2	2	2	2
C	2	2	2	2
D	2	2	2	2

【解】　(1)组织步骤:①确定施工顺序,分解施工过程;②确定项目施工起点流向,划分施工段;③根据等节拍流水施工要求,计算流水节拍数值;④确定流水步距,$K=t$;⑤计算流水施工的工期。

(2)工期计算:$T=(m+n-1) \times K=(4+4-1) \times 2=14$(d)。

根据以上信息绘制横道图,如图 5-5 所示。

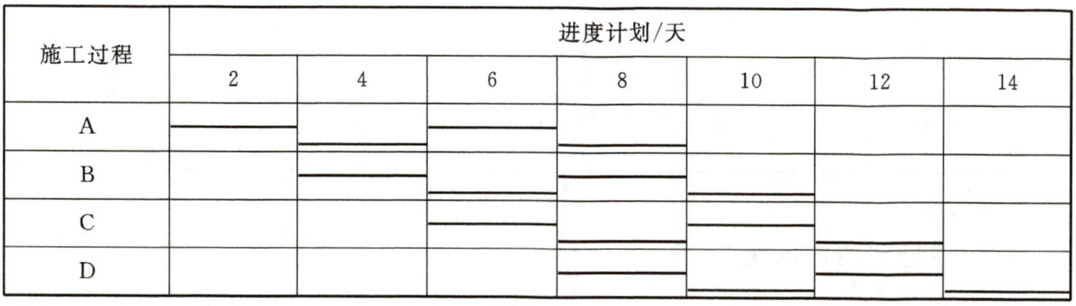

施工过程	进度计划/天						
	2	4	6	8	10	12	14
A							
B							
C							
D							

图 5-5

二、异节拍流水施工

异节拍流水施工是指同一施工过程在各施工段上的流水节拍都相等,但不同施工过程之间的流水节拍不完全相等的一种流水施工方式,分为一般异节拍流水施工和成倍节拍流水施工。

(一)一般异节拍流水施工

一般异节拍流水施工是指同一施工过程在各施工段上的流水节拍相等,不同施工过程之间的流水节拍不相等也不成倍数的一种流水施工方式。

【例 5-2】 如表 5-2 所示,某工程划分为 A、B、C、D 四个施工过程,分四个施工段组织流水施工,各施工过程的流水节拍分别为 $t_A=3$,$t_B=4$,$t_C=5$,$t_D=3$。试求该工程的工期。

表 5-2 流水节拍表

n / m	一	二	三	四
A	3	3	3	3
B	4	4	4	4
C	5	5	5	5
D	3	3	3	3

【解】 (1)组织步骤:①确定流水施工顺序,分解施工过程;②确定施工起点流向,划分施工段;③确定流水节拍;④确定流水步距;⑤确定计划总工期。

(2)工期计算。

流水步距

因为 $t_A < t_B$,所以 $K_{A,B} = t_A = 3d$

因为 $t_B < t_C$,所以 $K_{B,C} = t_B = 4d$

因为 $t_C < t_D$,所以 $K_{C,D} = m \times t_C - (m-1) \times t_D = 4 \times 5 - (4-1) \times 3 = 11(d)$

工期 $$T = \sum K + t_n = (3+4+11) + (4 \times 3) = 30(d)$$

根据以上信息绘制横道图,如图 5-6 所示。

图 5-6

(二)成倍节拍流水施工

成倍节拍流水施工是指同一施工过程在各个施工段上的流水节拍相等,不同施工过程的流水节拍之间存在整数倍关系的一种流水施工方式。

【例 5-3】　如表 5-3 所示,某项目有 A、B、C 三个施工过程组成,流水节拍分别是 $t_A=2$,$t_B=6$,$t_C=4$,试组织等步距的异节拍流水施工。

表 5-3　　　　　　　　　　　　　　　　流水节拍表

m ＼ n	一	二	三
A	2	2	2
B	6	6	6
C	4	4	4

【解】　(1)组织步骤:①确定流水施工顺序,分解施工过程;②确定施工起点流向,划分施工段;③确定流水节拍;④确定流水步距;⑤确定专业工作队数;⑥确定计划总工期。

(2)工期计算。

确定流水步距:$K=K_b=2$。

确定施工过程的施工队组数:

$$b_1=t_1\div K=2\div 2=1;\quad b_2=t_2\div K=6\div 2=3;\quad b_3=t_3\div K=4\div 2=2$$
$$n_1=1+2+3=6,\quad m=n_1=6$$

工期　　　　　　　　　　　$T=(6+6-1)\times 2=22(d)$

根据以上信息绘制横道图,如图 5-7 所示。

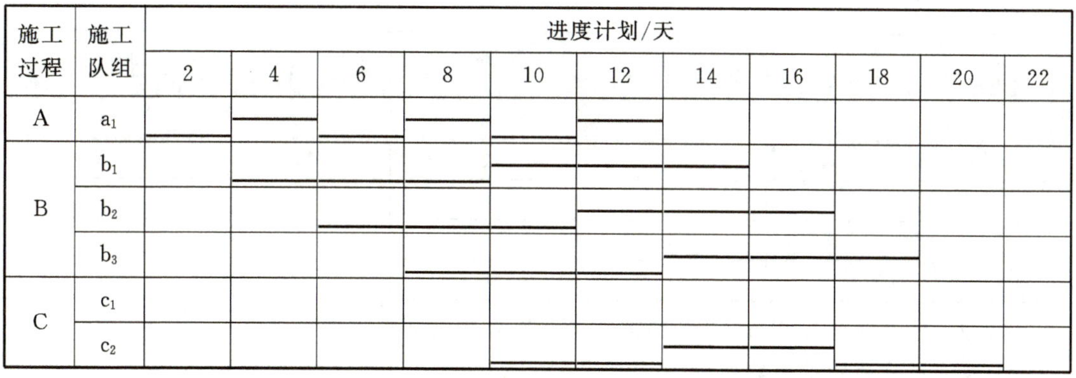

施工过程	施工队组	进度计划/天										
		2	4	6	8	10	12	14	16	18	20	22
A	a_1											
B	b_1											
	b_2											
	b_3											
C	c_1											
	c_2											

图 5-7

三、无节奏流水施工

无节奏流水施工是指同一施工工程在各个施工段上流水节拍不完全相等的一种流水施工方式。其实质是在保证施工工艺,满足施工顺序要求的前提下,按照一定的计算方法,确定相邻专业施工队组之间的流水步距,使其在开工时间上最大限度地、合理地搭接起来,形成每个专业施工队组都能连续作业的流水施工方式。它的使用比较普遍。

1.无节奏流水施工的特点

(1)每个施工过程在各个施工段上的流水节拍不尽相同;

(2)各个施工过程之间的流水步距不完全相等且差异较大;

(3)各专业施工队能够在施工段上连续作业,但有的施工段之间可能有空闲时间;

(4)专业施工队组数(n_1)等于施工过程数(n)。

2.流水步距的确定

无节奏流水施工的流水步距通常采用"累加数列法"确定。

3.施工方式的组织步骤

①确定施工起点流向,分解施工过程;

②确定施工顺序,划分施工段;

③按相应的公式计算各施工过程在各个施工段上的流水节拍;

④按一定的方法确定相邻两个专业施工队之间的流水步距;

⑤计算流水施工的计划工期;

⑥绘制流水施工进度表。

4.无节奏流水施工工期

(1)无节奏流水施工的工期可按下式确定。

$$T = \sum K_{i,i+1} + \sum t_n + \sum Z_{i,i+1} - \sum C_{i,i+1}$$

【例5-4】 某项目经理部拟承建一项工程,该工程有Ⅰ、Ⅱ、Ⅲ、Ⅳ、Ⅴ五个施工过程,施工时在平面上划分成四个施工段,每个施工过程在各个施工段上的流水节拍见表5-4,规定施工过程Ⅱ完成后,其相应施工段至少要养护2d;施工过程Ⅳ完成后,其相应施工段要留有1d的准备时间;为了尽早完成,允许施工过程Ⅰ与Ⅱ之间搭接施工1d。试编制流水施工方案。

表5-4 流水节拍表

施工过程＼施工段	①	②	③	④
Ⅰ	3	2	2	4
Ⅱ	1	3	5	3
Ⅲ	2	1	3	5
Ⅳ	4	2	3	3
Ⅴ	3	4	2	1

【解】 根据题设条件,该工程只能组织无节奏专业流水施工。

①求流水节拍的累加数列。

Ⅰ: 3 5 7 11

Ⅱ: 1 4 9 12

Ⅲ: 2 3 6 11

Ⅳ: 4 6 9 12

Ⅴ: 3 7 9 10

②确定流水步距。

$K_{1,2}$:

```
    3    5    7    11
—        1    4    9    12
───────────────────────────
    3    4    3    2   −12
```

所以

$$K_{1,2}=\max\{3,4,3,2,-12\}=4(d)$$

$K_{2,3}:$

$$
\begin{array}{ccccc}
 & 1 & 4 & 9 & 12 \\
- & & 2 & 3 & 6 & 11 \\
\hline
 & 1 & 2 & 6 & 6 & -11
\end{array}
$$

所以

$$K_{2,3}=\max\{1,2,6,6,-11\}=6(d)$$

同理：

$$K_{3,4}=\max\{2,-1,0,2,-12\}=2(d)$$

$$K_{4,5}=\max\{4,3,2,3,-10\}=4(d)　③确定计划工期。$$

$$Z_{2,3}=2d,\quad C_{4,5}=1d,\quad C_{1,2}=1d$$

$$T=\sum K_{j,j+1}+\sum t_i+\sum Z+\sum G-\sum C$$
$$=(4+6+2+4)+(3+4+2+1)+2+1-1$$
$$=28(d)$$

根据以上信息绘制横道图，如图5-8所示。

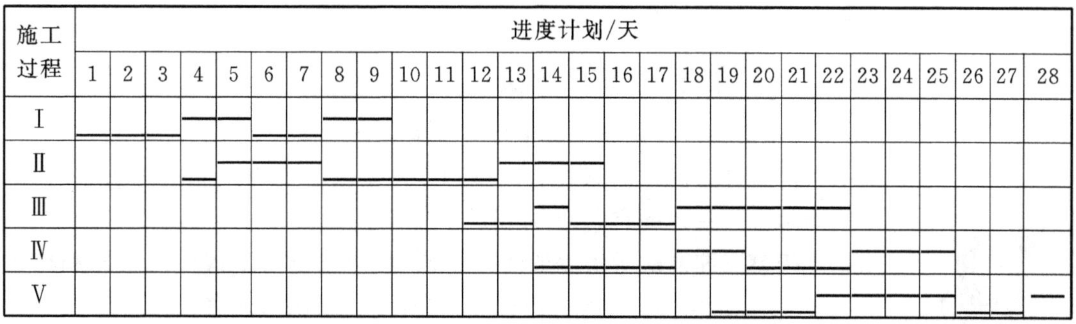

施工过程	进度计划/天																											
	1	2	3	4	5	6	7	8	9	10	11	12	13	14	15	16	17	18	19	20	21	22	23	24	25	26	27	28
Ⅰ																												
Ⅱ																												
Ⅲ																												
Ⅳ																												
Ⅴ																												

图5-8

（2）无节奏流水施工特点。

节拍特征：同一施工过程在各施工段上流水节拍不一定相等。

步距求解："逐段累加，错位相减、差之取大"。

无节奏流水施工不像等节拍流水施工和异节拍流水施工那样有一定的约束，在进度安排上比较灵活、自由，适用于各种不同结构性质和规模的工程施工组织，实际应用比较广泛。

无节奏流水施工不像等节拍流水施工和异节拍流水施工那样受到一定的约束，在进度安排上比较灵活、自由，适用于各种不同结构性质和规模的工程施工组织，实际应用比较广泛。

在上述各种流水施工的基本方法中，等节拍流水施工和异节拍流水施工通常在一个分部或分项工程中，组织流水施工比较容易做到，即比较适用于组织专业流水施工或细部流水施工。但对一个单位工程，特别是一个大型的建筑群来说，要求所划分的各分部、分项工程采用相同的流水参数组织流水施工往往十分困难，也不容易达到。因此，到底采用哪一种流水施工的组织形式，除要分析流水节拍的特点外，还要考虑工期要求和项目经理部自身的具体施工条件。

任何一种流水施工组织形式，仅仅是一种组织管理手段，其最终目的是要实现企业目标，即工程质量好、工期短、成本低、效益高和安全施工。

模块五　网络计划基本原理

网络计划技术是一种有效的系统分析和优化技术。它来源于工程技术和管理实践,在保证和缩短时间、降低成本、提高效率、节约资源等方面成效显著。

应用网络技术编制土木工程施工进度计划,能正确表达计划中各项工作开展的先后顺序及相互关系;能确定各项工作的开始时间和结束时间,并找出关键工作和关键线路;通过网络计划的优化可寻求最优方案;在施工过程中进行网络计划的有效控制和调整,可以最小的资源消耗获得最大的经济效益和最理想的工期。

网络计划技术发展至今,已形成关键线路法(CPM)、计划评审技术(PERT)、图示评审技术(GERT)、决策关键路径法(DCPM)和风险评定技术(VERT)等很多种类。其中,关键线路法是工程建设施工管理运用最多的网络计划技术。

一、网络计划的分类

(1)双代号网络计划和单代号网络计划。

网络计划的表达形式是网络图。网络图是由箭线和节点组织的,用来表示工作流程的有向、有序的网状图形。

按节点和箭线所表示的含义不同,网络图分为双代号网络图和单代号网络图两大类。

①双代号网络图。

以箭线及其两端节点的编号表示工作的网络图称为双代号网络图,即用两个节点和一根箭线代表一项工作,工作名称写在箭线的

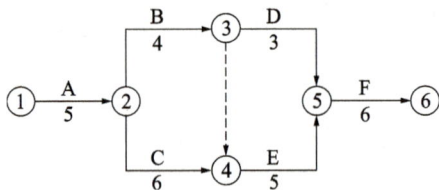

双代号网络图

图 5-9　双代号网络图

上方,工作持续的时间写在箭线的下方,并在节点内编号,如图 5-9 所示。

②单代号网络图。

以节点及其编号表示工作,以箭线表示工作之间的逻辑关系的网络图称为单代号网络图,即每一个节点表示一项工作,节点所表示的工作名称、持续时间和工作代号等标注在节点内,如图 5-10 所示。

(2)按网络计划目标分类:有单目标(最终只有一个目标)网络计划和多目标(最终有多个目标)网络计划。

(3)按网络计划层次分类:有局部网络计划、单位网络计划和综合网络计划。

(4)按网络计划时间表达方式分类:有时标网络计划和非时标网络计划。

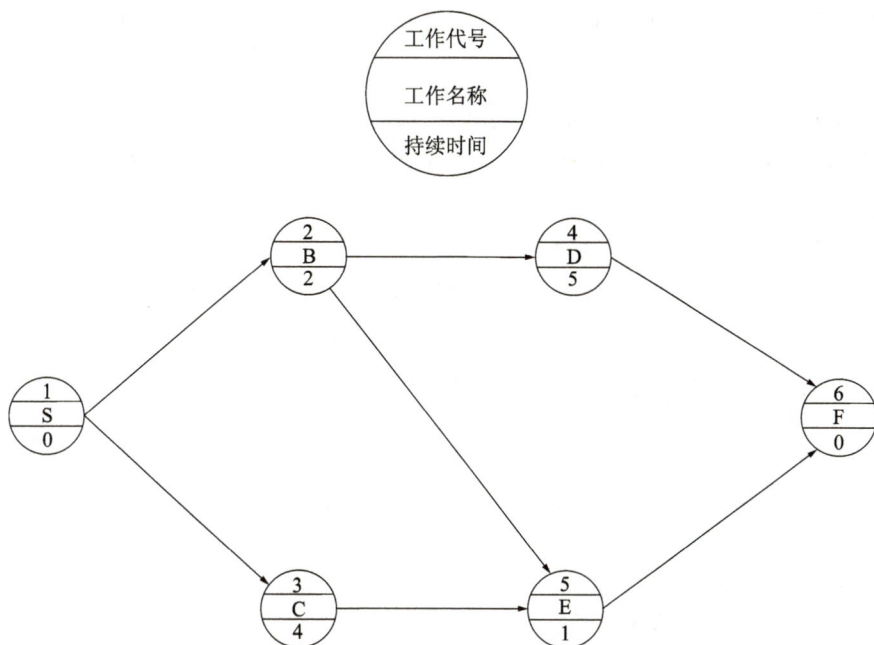

图 5-10　单代号网络图

二、基本符号

(一)双代号网络图的基本符号

双代号网络图的基本符号有箭线、节点和节点编号。

1.箭线

箭线是指网络图中一端带箭头的实箭线。箭线表达的内容有:

(1)表示一项工作或一个施工过程。可以是一个简单的施工过程,如挖土、垫层等;也可以是一项复杂的工程任务,应依网络计划的性质而定。

(2)表示一项工作所消耗的时间和资源,分别标注在箭线的下方和上方,但有的工作不消耗资源只消耗时间,如混凝土养护、涂料等的干燥。

(3)箭线的长短在有时标网络图中应与时间坐标的长短相对应,而在无时标网络图中并没有规定,但应符合绘图的规定。

(4)箭线方向表示工作进行的方向和前进的路线,箭尾表示工作的开始,箭头表示工作的结束。

(5)箭线可以画成直线、折线或斜线,一般不画垂直线。

2.节点

网络图中箭线端部的圆圈或其他形状的封闭图形就是节点。双代号网络图中,它表示工作之间的逻辑关系,表达的内容有:

(1)节点表示前面工作的结束和后面工作开始的瞬间,所以节点不需要消耗时间和资源;

(2)箭线的箭尾节点表示工作的开始,箭线的箭头节点表示工作的结束;

(3)根据节点在网络图中的位置不同可分为起点节点、终点节点和中间节点。

3.节点编号

(1)节点编号必须满足两条基本规则：第一，箭头节点编号大于箭尾节点编号，应先编箭尾号后编箭头号；第二，在一个网络图中，所有节点编号都不能重复，可按顺序编号，也可不按顺序编号。

(2)节点的编号方法有两种：即水平编号法和垂直编号法。水平编号法是从起点节点开始由上到下逐行编号，每行则自左向右按顺序编号。垂直编号法是从起点节点开始自左向右逐列编号，每列则根据编号规则的要求进行编号。

(二)单代号网络图的基本符号

单代号网络图的基本符号有箭线、节点和节点编号。

(1)箭线：表示紧邻工作之间的逻辑关系。其可画成直线、折线或斜线，箭线水平投影应自左向右绘制。

(2)节点：表示一项工作。

(3)节点编号：同双代号网络图。

三、工作

(1)紧前工作：紧排在本工作之前的工作称为本工作的紧前工作。在双代号网络图中，本工作和紧前工作之间可能有虚工作。

(2)紧后工作：紧排在本工作之后的工作称为本工作的紧后工作。在双代号网络图中，本工作和紧后工作之间可能有虚工作。

(3)平行工作：可与本工作同时进行的工作称为本工作的平行工作。

四、箭线

(1)内向箭线：指向某个节点的箭线称为该节点的内向箭线。

(2)外向箭线：从某节点引出的箭线称为该节点的外向箭线。

五、逻辑关系

工作之间相互制约或相互依赖的关系称为逻辑关系。工作之间的逻辑关系包括工艺关系和组织关系。

(1)工艺关系：指生产工艺上客观存在的先后顺序关系，或是非生产性工作之间由工作程序决定的先后顺序关系。例如，建筑工程施工时，先做基础，后做主体；先做结构，后做装修。这些顺序是不能随意改变的。

(2)组织关系：指在不违反工艺关系的前提下，人为安排工作的先后顺序关系，如建筑群中各建筑物开工的先后顺序，施工对象的分段流水作业等。这些顺序可以根据具体情况，按安全、经济、高效的原则统筹安排。

无论是工艺关系还是组织关系，在网络图中均表现为工作进行的先后顺序。

六、虚工作及其应用

1. 定义

虚工作是指双代号网络图中,只表示前后相邻工作之间的逻辑关系,既不占用时间也不占用资源的虚拟工作。虚工作用虚箭线表示,其可以垂直向上或向下,也可水平向右。

2. 作用

虚工作有联系、区分、断路三个作用。

(1)联系作用:它不但能表达工作间的逻辑连接关系,而且能表达不同栋号的房屋之间的相互联系。

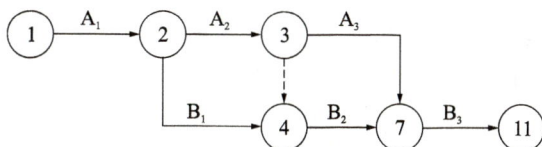

图 5-11　双代号网络图

如图 5-11 所示,图中引入虚箭线,B_2 工作的开始将受到 A_2 和 B_1 两项工作的制约。

(2)区分作用:必须用不同的两个代号表示一个工作,否则不能正确表达工作,如图 5-12 所示。

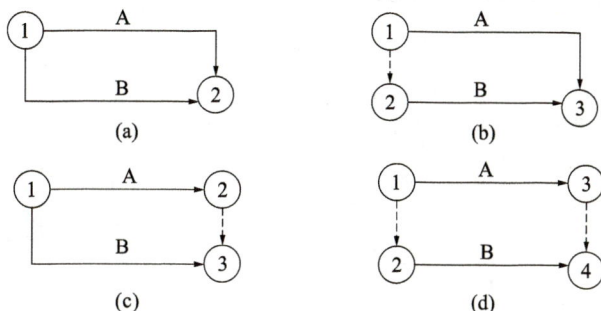

图 5-12　起区分作用的虚工作

(a)错误;(b)正确;(c)正确;(d)多余虚工作

(3)断路作用:将没有关系的工作同虚工作断开。因此为了正确表达工作间的逻辑关系,在出现逻辑错误的节点之间增设新节点(虚工作),切断毫无关系的工作之间的联系,这种方法叫作断路法。因此要正确应用虚工作,"以必不可少为限"。

图 5-13 所示为某基础工程挖基槽(A)、垫层(B)、基础(C)、回填土(D)四项工作的流水施工网络图。

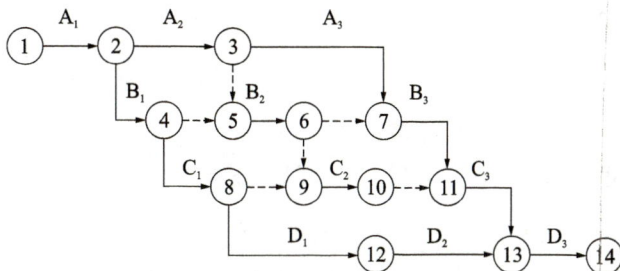

图 5-13　某基础工程双代号网络图

七、线路、关键线路、关键工作

1.线路

网络图中从起点节点开始,沿箭头方向顺序通过一系列箭线与节点,最后达到终点节点的通路叫作线路。一般网络图中有多条线路,各工作的持续时间之和为线路长度。

2.关键线路和关键工作

线路上总的工作持续时间最长的线路称为关键线路。一般一个网络图中至少有一条关键线路,它在一定条件下可以变为非关键线路。非关键线路都有若干机动时间(即时差),它意味着工作完成日期允许适当变动而不影响工期。时差的意义在于可以使非关键工作在时差允许范围内放慢施工进度,将部分人、财、物转移到关键工作上去,以加快关键工作的进度,或者在时差允许的范围内改变工作的开始和结束时间,以达到均衡施工的目的。

关键线路宜用粗箭线、双箭线或彩色箭线标注。

模块六 双代号网络图绘制

一、双代号网络图的绘制规则

(1)双代号网络图必须正确表达已定的逻辑关系。

①A、B两项工作依次进行(图5-14);

②A、B、C三项工作同时开始(图5-15);

图5-14 网络图中的表示方法(一)

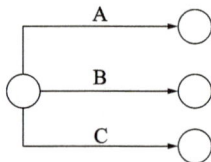

图5-15   网络图中的表示方法(二)

③A、B、C三项工作同时结束(图5-16);

④A、B、C三项工作,A完成后B、C开始(图5-17);

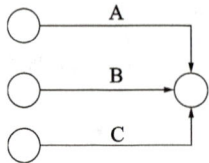

图5-16   网络图中的表示方法(三)

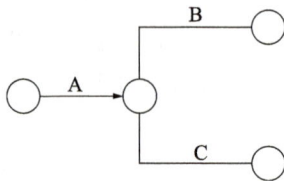

图5-17   网络图中的表示方法(四)

⑤A、B、C三项工作,A、B完成后C开始(图5-18);

⑥A、B、C、D四项工作,A、B完成后C、D开始(图5-19);

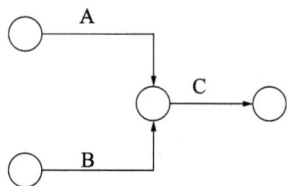

图 5-18 网络图中的表示方法(五)

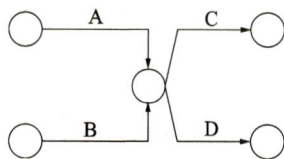

图 5-19 网络图中的表示方法(六)

⑦A、B、C、D 四项工作,A 完成后 C 开始,A、B 完成后 D 开始(图 5-20);

⑧A、B、C、D、E 五项工作,A、B 完成后 D 开始,B、C 完成后 E 开始(图 5-21);

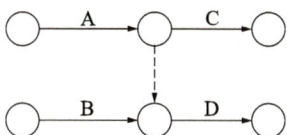

图 5-20 网络图中的表示方法(七)

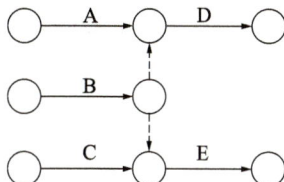

图 5-21 网络图中的表示方法(八)

⑨A、B、C、D、E 五项工作,A、B、C 完成后 D 开始,B、C 完成后 E 开始(图 5-22);

⑩A、B 两项工作分三个施工段,流水施工(图 5-23)。

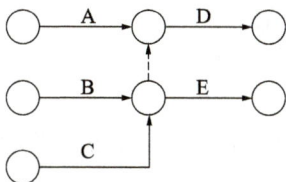

图 5-22 网络图中的表示方法(九)

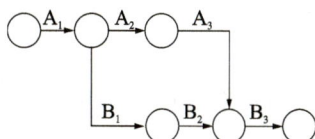

图 5-23 网络图中的表示方法(十)

(2)双代号网络图中严禁出现循环回路,如图 5-24 所示。

(3)双代号网络图中,在节点之间严禁出现带双向箭头或无箭头的连线,如图 5-25 所示。

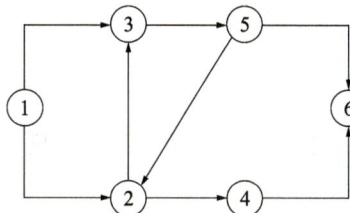

图 5-24 网络图中的循环回路错误

图 5-25 网络图中双向箭头和无箭头连接错误

(4)双代号网络图中,严禁出现没有箭头节点或没有箭尾节点的箭线,如图 5-26 所示。

(5)箭线应以水平线为主,竖线和斜线为辅,不应画成曲线。箭线宜保持自左向右的方向,不宜出现箭头指向左方的水平箭线或箭头偏向左方的斜向箭线,如图 5-27 所示。

(6)双代号网络图中,一项工作有唯一的一条箭线和相应的一对节点编号,严禁在箭线上引出或引入箭线。当网络图的某些节点有多条外向箭线或多条内向箭线时,可用母线法绘制(图 5-28)。

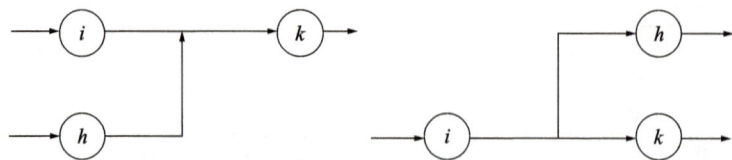

图 5-26 网络图中无箭头节点和无箭尾节点箭线错误

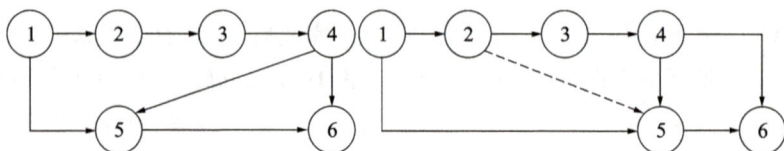

图 5-27 网络图出现向左或者偏向左的箭线错误

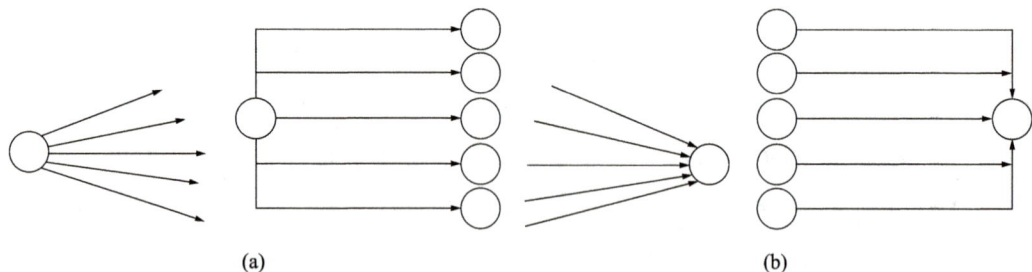

(a)　　　　　　　　　　　　(b)

图 5-28 母线法

(7)绘制网络图时,尽可能在构图时避免交叉,否则用过桥法或指向法处理,如图 5-29 所示。

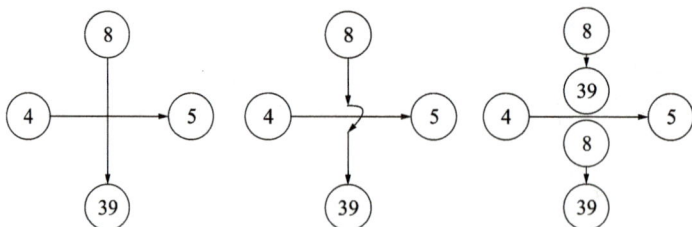

图 5-29 网络图中箭线交叉的处理

(8)双代号网络图中只允许有一个起点节点;不是分期完成任务的网络图中,只允许有一个终点节点(图 5-30)。

(9)网络图中,不允许出现编号相同的节点或工作(图 5-31)。

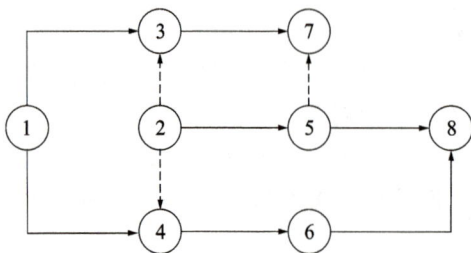

图 5-30 一个起始节点和一个终点节点

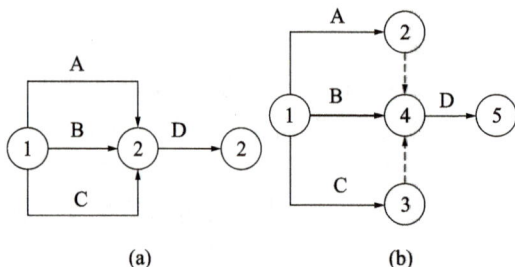

图 5-31 网络图中编号不能相同

(a)错误;(b)正确

（10）正确应用虚箭线,力求减少不必要的虚箭线(图 5-32)。

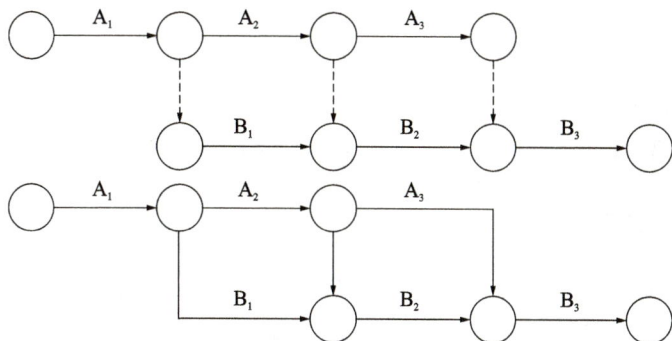

图 5-32　网络图中出现多余虚箭线错误

二、双代号网络图的绘制

(一)绘制步骤

(1)收集整理有关资料;

(2)绘制草图;

(3)检查逻辑关系是否正确,是否符合绘图规则;

(4)整理、完善网络图,使其条理清楚、层次分明;

(5)对节点进行编号。

【例 5-5】　根据表 5-5 的逻辑关系,绘制双代号网络图。

表 5-5　　　　　　　　　　　　某工程工作之间的逻辑关系表

工作名称	A	B	C	D	E	F
紧前工作	—	A	A	B	B、C	D、E

【解】　双代号网络如图 5-33 所示。

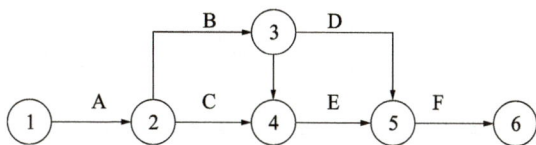

图 5-33　某工程工作双代号网络图

(二)绘图方法和技巧

(1)绘制没有紧前工作的工作,使它们具有相同的开始节点,即起始节点。

(2)绘制没有紧后工作的工作,使它们具有相同的结束节点,即终点节点。

(3)当所绘制的工作只有一个紧前工作时,将该工作直接画在其紧前工作的结束节点之后。

(4)当所绘制的工作有多个紧前工作时,按以下四种情况分别考虑:

①如果在其紧前工作中存在一项只作为本工作紧前工作的工作,则将本工作直接画在该紧前工作结束节点之后;

②如果在其紧前工作中存在多项只作为本工作紧前工作的工作,则先将这些紧前工作的结束节点合并,再从合并后的节点开始,画出本工作;

③如果其所有紧前工作都同时作为其他工作的紧前工作,则先将它们的完成节点合并,再从合并后的节点开始,画出本工作;

④如果不存在上述①、②、③情况,则将本工作箭线单独画在其紧前工作箭线之后的中部,然后用虚工作将紧前工作与本工作相连。

【例 5-6】 根据表 5-6 的逻辑关系,绘制双代号网络图。

表 5-6 某工程工作之间的逻辑关系表

工作名称	A	B	C	D	E	F	G	H	I
紧前工作	—	A	A	B	B、C	C	D、E	E、F	H、G
紧后工作	B、C	D、E	E、F	G	G	H	I	I	—

【解】 双代号网络图如图 5-34 所示。

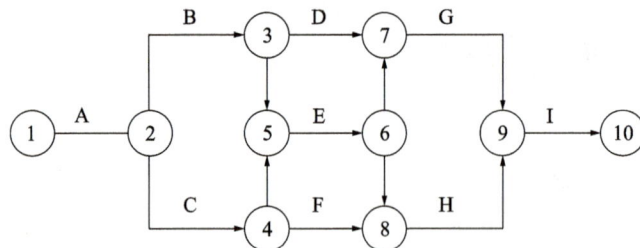

图 5-34 某工程工作双代号网络图

(三)双代号网络图排列方式

(1)按施工过程排列(图 5-35)。

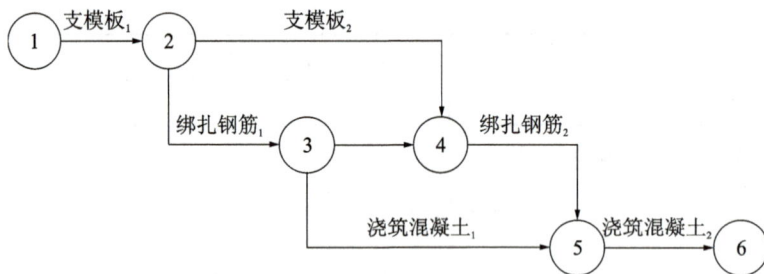

图 5-35 双代号网络图(按施工过程排列)

(2)按施工段排列(图 5-36)。

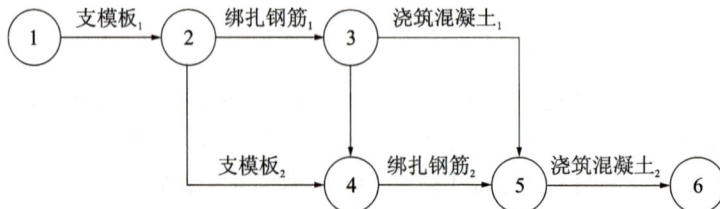

图 5-36 双代号网络图(按施工段排列)

(3)按楼层排列(图 5-37)。

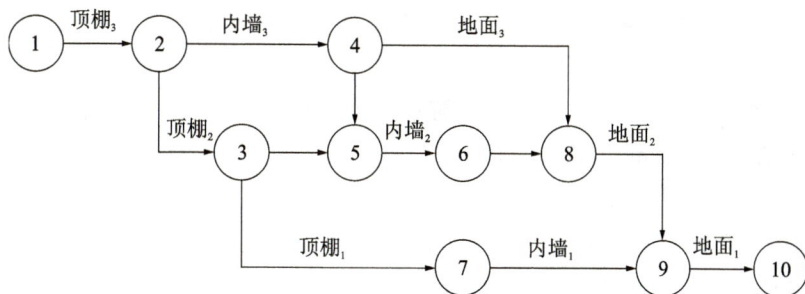

图 5-37 双代号网络图(按楼层排列)

模块七 双代号网络计划时间参数计算

一、网络计划的时间参数及符号

网络计划的时间参数及符号见表 5-7。

表 5-7　　　　　　　　　　　　网络计划的时间参数及符号

参数	名称	符号	英文单词
工期	计算工期	T_c	Computer Time
	要求工期	T_r	Require Time
	计划工期	T_p	Plan Time
工作的时间参数	持续时间	D_{i-j}	Day
	最早开始时间	ES_{i-j}	Earliest Starting Time
	最早完成时间	EF_{i-j}	Earliest Finishing Time
	最迟完成时间	LF_{i-j}	Latest Finishing Time
	最迟开始时间	LS_{i-j}	Latest Starting Time
	总时差	TF_{i-j}	Total Float Time
	自由时差	FF_{i-j}	Free Float Time
节点的时间参数	最早时间	ET_i	Earliest Time
	最迟时间	LT_i	Latest Time

二、时间参数计算方法

(一)工作计算法

1.工作的最早开始时间 ES_{i-j}

最早开始时间是指各紧前工作全部完成后,本工作可能开始的最早时刻。

(1)起始工作的最早开始时间,如无规定,定为 0;

(2)其他工作的最早开始时间按"顺箭头相加,箭头相碰取大值"计算。

2.工作的最早完成时间 EF_{i-j}

最早完成时间是指各紧前工作全部完成后,本工作可能完成的最早时刻。

(1)$EF_{i-j}=ES_{i-j}+D_{i-j}$;

(2)计算工期 T_c 等于一个网络计划关键线路所花的时间,即网络计划结束工作最早完成时间的最大值,即 $T_c=\max\{EF_{i-n}\}$;

(3)当网络计划未规定要求工期 T_r 时,$T_p=T_c$;

(4)当规定了要求工期 T_r 时,$T_c\leqslant T_p$,$T_p\leqslant T_r$。

3.工作的最迟完成时间 LF_{i-j}

最迟完成时间是指在不影响计划工期的前提下,该工作最迟必须完成的时刻。

(1)结束工作的最迟完成时间 $LF_{i-j}=T_p$;

(2)其他工作的最迟完成时间按"逆箭头相减,箭尾相碰取小值"计算。

4.工作的最迟开始时间 LS_{i-j}

最迟开始时间是指在不影响计划工期的前提下,该工作最迟必须开始的时刻。

$$LS_{i-j}=LF_{i-j}-D_{i-j}$$

5.工作的总时差 TF_{i-j}

总时差是指在不影响计划工期的前提下,该工作存在的机动时间。

$$TF_{i-j}=LS_{i-j}-ES_{i-j}$$

或

$$TF_{i-j}=LF_{i-j}-EF_{i-j}$$

6.自由时差 FF_{i-j}

自由时差是指在不影响紧后工作最早开始时间的前提下,该工作存在的机动时间。

$$FF_{i-j}=ES_{j-k}-EF_{i-j}$$

【例 5-7】 根据表 5-8 中的逻辑关系,绘制双代号网络图,并采用工作计算法计算各工作的时间参数。

表 5-8 某工程工作之间的逻辑关系表

工作名称	A	B	C	D	E	F	G	H	I
紧前工作	—	A	A	B	B、C	C	D、E	E、F	H、G
时间	3	3	3	8	5	4	4	2	2

【解】 双代号网络图如图 5-38 所示。

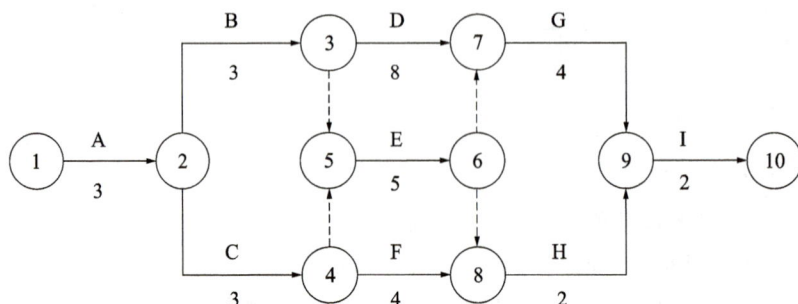

图 5-38 某工程工作双代号网络图

按工作计算法计算工作时间参数的标准方式如图 5-39 所示。双代号网络图工作计算
如图 5-40～图 5-42 所示。

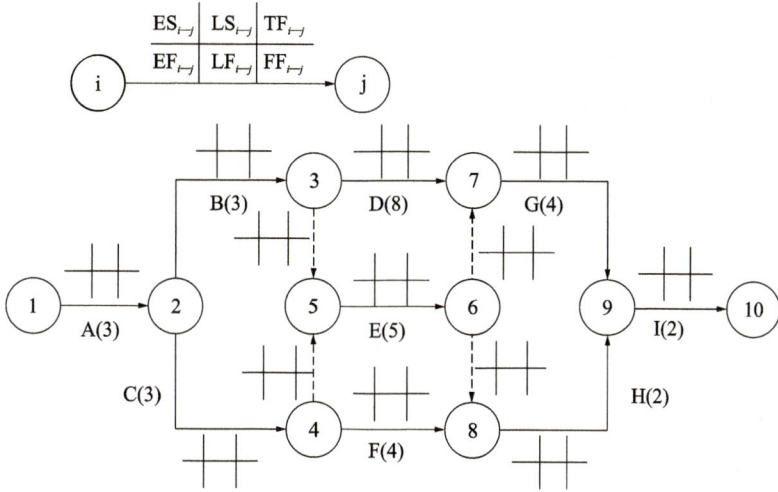

图 5-39 按工作计算法计算工作时间参数的标注方式

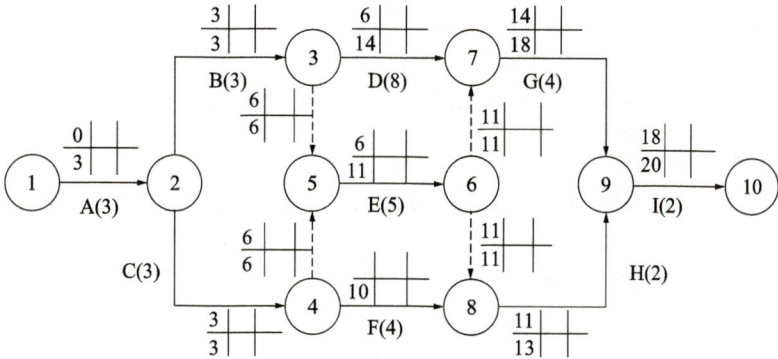

图 5-40 双代号网络图工作计算(一)

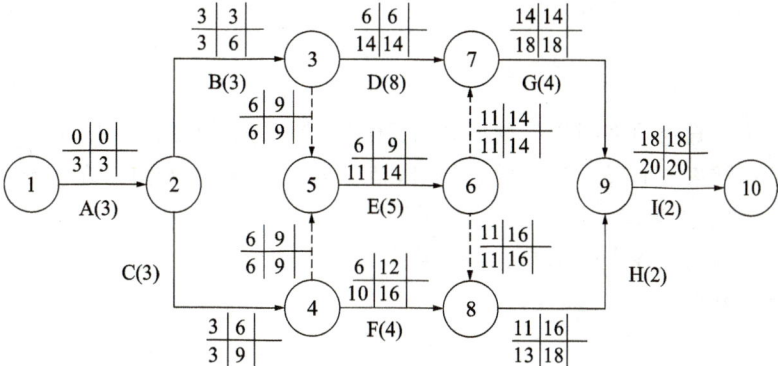

图 5-41 双代号网络图工作计算(二)

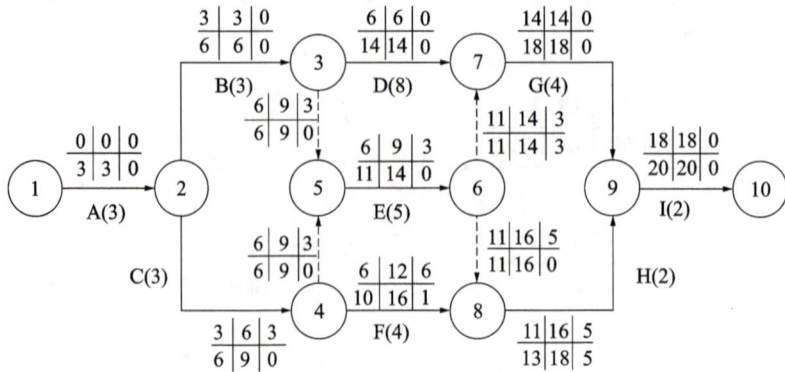

图 5-42　双代号网络图工作计算(三)

(二)节点计算法

1.节点最早时间 ET_i

节点最早时间是指该节点前面工作全部完成后,以该节点为开始节点的各项工作的最早开始时刻。

(1)起始节点的最早时间,如无规定,定为 0;

(2)其他节点的最早时间按"顺箭头相加,箭头相碰取大值"计算。

计算工期 $T_c = ET_n$,当网络计划未规定要求工期 T_r 时,$T_p = T_c$。

2.节点最迟时间 LT_i

节点最迟时间是指在不影响计划工期的情况下,以该节点为完成节点的各项工作的最迟完成时刻。

(1)终点节点的最迟完成时间 $LT_n = T_p = T_c$;

(2)其他节点的最迟时间按"逆箭头相减,箭尾相碰取小值"计算。

【例 5-8】 条件同例 5-7,请采用节点计算法计算各工作的时间参数。

【解】 按节点计算法计算工作时间参数的标注方式如图 5-43 所示。双代号网络图节点计算如图 5-44、图 5-45 所示。

(三)标号法

标号法可快速确定网络图的节点早时间、计算工期及关键线路。

标号法是在网络图的每一节点设一括号,括号内进行双标号标注,左边标号为"源节点号",右边标号为"节点早时间",如图 5-46 所示。

(1)从左往右,确定各个节点的节点标号值。

网络图起始节点记为"0",即:

$$b_1 = 0$$

其他节点的节点标号值按各项紧前工作的开始节点 h 的节点标号值与其对应的持续时间之和的最大值确定,即:

$$b_i = \max\{b_h + D_{h_i}\}$$

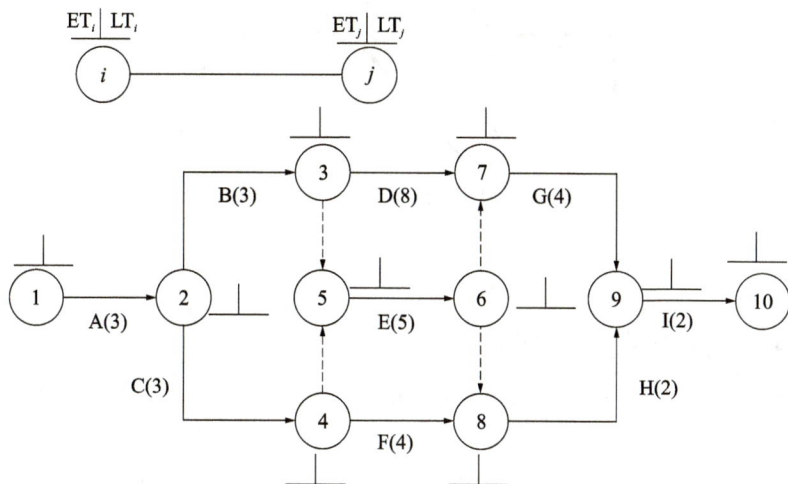

图 5-43　按节点计算法计算工作时间参数的标注方式

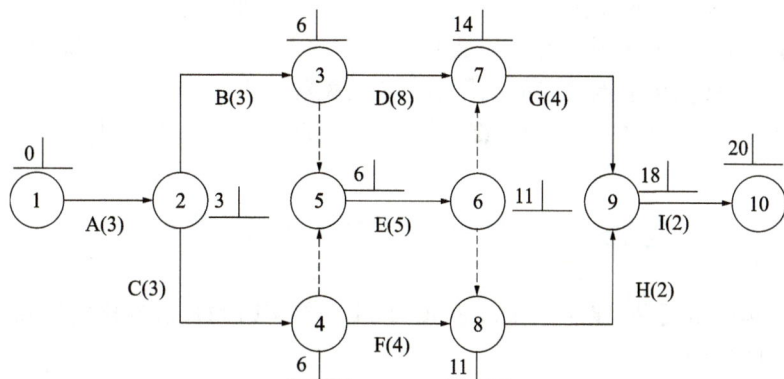

图 5-44　双代号网络图节点计算(一)

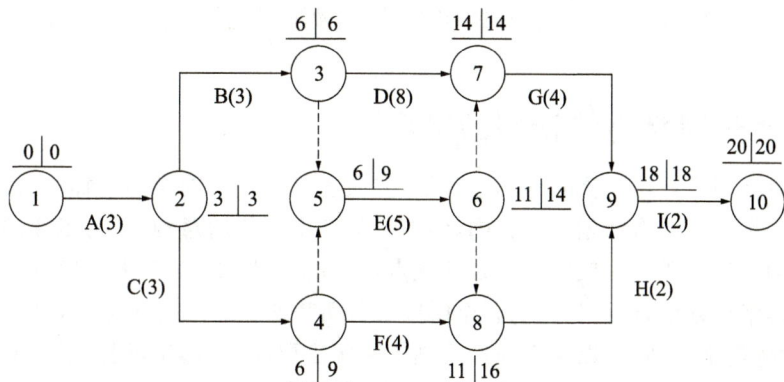

图 5-45　按节点计算法计算工作时间参数(二)

(2)依照网络图结束节点的标号值确定网络计划的计算工期 T_C,即:

$$T_C = b_n$$

(3)从结束节点开始,依照源节点号逆向确定关键线路。

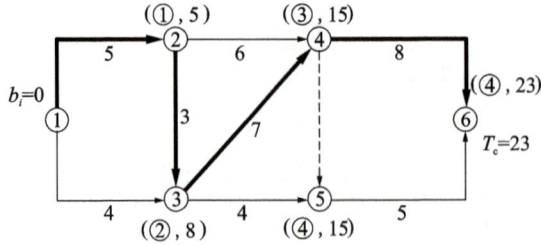

图 5-46　双代号网络图(标号法)

三、关键工作和关键线路

一个网络计划中,至少有一条关键线路,也可能有多条关键线路。关键线路一般用双线箭线、粗箭线或红、蓝彩色粗线标出。

(1)所花时间最长的线路称为关键线路,至少有一条。位于关键线路上的工作称为关键工作。

(2)当未规定要求工期 T_r 时,$T_p = T_c$。$TF_{i-j} = 0$ 的工作为关键工作。

(3)用关键节点判断关键工作。凡是 $ET = LT$ 的节点为关键节点。关键工作两端的节点为关键节点,但两关键节点之间的工作不一定是关键工作。

凡满足下列三个条件的工作为关键工作:$ET_i = LT_i$;$ET_j = LT_j$;$ET_j - ET_i - D_{i-j} = 0$。

模块八　双代号时标网络图绘制

双代号时标网络图是以时间坐标为尺度(按工作持续时间长短的比例)编制的双代号网络计划,简称"时标网络"。

时标网络图直观明了地揭示了各工作的逻辑关系和时间参数,方便计划的实施、控制、优化、调整,在网络计划上编制各种资源需用量计划及降低工程成本计划后,具有整合工程项目进度、成本、资源等多重管理目标的作用,是大型项目建设中广泛应用的计划安排和管理工具。

一、双代号时标网络计划的概念

双代号时标网络计划简称时标网络计划,实质上是在一般网络图上加注时间坐标,它所表达的逻辑关系与原网络计划完全相同,但箭线的长度不能随意画,要与工作的持续时间相对应。时标网络计划既有一般网络计划的优点,又有横道图直观、易懂的优点。

在时标网络计划中,网络计划的各个时间参数可以直观地表达出来,因此可直观地进行判读;利用时标网络计划,可以很方便地绘制出资源需要曲线,便于进行优化和控制;在时标网络计划中,可以利用前锋线法对计划进行动态跟踪和调整。

时标网络计划可按最早时间和最迟时间两种方法绘制,使用较多的是最早时标网络计划。

二、时标网络计划的绘制

时标网络计划宜按最早时间绘制。在绘制前,首先应根据确定的时间单位绘制出一个时间坐标表,时间坐标单位可根据计划期的长短确定,可以是小时、天、周、旬、月或季等;时标一般标注在时标表的顶部或底部(也可在顶部和底部同时标注,特别是大型的、复杂的网络计划),要注明时标单位。有时在顶部或底部还应加注相对应的日历坐标和计算坐标。时标表中的刻度线应为细实线,为使图面清晰,此线一般不画或少画。

1.时标形式

(1)计算坐标,主要用作网络计划时间参数的计算,但不够明确。若网络计划表示的计划任务从第 0 天开始,就不易理解。

(2)日历坐标,可明确表示整个工程的开工日期和完工日期以及各项工作的开始日期和完成日期,同时还可以考虑扣除节假日休息时间。

(3)工作日坐标,可明确表示各项工作在工程开工后第几天开始和第几天完成,但不能表示工程的开工日期和完工日期以及各项工作的开始日期和完成日期。

如图 5-47 所示,在时标网络计划中,以实线表示工作,实线后不足部分(与紧后工作开始节点之间的部分)用波形线表示,波形线的长度表示该工作与紧后工作之间的时间间隔;由于虚工作的持续时间为 0,因此其应垂直于时间坐标(画成垂直方向),用虚箭线表示,如果虚工作的开始节点与结束节点不在同一时刻上,水平方向的长度用波形线表示,垂直部分仍应画成虚箭线。

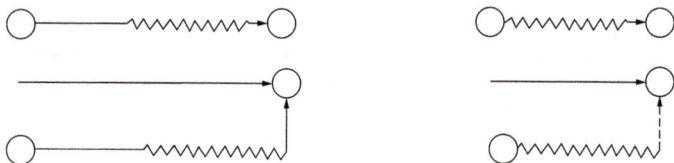

图 5-47　时标网络图的表示方法

2.绘制时标网络计划的规定

(1)代表工作的箭线长度在时标表上的水平投影长度,应与其所代表的持续时间相对应;

(2)节点的中心线必须对准时标的刻度线;

(3)在箭线与其结束节点之间有不足部分时,应用波形线表示;

(4)在虚工作的开始与其结束节点之间,垂直部分用虚箭线表示,水平部分用波形线表示。

绘制时标网络计划时应先绘制出无时标网络计划(逻辑网络图)草图,然后按间接绘制法或直接绘制法绘制。

3.间接绘制法

间接绘制法(或称为先算后绘法)是指先计算无时标网络计划草图的时间参数,然后在时标网络计划表中进行绘制的方法。

用这种方法绘制时,应先对无时标网络计划进行计算,算出其最早时间,然后按每项工作的最早开始时间将其箭尾节点定位在时标表上,再用规定线型绘出工作及其自由时差,即形成时标网络计划。绘制时,一般先绘制出关键线路,然后绘制非关键线路。

间接绘制法绘制步骤如下:

(1)先绘制网络计划草图。

(2)计算工作最早时间并标注在图上。

(3)在时标表上,按最早开始时间确定每项工作的开始节点位置(图形尽量与草图一致),节点的中心线必须对准时标的刻度线。

(4)按各工作的时间长度画出相应工作的实线部分,使其水平投影长度等于工作时间;虚工作不占用时间,应以垂直虚线表示。

(5)用波形线把实线部分与其紧后工作的开始节点连接起来,以表示自由时差。

【例 5-9】 试用间接绘制法将图 5-48 所示双代号网络图绘制成时标网络计划。

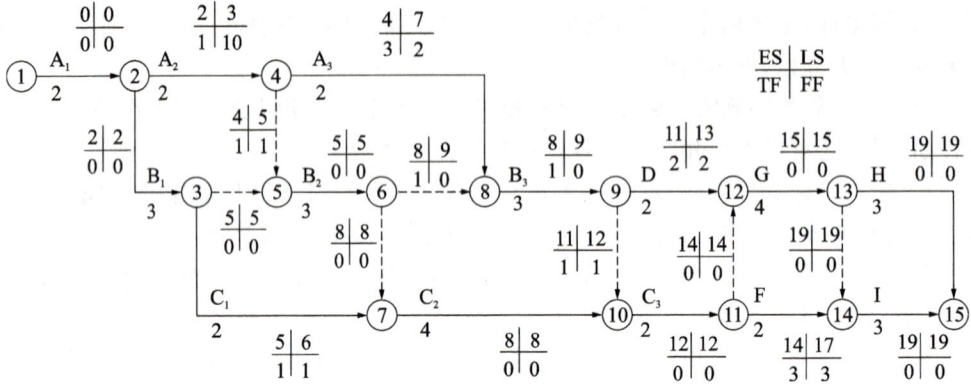

图 5-48 双代号网络图

【解】 时标网络图如图 5-49 所示。

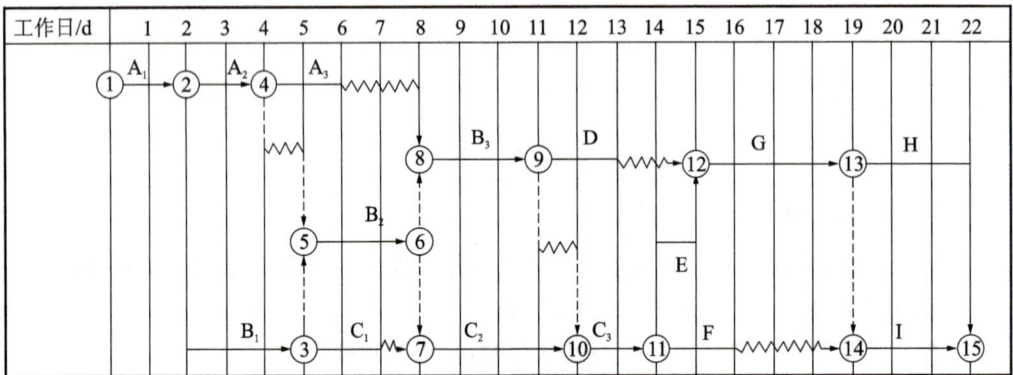

图 5-49 时标网络图

4.直接绘制法

直接绘制法是指不经时间参数计算而直接按无时标网络计划草图绘制时标网络计划的方法。

直接绘制法绘制步骤如下:

(1)将网络计划起点节点定位在时标表的起始刻度线上(即第一天开始节点)。

(2)按工作持续时间在时标表上绘制开始节点的外向箭线,如图 5-50 中的①—②箭线。

(3)工作的箭头节点必须在其所有内向箭线绘出以后,定位在这些箭线中完成最迟的实箭线箭头处。如图 5-50 所示,③—⑤和④—⑤的结束节点 5 定位在④—⑤的最早完成时间工作;④—⑧和⑥—⑧的结束节点 8 定位在④—⑧的最早完成时间工作等。

(4)某些内向箭线长度不足以到达该节点时,用波形线补足,即为该工作的自由时差,如图 5-50 所示,节点 5、7、8、9 之前都用波形线补足。

(5)用上述方法自左向右依次确定其他节点的位置,直至终点节点定位绘完为止。

计算坐标	0	1	2	3	4	5	6	7	8	9	10	11	12
日历		24/4	25/4	26/4	27/4	29/4	30/4	2/5	3/5	4/5	6/5	7/5	8/5	
工作天数/d	0	1	2	3	4	5	6	7	8	9	10	11	12	13
网络计划														
工作天数/d	0	1	2	3	4	5	6	7	8	9	10	11	12	13

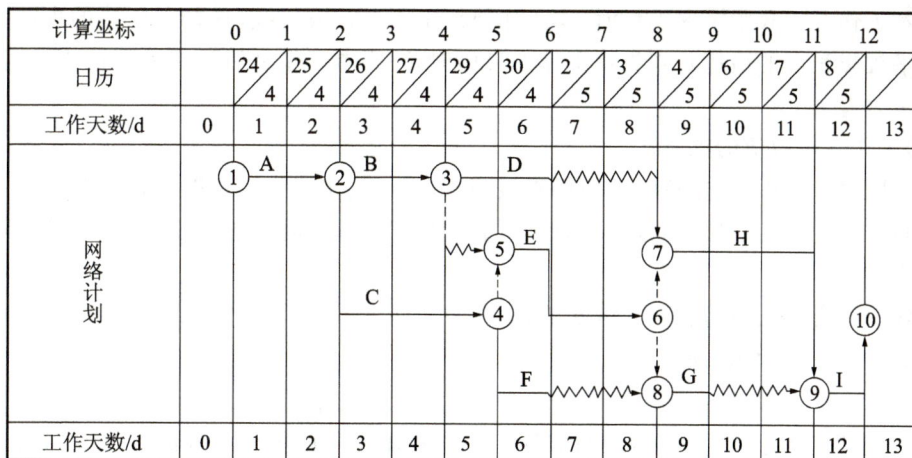

图 5-50　时标网络图(直接绘制法)

需要注意的是,使用这一方法的关键是要把虚箭线处理好。首先要把它等同于实箭线看待,但其持续时间为零;其次,虽然它本身没有时间,但可能存在时差,故要按规定画好波形线。在画波形线时,虚工作垂直部分应画虚线,箭头在波形线末端或其后存在虚箭线时应在虚箭线的末端,如图 5-50 中虚工作③—⑤的画法。

三、时标网络计划关键线路和时间参数的判定

1.关键线路的判定

时标网络计划的关键线路,应从终点节点至始点节点进行观察,凡自始至终没有波形线的线路,即为关键线路。

判别是否是关键线路仍然根据这条线路上各项工作是否有总时差。此处根据是否有自由时差来判断是否有总时差。因为有自由时差的线路必有总时差,自由时差位于线路的末端,既然末端不出现自由时差,那么这条线路上各工作也就没有总时差,故这条线路必然就是关键线路。

2.时间参数的判定

(1)计算工期的判定。

时标网络计划计算工期等于终点节点与起点节点所在位置的时标值之差。如图 5-50 中,计算工期 $T_c=12d$。

(2)最早时间的判定。

在时标网络计划中,每条箭线箭尾节点中心所对应的时标值,即为该工作的最早开始时间。没有自由时差工作的最早完成时间为其箭头节点中心所对应的时标值,有自由时差工作的最早完成时间为其箭线实线部分右端点所对应的时标值。

(3)工作自由时差值的判定。

工作自由时差值等于其波形线(或虚线)在坐标轴上的水平投影长度。工作的自由时差等于其紧后工作的最早开始时间与本工作的最早结束时间之差。每条波形线的末端,就是该条波形线所在工作的紧后工作的最早开始时间,波形线的起点,就是它所在工作的最早完成时间,故波形线的水平投影就是这两个时间之差,也就是自由时差值。

当本工作之后只紧接虚工作时,本工作箭线上不存在波形线,这样其紧接的虚箭线中波形线水平投影长度的最短者则为本工作的自由时差;当本工作之后不只紧接虚工作时,该工作的自由时差为 0。

(4)工作总时差值的推算。

时标网络计划中,工作总时差不能直接观察,但可利用工作自由时差进行判定。工作总时差应自右向左逆箭线推算,因为只有其所有紧后工作的总时差被判定后,本工作的总时差才能判定。

工作总时差等于其紧后工作的总时差加上本工作与该紧后工作之间的时间间隔 LAG_{i-j-k} 之和的最小值,即

$$TF_{i-j} = \min\{TF_{j-k} + LAG_{i-j-k}\}$$

所谓两项工作之间的时间间隔 LAG_{i-j-k},是指本工作的最早完成时间与其紧后工作最早开始时间之间的差值。

(5)最迟时间的推算。

有了工作总时差与最早时间,工作的最迟时间便可计算出来。

工作最迟开始时间等于本工作的最早开始时间与其总时差之和;工作最迟完成时间等于本工作的最早完成时间与其总时差之和,即

$$LS_{i-j} = ES_{i-j} + TF_{i-j}$$
$$LF_{i-j} = EF_{i-j} + TF_{i-j}$$

模块九 网络计划的优化

网络计划的优化,是按照期望的目标(工期、资源、成本)对初始网络计划进行调整、改进,以获得满意的施工组织计划。网络计划的优化方法有工期优化、费用优化和资源优化三种。

一、工期优化

工期优化是指压缩计算工期以满足工期要求,或在一定条件下使工期最短的过程。

当计算工期与要求工期的天数相差得不多时,一般不进行优化;当相差得较多时,可与工期提前奖或者滞后处罚结合分析,通过压缩关键线路上工作的持续时间或调整工作关系,达到整体优化的目的。

1. 工期优化的方法

(1)关键线路法。

通过对关键线路上的某些关键工作采取一定的施工技术或施工组织措施(如增加人员,周转材料、设备,增加工作班次或延长工时,组织抢工赶工等),缩短工作持续时间,从而压缩关键线路长度,达到缩短计划工期的目的。

压缩关键工作的注意事项有:

①采取增加资源投入压缩关键工作时,宜利用非关键工作的机动时间,可将非关键工作的部分资源转移至需压缩的关键工作上。

②增加资源投入时应保证工作有足够的工作面来展开。

③采用节假日不休息、12h 工作制或两班制作业要符合相关劳动法规。

④缩短工作持续时间应不降低工程质量或影响安全施工。

⑤优先选择缩短工作时间所增加费用较少的方案。

⑥关键工作的持续时间缩短后,往往会引起关键线路的转移,每压缩一次均应求出新的关键线路,再次压缩时应是新的关键线路上的关键工作。

(2)调整工作关系法。

调整某些工作间的逻辑关系,组织平行流水施工和交叉施工。

工期优化一般通过压缩关键工作的持续时间来进行,下面以压缩关键工作的持续时间来调整工期进行介绍。

2.关键线路法计算步骤

(1)计算网络计划中的时间参数,并找出关键线路和关键工作。

(2)按要求工期计算应缩短的时间。

(3)确定各关键工作能缩短的持续时间。

(4)选择应缩短持续时间的关键工作,将其持续时间压至最短,并重新计算网络计划的计算工期和关键线路。若被压缩的工作变成非关键工作,则应延长其持续时间,使之仍为关键工作。

(5)若计算工期仍超过要求工期,则重复上述(2)～(4)步骤,直到满足工期要求或工期已不能再缩短为止。

(6)当所有关键工作的持续时间都已达到其能缩短的极限而工期仍不满足要求时,应对计划的原技术、组织方案进行调整或对要求工期进行重新审定。

3.选择压缩时间的关键工作应考虑的因素

(1)压缩时间对质量和安全影响较小;

(2)充足的备用资源;

(3)压缩时间所需增加的费用较少。

对所有工作考虑上述三方面,确定优选系数。优选系数小的工作较适合压缩。

在压缩过程中,一定要注意不能把关键工作压缩成非关键工作。因压缩而可能出现多条关键线路,此时要同时压缩多条关键线路。

【例 5-10】 某工程双代号时标网络计划如图 5-51 所示,要求工期为 110d,试对其进行工期优化。

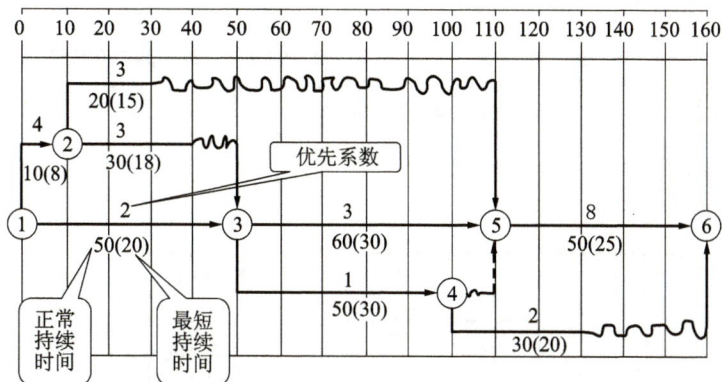

图 5-51　某工程双代号时标网络图

【解】 (1)计算并找出初始网络计划的关键线路、关键工作(图5-52)。

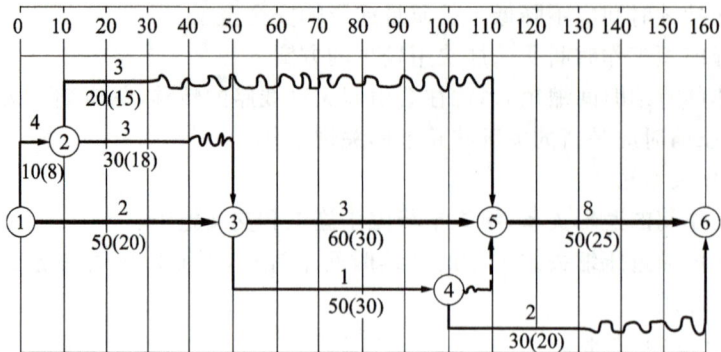

图 5-52 关键线路、关键工作

(2)求出应压缩的时间:

$$\Delta T = T_c - T_r = 160 - 110 = 50(d)$$

(3)确定各关键工作能压缩的时间。

(4)选择关键工作压缩作业时间,并重新计算工期 T_c'。

第一次压缩:选择工作①—③,压缩10d,成为40d,工期变为150d,①—②和②—③变为关键工作,结果如图5-53所示。

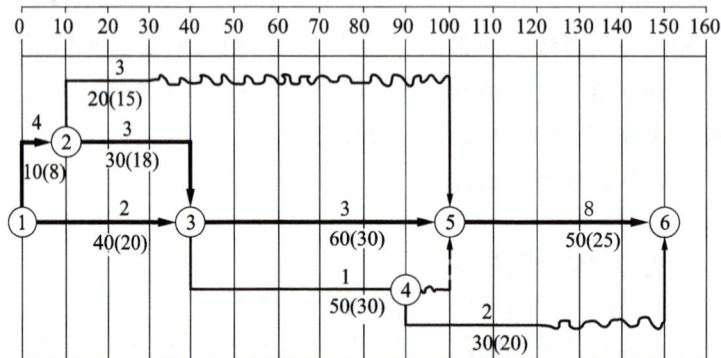

图 5-53 第一次压缩后

第二次压缩:选择工作③—⑤,压缩10d,成为50d,工期变为140d,③—④和④—⑤变为关键工作,结果如图5-54所示。

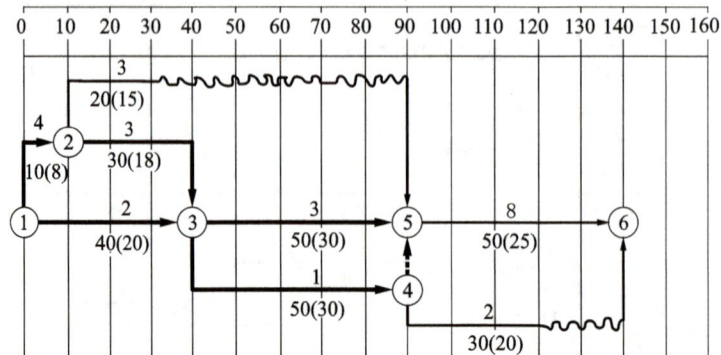

图 5-54 第二次压缩后

第三次压缩：选择工作③—⑤和③—④，同时压缩 20d，成为 30d，工期变为 120d，关键工作没变化，结果如图 5-55 所示。

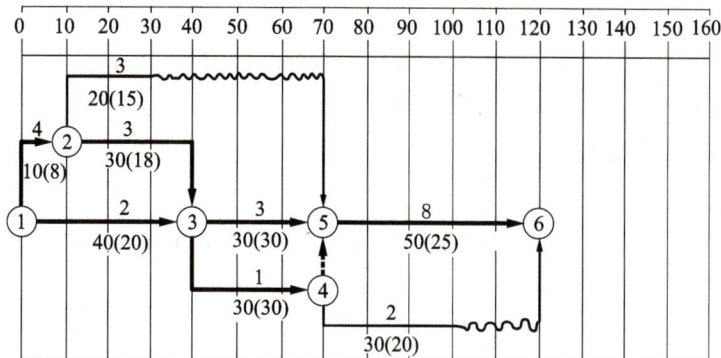

图 5-55 第三次压缩后

第四次压缩：选择工作①—③和②—③，同时压缩 10d，①—③成为 30d，②—③成为 20d，工期变为 110d，关键工作没变化，结果如图 5-56 所示。

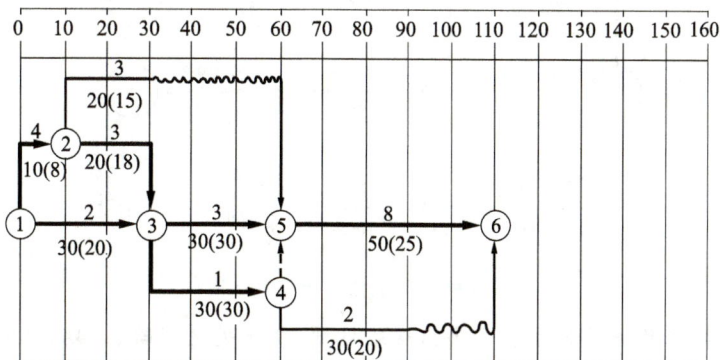

图 5-56 第四次压缩后

二、费用优化

费用优化又称为工期成本优化，是指寻求工程总成本最低时的工期或按要求工期寻求最低成本的计划安排过程。

1.费用和工期的关系

工程总费用＝直接费＋间接费

工程总费用中的第一部分是直接费，如人工费、材料费、施工机械使用费等。若要缩短工期，可能需夜班工作或在拥挤的工作面上工作，不断地缩短其持续时间，同时考虑其间接费用叠加，即可求出工程总费用最低时的最优工期和工期指定时相应的最低费用。图 5-57 所示为工期-费用关系示意图。

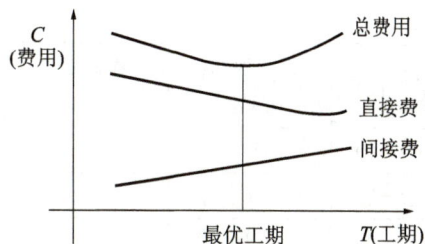

图 5-57 工期-费用关系示意图

2.费用优化的方法与步骤

（1）按工作正常持续时间画出网络计划，找出关键线路、工期、总费用。

(2)计算各工作的直接费用率 ΔC_{i-j}

(3)压缩工期。

(4)计算压缩后的总费用：

$$C^T = C^T + \Delta C_{i-j} \times \Delta T_{i-j} - 间接费用率 \times \Delta T_{i-j}$$

(5)重复(3)、(4)步骤，直至总费用最低。

3.压缩工期的注意事项

(1)压缩关键工作的持续时间；

(2)选择直接费用率或其组合(同时压缩几项关键工作时)最低的关键工作进行压缩，且其值应小于或等于间接费率。

【例 5-11】 已知某工程计划网络图如图 5-58 所示，整个工程计划的间接费率为 0.35 万元/d，正常工期时的间接费为 14.1 万元。试对此计划进行费用优化，求出费用最少的相应工期。

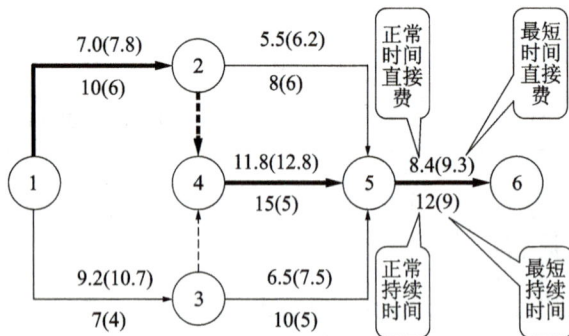

图 5-58 某工作双代号网络图

【解】 (1)按工作正常持续时间画出网络计划，找出关键线路、工期、总费用。

$$工期 \ T = 37d$$

$$总费用 = 直接费 + 间接费$$

$$= (7.0 + 9.2 + 5.5 + 11.8 + 6.5 + 8.4) + 14.1$$

$$= 62.5(万元)$$

(2)计算各工作的直接费用率 ΔC_{i-j}，见表 5-9 所示。

表 5-9　　　　　　　　　　　　　　　各种工作的直接费用率表

工作代号	正常持续时间/d	最短持续时间/d	正常时间直接费/万元	最短时间直接费/万元	直接费用率/(万元/d)
①—②	10	6	7.0	7.8	0.2
①—③	7	4	9.2	10.7	0.5
②—⑤	8	6	5.5	6.2	0.35
④—⑤	15	5	11.8	12.8	0.1
③—⑤	10	5	6.5	7.5	0.2
⑤—⑥	12	9	8.4	9.3	0.3

将各工作直接费用率标注于网络图中，如图 5-59 所示。

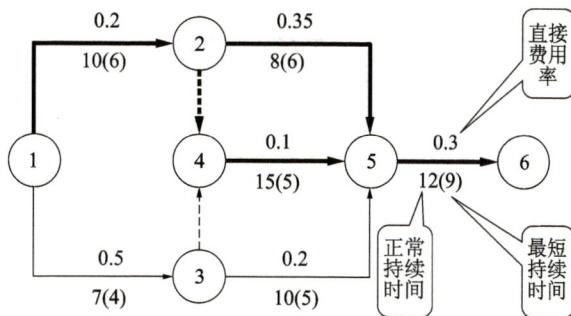

图 5-59 关键线路及各工作的直接费用率

（3）压缩工期。

第一次压缩：选择工作④—⑤，压缩 7d，变为 8d，工期变为 30d，②—⑤变为关键工作，结果如图 5-60 所示。

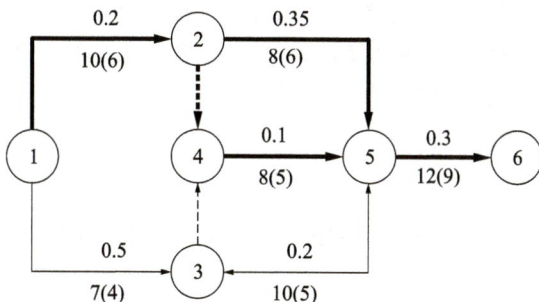

图 5-60 第一次压缩后

费用＝62.5＋0.1×7－0.35×7＝60.75（万元）

第二次压缩：选择工作①—②，压缩 1d，变为 9d，工期变为 29d，工作①—③、③—⑤变为关键工作，结果如图 5-61 所示。

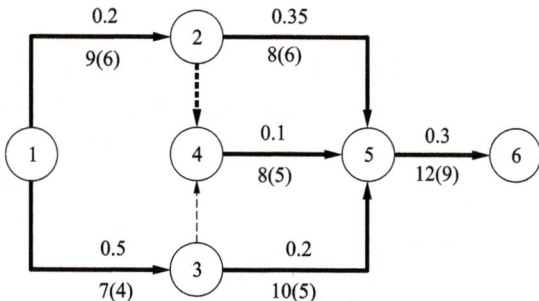

图 5-61 第二次压缩后

费用＝60.75＋0.2×1－0.35×1＝60.60（万元）

第三次压缩：选择工作⑤—⑥，压缩 3d，变为 9d，工期变为 26d，关键工作没有变化，结果如图 5-62 所示。

费用＝60.60＋0.3×3－0.35×3＝60.45（万元）

第四次压缩：选择直接费用率最小的组合①—②和③—⑤，但其值为 0.4 万元/d，大于间接费率 0.35 万元/d，再压缩会使总费用增加。故优化方案在第三次压缩后已经得到。

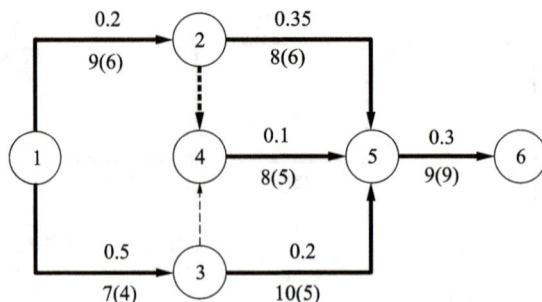

图 5-62　第三次压缩后

最优工期为 26d,其对应的总费用为 60.45 万元,网络计划如图 5-62 所示。

三、资源优化

工程项目中的资源包括人力、材料、动力、设备、机具、资金等。资源的供应情况是影响工程进度的主要因素。因此在编制进度计划时一定要以现有的资源条件为基础,改变工作的开始时间,使资源按时间的分布符合优化目标。资源优化包括资源有限-工期最短的优化及工期固定-资源均衡的优化。

1.资源有限-工期最短的优化

资源有限-工期最短的优化是通过调整计划安排,以满足资源限制条件并使工期延长最少。其调整步骤如下:

(1)绘制早时标网络计划,并计算每个单位时间的资源需要量;

(2)从计划开始之日起,逐个检查每个时间段的资源需要量是否超过资源限量;

(3)分析超过资源限量的时段,将一项工作安排在另一项工作之后开始,以降低该时段的资源需要量;

(4)绘制调整后的网络计划,重新计算每个时间单位的资源需要量;

(5)重复步骤(2)~(4),直至满足要求为止。

调整时应注意:不改变网络计划中各工作之间的逻辑关系;不改变各工作的持续时间;除规定可中断的工作之外,一般不允许中断工作;选择将哪一项工作安排在另一项工作之后开始的标准是使工期延长最短,调整的次序为先调整时差大的、资源小的工作。

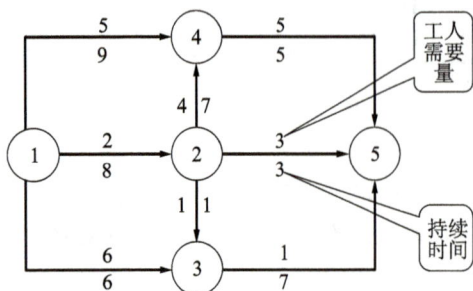

图 5-63　某工程的双代号网络图

【例 5-12】　某工程的网络计划如图 5-63 所示,假定每天只有 10 个工人可供使用,请进行资源优化。

【解】　(1)绘制早时标网络计划,并计算每个单位时间的资源需要量,如图 5-64 所示。

(2)从计划开始之日起,逐个检查每个时间段的资源需要量是否超过资源限量。

(3)分析超过资源限量的时段,将一项工作安排在另一项工作之后开始,以降低该时间段的资源需要量。

第一次调整:将工作①—④放在工作①—③之后,如图 5-65 所示。

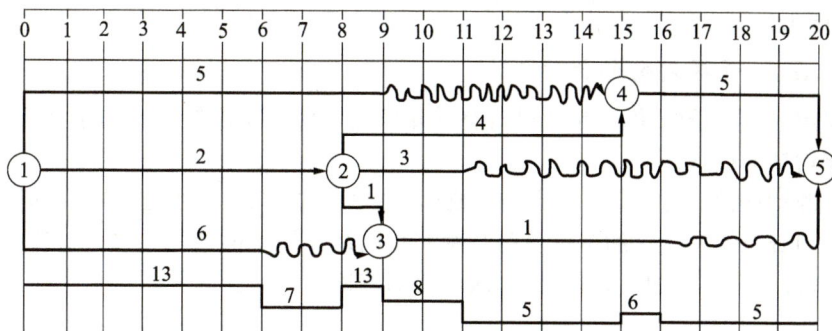

图 5-64 早时标网络图

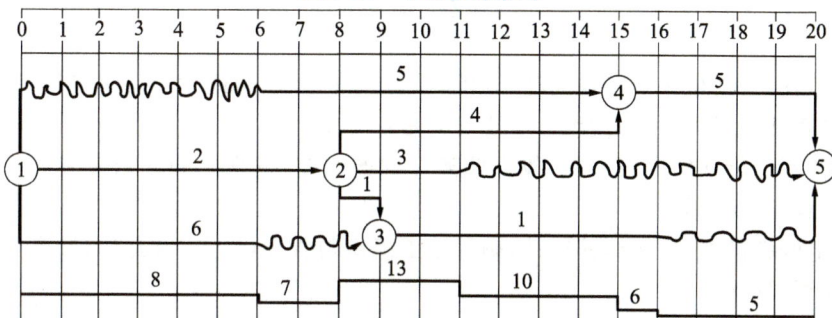

图 5-65 第一次调整之后

第二次调整:将工作②—⑤放在工作②—③之后,绘制调整后的网络计划,重新计算每个时间单位的资源需要量,如图 5-66 所示。

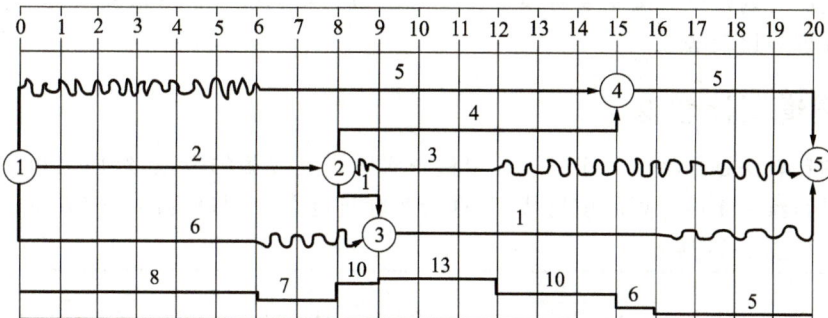

图 5-66 第二次调整之后

第三次调整:将工作②—⑤放在工作②—④之后,绘制调整后的网络计划,重新计算每个时间单位的资源需要量,如图 5-67 所示。

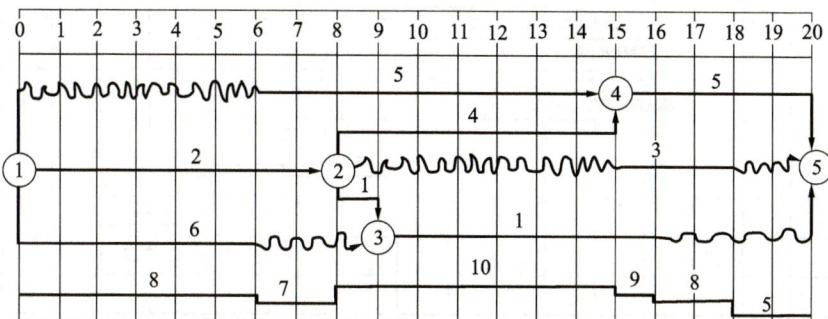

图 5-67 第三次调整之后

满足要求,优化完成。

2.工期固定-资源均衡的优化

工期固定-资源均衡的优化是通过调整计划安排,在工期保持不变的条件下,使资源需用量尽可能均衡的过程。

评价资源均衡性的指标常用方差(σ^2)或标准差(σ),方差值越小越均衡。利用方差最小进行网络计划资源均衡优化的基本思路是用初步网络计划所得到的局部时差改善进度计划的安排,使资源动态曲线的方差值最小,从而达到均衡的目的。

模块十 网络进度计划检查

网络计划的控制是一个发现问题、分析问题和解决问题的连续的系统过程。因此,在施工过程中要经常进行网络计划检查,主要目的是:

(1)检查网络计划的实施情况,找出偏离计划的偏差,发现影响计划实施的干扰因素及计划制定本身存在的不足。

(2)确定调整措施,采取纠偏行动,确保施工组织与管理过程正常运行,顺利完成事先确定的各项计划目标。

对网络计划的检查要定期进行,检查周期长短应视计划工期的长短和管理需要确定,一般可以天、周、月、季等为周期。

网络进度计划检查内容有关键工作进度、非关键工作进度及时差利用、工作之间的逻辑关系。

网络进度计划检查方法主要有横道图比较法、前锋线比较法、S形曲线比较法、香蕉曲线比较法和列表比较法。

一、横道图比较法

横道图比较法是指将项目实施过程中检查实际进度收集的数据,经加工和整理后直接用横道线平行绘制于原计划的横道线下,进行实际进度与计划进度的比较方法。其特点是形象、直观,如图5-68所示。

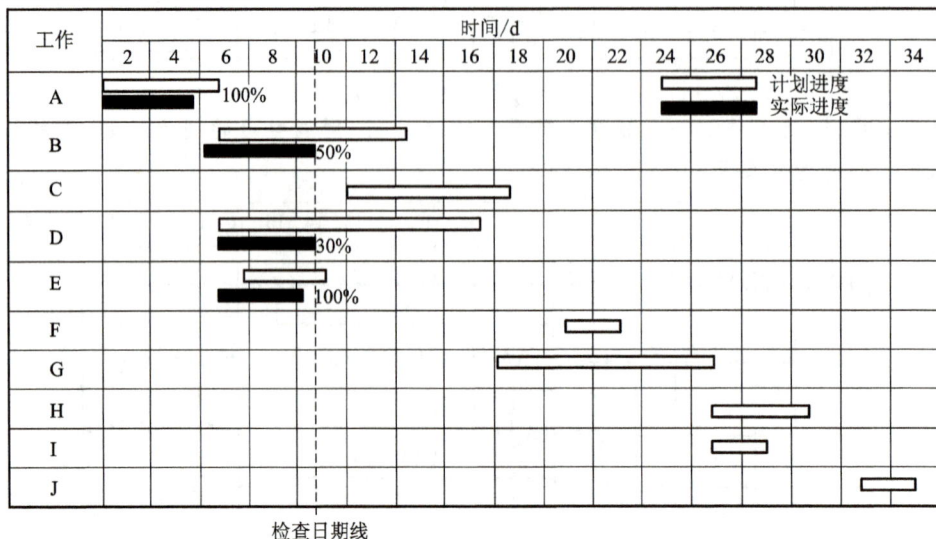

图5-68 实际进度与计划进步比较图

按进展是否匀速,可分别采取以下两种方法进行实际进度与计划进度的比较。

1.匀速进展横道图比较法

其是指在工程项目中每项工作在单位时间内完成的任务量相等。此时,每项工作累计完成的任务量与时间呈线性关系,完成的任务量可以用实物工程量、劳动消耗量或费用支出表示,或用其物理量的百分比表示。

2.非匀速进展横道图比较法

其是指当工作在不同单位时间里的进展速度不相等时,在用涂黑粗线表示工作实际进度的同时,还要标出其对应时刻完成任务量的累计百分比,并将该百分比与其同时刻计划完成任务量的累计百分比相比较,判断工作实际进度与计划进度之间的偏差。

二、前锋线比较法

前锋线比较法是通过绘制某检查时刻工程项目实际进度前锋线,进行工程实际进度与计划进度比较的方法,它主要适用于时标网络计划,如图 5-69 所示。所谓前锋线,是指在原时标网络计划上,从检查时刻的时标点出发,用点画线依次将各项工作实际进展位置点连接而成的折线。前锋线比较法就是通过实际进度前锋线与原进度计划中各工作箭线交点的位置来判断工作实际进度与计划进度的偏差,进而判定该偏差对后续工作及总工期影响程度的一种方法。

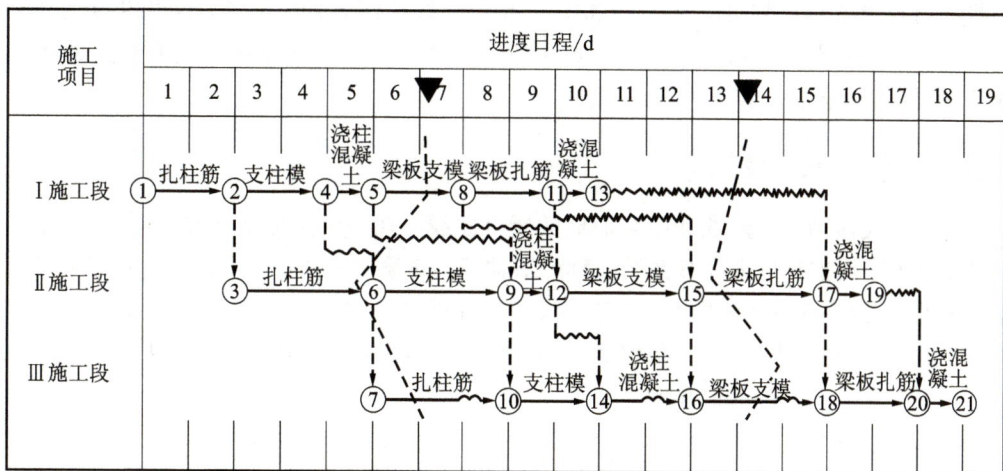

图 5-69　前锋线比较法示意图

前锋线比较法主要步骤如下:

(1)绘制时标网络图;

(2)绘制实际进度前锋线;

(3)进行实际进度与计划进度比较;

(4)预测进度偏差对后续工作及总工期的影响。

三、S 形曲线比较法

S 形曲线比较法是将项目的各检查时间实际完成的工作量在 S 形曲线图上进行实际进度与计划进度比较的一种偏差分析方法。如图 5-70 所示,横坐标表示进度时间,纵坐标表示累计工作量完成情况。对大多数项目而言,在其开始实施阶段和将要完成的阶段,由于准备工作及其他配合事项等因素的影响,其进展程度一般都较慢一点,而在项目实施的中间阶段,一切趋于正常,进展程度也稍快一些。

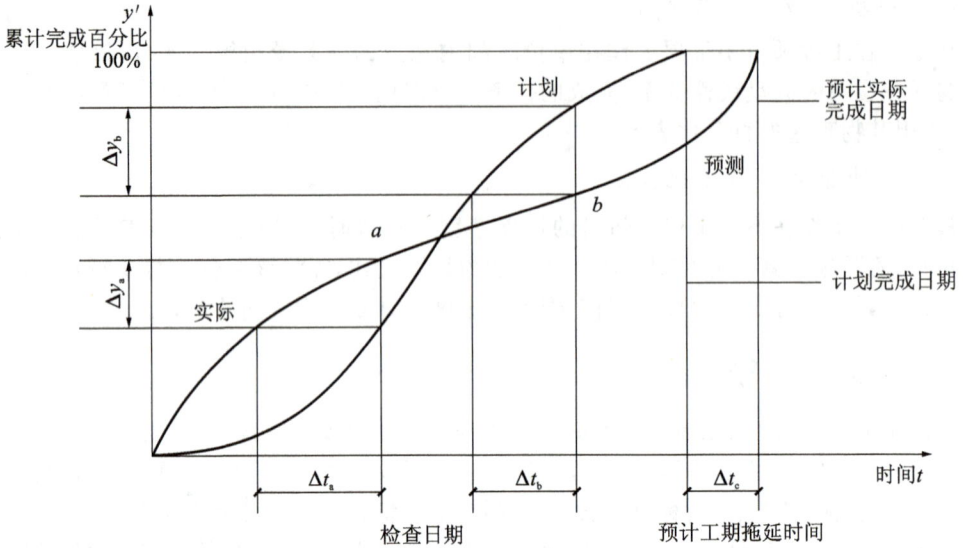

图 5-70 S 曲线比较图

将项目进度基准计划的 S 形曲线和实际 S 形曲线绘制在同一张图上,可以得到项目实际进度比计划进度超前或拖后的时间,项目实际进度与计划进度相比超额或拖欠的工作量完成情况,同时还能进行后续的进度预测。

四、香蕉曲线比较法

香蕉曲线是由两条 S 形曲线组合而成的闭合曲线。在一个坐标上,绘制一条按各个活动均为最早开始时间安排进度的 S 曲线(简称 ES 曲线),再绘制一条按各活动均为最迟开始时间安排进度的 S 曲线(简称 LS 曲线),两条曲线形成香蕉状,如图 5-71 所示。在项目进度实施过程中,实际进度曲线应当落在 ES 曲线和 LS 曲线包含的区域内,如图 5-71 中 MN 曲线所示。

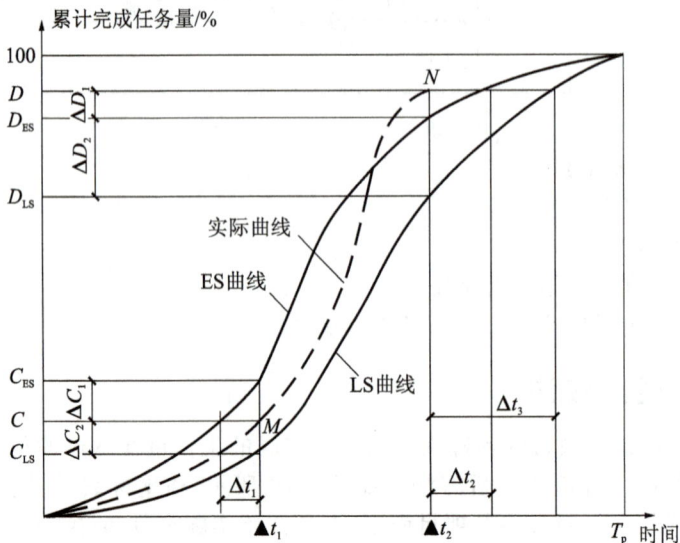

图 5-71 香蕉曲线比较法示意图

利用香蕉曲线进行比较,所获得的信息和S形曲线基本一致,但是由于它存在按照最早开始时间的计划曲线和最迟开始时间的计划曲线构成的合理进度区域,因此香蕉曲线比较法判断实际进度是否偏离计划进度以及对总工期是否会产生影响更为明确、直观。

五、列表比较法

当工程进度计划用非时标网络图表示时,可以采用列表比较法进行实际进度与计划进度的比较。这种方法是记录检查日期应该进行的工作名称及其已经作业的时间,然后列表计算有关时间参数,并根据工作总时差进行实际进度与计划进度比较的方法,见表5-10。

表5-10 　　　　　　　　　　　**工程进度检查比较表**

工作代号	工作名称	检查计划时尚需作业周数	到计划最迟完成时尚余周数	原有总时差/周	尚有总时差/周	情况判断
⑦—⑨	G	5	7	4	2	拖后两周,但不影响工期
⑤—⑧	K	2	2	1	0	拖后一周,但不影响工期
⑤—⑨	L	4	3	2	−1	拖后三周,但不影响一周

1. 列表比较法的步骤

(1)计算检查时正在进行的工作;

(2)计算工作最迟完成时间;

(3)计算工作时差;

(4)填表分析工作实际进度与计划进度的偏差。

2. 具体结论归纳

(1)若工作尚有总时差大于原总时差,说明实际进度超前,且为两者之差;

(2)若工作尚有总时差等于原总时差,说明实际进度与计划进度一致;

(3)若工作尚有总时差小于原总时差但仍为非负值,说明实际进度落后,但计划工期不受影响,此时滞后的天数为两者之差;

(4)若工作尚有总时差小于原总时差但为负值,说明实际进度落后且计划工期已受影响,此时滞后的天数为两者之差,而计划工期的延迟天数与工作尚有总时差绝对值相等,此时应当调整计划。

情境六　费用管理

5 分钟看完
情境六

情境目标

1. 了解建筑安装总费用的组成,熟悉建筑安装费用的组成。
2. 掌握项目成本控制的步骤与方法。
3. 了解项目成本核算的方法。

情境内容

1. 建筑工程总费用的组成。
2. 建筑安装工程费用的组成。
3. 项目成本计划。
4. 项目成本控制。
5. 项目成本核算。
6. 项目成本分析与考核。

情境六　费用管理微课

情境知识点和技能点

		知识单元	知识点
知识领域	核心知识单元	建筑工程总费用的组成	1.设备购置费的构成; 2.工器具及生产家具购置费的构成
		建筑安装工程费用的组成	1.分部分项工程费的构成; 2.措施项目费的构成; 3.其他项目费的构成; 4.规费及税金的构成
		项目成本计划	1.项目成本计划的编制依据; 2.项目成本计划的组成; 3.项目成本计划表的组成; 4.项目成本计划的风险分析
		项目成本控制	1.项目成本控制的步骤; 2.项目成本控制的方法
		项目成本核算	1.项目成本核算方法; 2.项目成本核算步骤
		项目成本分析与考核	项目成本分析的方法
	拓展知识单元	建筑工程预付款、进度款计算	1.预付款计算方法与回扣; 2.工程进度款的计算
		技能单元	技能点
技能领域	核心技能单元	挣值法的应用	1.计算"三参数""四指标"; 2.利用横道图法、表格法、曲线法进行偏差分析
		因素分析法的应用	1.因素分析法的步骤; 2.因素分析法的应用
	拓展技能单元	建筑工程竣工结算的确定与调整	1.竣工结算的规定; 2.调值公式法调价计算

情境案例

某工程项目进展到 16 周后,对前 15 周的工作进行统计检查,相关情况见下表:

工作代号	计划完成工作预算成本 BCWS/万元	已完工作量/%	实际发生成本 ACWP/万元	挣值 BCWP/万元
A	200	100	210	
B	400	100	430	
C	540	50	400	
D	840	100	800	
E	600	100	600	
F	240	0	0	
G	1600	40	800	

问题:

(1)赢得值法使用的三项成本值是什么?

(2)求出前 15 周每项工作的 BCWP 及 15 周周末的 BCWP。

(3)计算 15 周周末的合计 ACWP 和 BCWS。

(4)计算 15 周的 CV 与 SV,并分析成本和进度状况。

(5)计算 15 周的 CPI 与 SPI,并分析成本和进度状况。

模块一 建筑工程总费用的组成

我国现行建筑工程总投资的构成如图 6-1 所示。

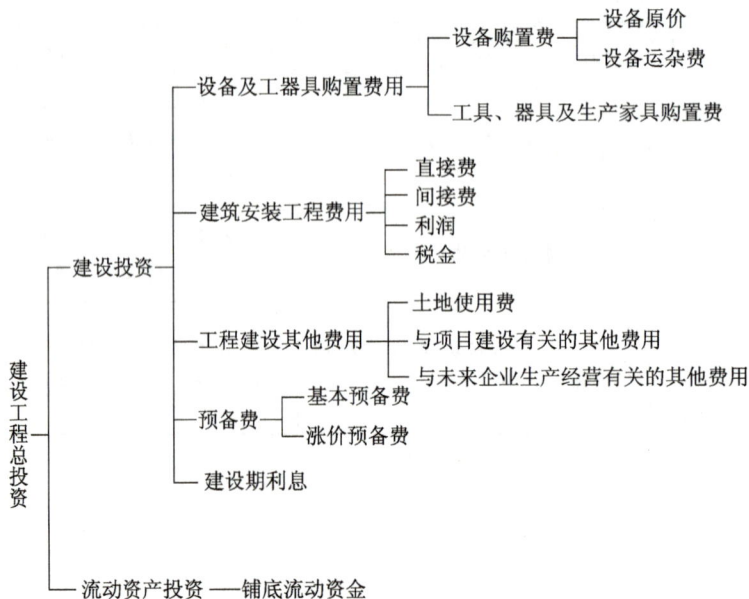

图 6-1 建筑工程总投资的构成

一、设备购置费的构成

设备购置费是指为建筑工程购置或自制的满足固定资产特征的设备、工具器具的费用。它由设备原价和设备运杂费构成。

$$设备购置费＝设备原价或进口设备抵岸价＋设备运杂费$$

上式中,设备原价是指国产标准设备、非标准设备的原价。设备运杂费是指设备原价中未包括的包装和包装材料费、运输费、装卸费、采购费及仓库保管费、供销部门手续费等。如果设备是由设备成套公司供应的,成套公司的服务费也应计入设备运杂费之中。

(一)国产标准设备原价

国产标准设备原价一般是指设备制造厂的交货价,即出厂价。如设备由设备成套公司供应,则以订货合同价为设备原价。有的设备有两种出厂价,即带备件的出厂价和不带备件的出厂价。在计算设备原价时,一般按带备件的出厂价计算。

(二)国产非标准设备原价

国产非标准设备由于单件生产,无定型标准,故无法获取市场交易价格,只能按其成本组成或相关技术参数估算其价格。

(三)进口设备抵岸价的构成及其计算

进口设备抵岸价是指抵达买方边境港口或边境车站,且交完关税以后的价格。进口设备如果采用装运港船上交货价(FOB),其抵岸价构成为:

$$进口设备抵岸价＝货价＋国外运费＋国外运输保险费＋银行财务费＋外贸手续费＋$$
$$进口关税＋增值税＋消费税＋海关监管手续费$$

(四)设备运杂费

设备运杂费通常由下列各项构成。

(1)运费和装卸费:国产标准设备是指由设备制造厂交货地点起至工地仓库(或施工组织设计指定的需要安装设备的堆放地点)止所发生的运费和装卸费;进口设备是指由我国到岸港口、边境车站起至工地仓库(或施工组织设计指定的需要安装设备的堆放地点)止所发生的运费和装卸费。

(2)包装费:在设备出厂价格中没有包含的,为运输而包装所发生的各种费用。

(3)供销部门的手续费:按有关部门规定的统一费率计算。

(4)采购与仓库保管费:采购、验收、保管和收发设备所发生的各种费用。

二、工具、器具及生产家具购置费的构成及计算

工器具及生产家具购置费是指新建项目或扩建项目初步设计规定所必须购置的不够固定资产标准的设备、仪器、工卡模具、器具、生产家具和备品备件所发生的费用。

三、建筑安装工程费用

建筑安装工程费用由分部分项工程费、措施项目费、其他项目费、规费和税金组成,将在本情境模块二中详细介绍,此处不再赘述。

四、工程建设其他费用

(一)土地使用费

1.农用土地征用费

农用土地征用费包括以下内容。

(1)土地补偿费:为该耕地被征用前 3 年平均年产值的 6~10 倍。

(2)安置补助费:按照需要安置的农业人口数计算。每一个需要安置的农业人口的安置补助费标准为该耕地被征用前 3 年平均年产值的 6~10 倍。但是,每公顷被征用耕地的安置补助费,最高不得超过耕地被征用前 3 年平均年产值的 15 倍。

(3)青苗补偿费和被征用土地上的房屋、水井、树木等附着物补偿费:补偿费标准由省、自治区、直辖市规定,征用城市郊区的菜地,用地单位应当按照国家有关规定缴纳新菜地开发建设基金。

(4)缴纳的耕地占用税或城镇土地使用税、土地登记费及征地管理费等:费率按征地工作量,视不同情况在 1%~4% 范围内提取。

2.取得国有土地使用费

取得国有土地使用费包括以下内容。

(1)土地使用权出让金:指建筑工程通过土地使用权出让方式,取得有限期的土地使用权,依照《中华人民共和国城镇国有土地使用权出让和转让暂行条例》(中华人民共和国国务院令〔1990〕55 号)规定支付的土地使用权出让金。

(2)城市建设配套费:指因进行城市公共设施的建设而分摊的费用。

(3)拆迁补偿与临时安置补助费:拆迁补偿费是指拆迁人对被拆迁人,按照有关规定予以补偿所需的费用。拆迁补偿的形式分为产权调换和货币补偿。产权调换面积按照所拆迁房屋的建筑面积计算,货币补偿的金额按照被拆迁人或者房屋承租人支付搬迁补助费。在过渡期内,被拆迁人或者房屋承租人自行安排住处的,拆迁人应当支付临时安置补助费。

(二)与项目建设有关的其他费用

1.建设单位管理费

建设单位管理费是指建筑工程从立项、筹建、建设、联合试运转、竣工验收交付使用及后评价等全过程管理所需的费用,包括建设单位开办费和建设单位经费。

2.勘察设计费

勘察设计费是指为本建筑工程提供项目建议书、可行性研究报告及设计文件等所需费用,包括工程勘察费、初步设计费、施工图设计费等。勘察设计费应按照国家发展和改革委员会颁发的工程勘察设计收费标准计算。

3.研究试验费

研究试验费是指为本建筑工程提供或验证设计参数、数据、资料等进行必要试验的费用以及设计规定在施工中必须进行试验、验证所需的费用,包括自行或委托其他部门研究试验所需的人工费、材料费、试验设备及仪器使用费。研究试验费应按照设计单位根据本工程项目的需要提出的研究试验内容和要求计算。

4.临时设施费

临时设施费是指建设期间建设单位所需临时设施的搭设、维修、摊销费用或建设期间租赁费用。

5.工程监理费

工程监理费是指委托工程监理企业对工程实施监理工作所需的费用,根据国家发展和改革委员会、国家住房和城乡建设部文件规定计算。

6.工程保险费

工程保险费是指建筑工程在建设期间根据需要,实施工程保险部分所需的费用。

7.引进技术和进口设备其他费

引进技术和进口设备其他费包括出国人员费用、国外工程技术人员来华费用、技术引进费、分期或延期付款利息、担保费以及进口设备检验鉴定费。

(三)与未来企业生产经营有关的其他费用

1.联合试运转费

联合试运转费是指新建企业或新增加生产工艺过程的扩建企业在竣工验收前,按照设计规定的工程质量标准,进行整个车间的负荷试运转所发生的费用支出大于试运转收入的亏损部分。

2.生产准备费

生产准备费是指新建企业或新增生产能力的企业为保证竣工交付使用进行必要的生产准备所发生的费用,包括生产职工培训费和生产单位提前进厂参加施工、设备安装、调试等以及熟悉工艺流程及设备性能等人员的工资、工资性补贴、职工福利费、差旅交通费、劳动保护费等。

3.办公和生活家具购置费

办公和生活家具购置费是指为保证新建、改建、扩建项目初期正常生产、使用和管理所必须购置的办公和生活家具、用具的费用。

五、预备费

按我国现行规定,预备费包括基本预备费和涨价预备费。

(一)基本预备费

基本预备费是指针对在项目实施过程中可能发生难以预料的支出而需要事先预留的费用,又称为不可预见费。其主要是指设计变更及施工过程中可能增加工程量的费用。

(二)涨价预备费

涨价预备费是指建筑工程在建设期内由于价格等变化引起投资增加而需要事先预留的费用。

六、建设期利息

建设期利息是指项目借款在建设期内发生并计入固定资产的利息。为了简化计算,在编制投资估算时通常假定借款均在每年的年中支用,借款第一年按半年计息,之后各年份按全年计息。

七、铺底流动资金

铺底流动资金是指生产性建筑工程为保证生产和经营正常进行,按规定应列入建筑工程总投资的铺底流动资金,一般按流动资金的 30% 计算。

模块二　建筑安装工程费用的组成

一、建筑安装工程费用的组成

建筑安装工程费用组成如图 6-2 所示。

二、分部分项工程费

1. 人工费

人工费是指支付给直接从事建筑安装工程施工作业的生产工人的各项费用,包括以下内容。

(1)人工日工资单价:指直接从事建筑安装工程施工的生产工人在每个法定工作日的工资、津贴及奖金等。

(2)人工工日消耗量:指在正常施工生产条件下,完成规定计量单位的建筑安装产品所消耗的生产工人的工日数量。

2. 材料费

材料费是指施工过程中耗费的各种原材料、半成品、构配件、工程设备等的费用,以及周转材料等的摊销、租赁费用。

(1)材料消耗量:指正常施工生产条件下,完成规定计量单位的建筑安装产品所消耗各类材料的净用量和不可避免的损耗量。

(2)材料单价:指建筑材料从其来源地运到施工工地仓库后直接出库形成的综合平均单

建筑安装工程费
├─ 分部分项工程费
│   ├─ 人工费
│   ├─ 材料费
│   ├─ 施工机具使用费
│   ├─ 企业管理费
│   │   ├─ 管理人员工资
│   │   ├─ 办公费
│   │   ├─ 差旅交通费
│   │   ├─ 固定资产使用费
│   │   ├─ 工具用具使用费
│   │   ├─ 劳动保险和职工福利费
│   │   ├─ 劳动保护费
│   │   ├─ 检验试验费
│   │   ├─ 工会经费
│   │   ├─ 职工教育经费
│   │   ├─ 财产保险费
│   │   ├─ 财务费
│   │   ├─ 税金
│   │   └─ 其他
│   └─ 利润
├─ 措施项目费
│   ├─ 安全文明施工费(含环境保护、文明施工、安全施工、临时设施的费用)
│   ├─ 夜间施工增加费
│   ├─ 非夜间施工照明费
│   ├─ 二次搬运费
│   ├─ 冬雨季施工增加费
│   ├─ 地上地下设施、建筑物的临时保护设施费
│   ├─ 已完工程及设备保护费
│   ├─ 脚手架费
│   ├─ 混凝土模板及支架(撑)费
│   ├─ 垂直运输费
│   ├─ 超高施工增加费
│   ├─ 大型机械设备进出场及安拆费
│   ├─ 施工排水、降水费
│   └─ 其他
├─ 其他项目费
│   ├─ 暂列金额
│   ├─ 计日工
│   └─ 总承包服务费
├─ 规费
│   ├─ 工程排污费
│   ├─ 社会保险费
│   │   ├─ 养老保险费
│   │   ├─ 失业保险费
│   │   ├─ 医疗保险费
│   │   ├─ 生育保险费
│   │   └─ 工伤保险费
│   └─ 住房公积金
└─ 税金
    ├─ 营业税
    ├─ 城市维护建设税
    ├─ 教育费附加
    └─ 地方教育附加

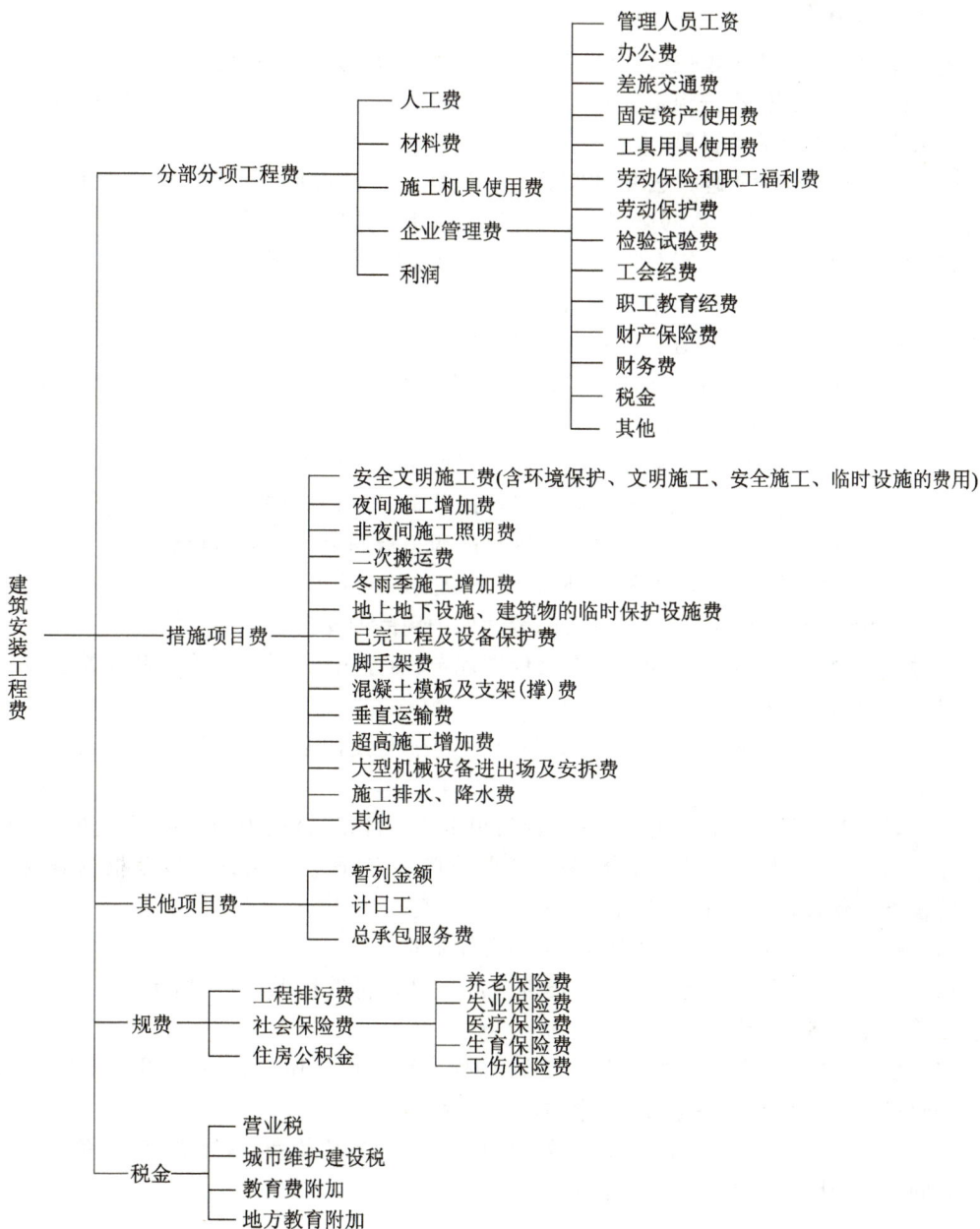

图 6-2　建筑安装工程费用组成

价,由材料原价、运杂费、运输损耗费、采购及保管费组成。

（3）工程设备:指构成或计划构成永久工程一部分的机电设备、金属结构设备、仪器装置及其他类似的设备和装置。

3.施工机具使用费

施工机具使用费是指施工作业所发生的施工机械、仪器仪表使用费或其租赁费。

（1）施工机具使用费:指施工机械作业所发生的使用费或租赁费。

（2）仪器仪表使用费:指工程施工所需使用的仪器仪表的摊销及维修费用。

4.企业管理费

企业管理费是指施工单位组织施工生产和经营管理所发生的费用,包括以下内容。

(1)管理人员工资:指按规定支付给管理人员的计时工资、奖金、津贴补贴、加班加点工资及特殊情况下支付的工资等。

(2)办公费:指企业管理办公用的文具、纸张、账表、印刷、邮电、书报、办公软件、现场监控、会议、水电、烧水和集体取暖降温(包括现场临时宿舍取暖降温)等费用。

(3)差旅交通费:指职工因公出差、调动工作的差旅费、住勤补助费,市内交通费和误餐补助费,职工探亲路费,劳动力招募费,职工退休、退职一次性路费,工伤人员就医路费,工地转移费以及管理部门使用交通工具的油料、燃料等费用。

(4)固定资产使用费:指管理和试验部门及附属生产单位使用的属于固定资产的房屋、设备、仪器等的折旧、大修、维修或租赁费。

(5)工具用具使用费:指企业施工生产和管理使用的不属于固定资产的生产工具、器具、家具、交通工具和检验、试验、测绘、消防用具等的购置、维修和摊销费。

(6)劳动保险和职工福利费:指由企业支付的职工退职金,规定支付给离休干部的经费,集体福利费,夏季防暑降温、冬季取暖补贴,上下班交通补贴等。

(7)劳动保护费:指企业按规定发放的劳动保护用品的支出。

(8)检验试验费:指施工企业按照有关标准规定,对建筑以及材料、构件和建筑安装物进行一般鉴定、检查所发生的费用。

(9)工会经费:指企业按《中华人民共和国工会法》规定的全部职工工资总额比例计提的工会经费。

(10)职工教育经费:指按职工工资总额的规定比例计提,企业为职工进行专业技术和职业技能培训、专业技术人员继续教育、职工职业技能鉴定、职业资格认定以及根据需要对职工进行各类文化教育所发生的费用。

(11)财产保险费:指施工管理用财产、车辆保险费。

(12)财务费:指企业为施工生产筹集资金或提供预付款担保、履约担保、职工工资支付担保等所发生的各种费用。

(13)税金:指企业按规定缴纳的房产税、非生产性车船使用税、土地使用税、印花税、城市维护建设税、教育费附加、地方教育附加等各项税费。

(14)其他:包括技术转让费、技术开发费、投标费、业务招待费、绿化费、广告费、公证费、法律顾问费、审计费、咨询费、保险费等。

5.利润

利润是指施工单位从事建筑安装工程施工所获得的盈利,由施工企业根据企业自身需求并结合建筑市场实际自主确定。

三、措施项目费

措施项目费是指为完成工程项目施工,发生于该工程施工准备和施工过程中的技术、生活、安全、环境保护等方面的费用。措施项目费包括下列内容。

1.安全文明施工费

安全文明施工费含环境保护、文明施工、安全施工、临时设施等费用。

(1)环境保护费。

环境保护费是指施工现场为达到环保部门要求所需要的各项费用。

(2)文明施工费。

文明施工费是指施工现场文明施工所需要的各项费用。

(3)安全施工费。

安全施工费是指施工现场安全施工所需要的各项费用。

(4)临时设施费。

临时设施费是指施工企业为进行建筑安装工程施工所必须搭设的生活和生产用的临时建筑物、构筑物和其他临时设施费用等。

2.夜间施工增加费

夜间施工增加费是指因夜间施工所发生的夜班补助费、夜间施工降效、夜间施工照明设备摊销及照明用电等措施费用。

3.非夜间施工照明费

非夜间施工照明费是指为保证工程施工正常进行,在地下室等特殊施工部位施工时所采用的照明设备的安拆、维护及照明用电等费用。

4.二次搬运费

二次搬运费是指因施工管理需要或因场地狭小等原因,导致建筑材料、设备等不能一次搬运到位,必须发生的两次或两次以上搬运所需的费用。

5.冬雨季施工增加费

冬雨季施工增加费是指因冬雨季天气原因导致施工效率降低、投入加大而增加的费用,以及为确保冬雨季施工质量和安全而采取的保温、防雨等措施所需的费用。

6.地上地下设施、建筑物的临时保护设施费

地上地下设施、建筑物的临时保护设施费是指施工过程中,对已建成的地上、地下设施和建筑物进行遮盖、封闭、隔离等必要保护措施所发生的费用。

7.已完工程及设备保护费

已完工程及设备保护费是指竣工验收前,对已完工程及设备采取的覆盖、包裹、封闭、隔离等必要保护措施所发生的费用。

8.脚手架费

脚手架费是指施工需要的各种脚手架搭、拆、运输费用以及脚手架购置费的摊销(或租赁)费用。

9.混凝土模板及支架(撑)费

混凝土模板及支架(撑)费是指混凝土施工过程中需要的各种钢模板、木模板、支架等的支拆、运输费用及模板、支架的摊销(或租赁)费用。

10.垂直运输费

垂直运输费是指现场所用材料、机具从地面运至相应高度以及职工人员上下工作面等所发生的运输费用。

11. 超高施工增加费

超高施工增加费是指当单层建筑物檐口高度超过 20m,多层建筑物超过 6 层时,可计算超高施工增加费,包括建筑物超高引起的人工工效降低以及由于人工工效降低引起的机械降效费,高层施工用水加压水泵的安装、拆除及工作台班费,通信联络设备的使用及摊销费。

12. 大型机械设备进出场及安拆费

大型机械进出场及安拆费是指机械整体或分体自停放场地运至施工现场或由一个施工地点运至另一个施工地点所发生的机械进出场运输和转移费用及机械在施工现场进行安装、拆卸所需的人工费、材料费、机械费、试运转费和安装所需的辅助设施的费用。

13. 施工排水、降水费

施工排水、降水费是指将施工期间有碍施工作业和影响工程质量的水排到施工场地以外,以及防止在地下水位较高的地区开挖深基坑出现基坑浸水,地基承载力下降,在动水压力作用下还可能引起流砂、管涌和边坡失稳等现象而必须采取有效的降水和排水措施所发生的费用。

14. 其他

根据项目的专业特点或所在地区不同,可能会出现其他的措施项目。

四、其他项目费

1. 暂列金额

暂列金额是招标人在工程量清单中暂定并包括在合同价款中的一笔款项,用于施工合同签订时尚未确定或者不可预见的所需材料、设备、服务的采购,施工中可能发生的工程变更、合同约定调整因素出现时的工程价款调整以及发生的索赔、现场签证确认等费用。

2. 计日工

计日工是指在施工过程中,施工单位完成建设单位提出的工程合同范围以外的零星项目或工作,按照合同中约定的单价计价形成的费用。

3. 总承包服务费

总承包服务费是指总承包人为配合、协调建设单位进行的专业工程发包,对建设单位自行采购的设备、材料等进行保管以及施工现场管理、竣工资料汇总整理等服务所需的费用。

五、规费

规费是指按国家法律、法规规定,由省级政府和省级有关权力部门规定施工单位必须缴纳或计取,应计入建筑安装工程造价的费用,主要包括:

(1)工程排污费,是指施工现场按规定缴纳的工程排污费。

(2)社会保障费,包括养老保险费、失业保险费、医疗保险费、生育保险费、工伤保险费。

(3)住房公积金,是指企业按规定标准为职工缴纳的住房公积金。

六、税金

税金是指国家税法规定的应计入建筑安装工程造价内的增值税额,按税前造价乘以增值税税率确定。

模块三 项目成本计划

一、项目成本计划的编制依据

项目成本计划的编制依据有:

(1)合同文件;

(2)项目管理实施规划;

(3)可行性研究报告和相关设计文件;

(4)市场价格信息;

(5)相关定额;

(6)类似项目成本资料。

二、施工项目成本计划的组成

施工项目成本计划一般由施工项目降低直接成本计划和间接成本计划组成。如果项目设有附属生产单位(如加工厂、预制厂、机械动力站和汽车队等),项目成本计划还包括产品成本计划和作业成本计划。

(一)施工项目降低直接成本计划

施工项目降低直接成本计划主要反映工程成本的预算价值、计划降低额和计划降低率,一般包括以下几个方面的内容。

1. 总则

总则包括对施工项目的概述,项目管理机构及层次介绍,有关工程的进度计划、外部环境特点,对合同中有关经济问题的责任,成本计划编制中依据其他文件及其他规格也均应作适当的介绍。

2. 目标及核算原则

目标内容包括施工项目降低成本计划及计划利润总额、投资和外汇总节约额(如有的话)、主要材料和能源节约额、货款和流动资金节约额等。核算原则是指参与项目的各单位在成本、利润结算中所采用的核算方式,如承包方式、费用分配方式、会计核算原则(权责发生制与收付实现制)、结算款所用币制等,如有不同,应予以说明。

3. 降低成本计划总表或总控制方案

项目主要部分的分部成本计划,如施工部分,编写项目施工成本计划,按直接费、间接费、计划利润的合同中标数、计划支出数、计划降低额分别填入。如有多家单位参与施工,则要分单位编制后再汇总。

4.对施工项目成本计划中计划支出数估算过程的说明

要对材料费、人工费、施工机械使用费、运费等主要支出项目加以分解。以材料费为例，应说明钢材、木材、水泥、砂石、加工订货制品等主要材料和加工预制品的计划用量、价格，模板摊销列入成本的幅度，脚手架等租赁用品的付款计划，材料采购发生的成本差异是否列入成本等，以便在实际施工中加以控制与考核。

5.计划降低成本的来源分析

计划降低成本的来源分析应反映项目管理过程计划采取的增产节约、增收节支和各项措施及预期效果。以施工部分为例，应反映技术组织措施的主要项目及预期经济效果。可依据技术、劳资、机械、材料、能源、运输等各部门提出的节约措施加以整理、计算。

（二）间接成本计划

间接成本计划主要反映施工现场管理费用的计划数、预算收入数及降低额。间接成本计划应根据工程项目的核算期，以项目总收入费的管理费为基础，制定各部门费用的收支计划，汇总后作为工程项目的管理费用的计划。在间接成本计划中，收入应与取费口径一致，支出应与会计核算中管理费用的二级科目一致。间接成本计划的收支总额，应与项目成本计划中管理费一栏的数额相符。各部门应按照"节约开支、压缩费用"的原则，制定"管理费用归口包干指标落实办法"，以保证该计划的实施。

三、施工项目成本计划表

在编制了项目成本计划以后，还需要通过各种成本计划表的形式将成本降低任务落实到整个项目的施工全过程，并且在项目实施过程中实现对成本的控制。成本计划表通常由项目成本计划任务表、技术组织措施表和降低成本计划表三个表组成，间接成本计划可用施工现场管理费计划表来控制。

（一）项目成本计划任务表

它主要是反映工程项目预算成本、计划成本、成本降低额、成本降低率的文件。成本降低额能否实现主要取决于企业采取的技术组织措施。因此，计划成本降低额这一栏要根据技术组织措施表和降低成本计划表来填写。

（二）技术组织措施表

它是预测项目计划期内施工工程成本各项直接费用计划降低额的依据，是提出各项节约措施和确定各项措施经济效益的文件。它由项目经理部有关人员分别就应采取的技术组织措施预测它的经济效益，最后汇总编制而成。编制技术组织措施表是为了在不断采用新工艺、新技术的基础上提高施工技术水平，改善施工工艺过程，推广工业化和机械化施工方法，以及通过采纳合理化建议达到降低成本的目的。

（三）降低成本计划表

它是根据企业下达给该项目的降低成本任务和该项目经理部确定的降低成本指标而制

定出的项目成本降低计划。它是编制成本计划任务表的重要依据。它是由项目经理部有关业务和技术人员编制的。其编制依据是项目的总包和分包的分工,项目中的各有关部门提供降低成本资料及技术组织措施计划。在编制降低成本计划表时还应参照企业内外以往同类项目成本计划的实际执行情况。

四、施工项目成本计划的风险分析

(一)施工项目成本计划的风险因素

在编制施工项目成本计划时,不可避免地会考虑一定的风险因素。目前我国是以社会主义市场经济为经济体制改革的目标,市场调节成为配置社会资源的主要方式,通过价格杠杆和竞争机制使有限的资源配置到效益好的方面和企业去,这就必将促进企业间的竞争,加大风险。

在成本计划编制中可能存在以下几方面的因素导致成本支出加大,甚至形成亏损。

(1)由于技术上、工艺上的变更,造成施工方案的变化;

(2)交通、能源、环保方面的要求带来的变化;

(3)原材料价格变化、通货膨胀带来的连锁反应;

(4)工资及福利方面的变化;

(5)气候带来的自然灾害;

(6)可能发生的工程索赔、反索赔事件;

(7)国内外可能发生的战争、骚乱事件;

(8)国际结算中的汇率风险等。

对上述各可能风险因素在成本计划中都应做不同程度的考虑,一旦发生变化能及时修正计划。

(二)成本计划中降低施工项目成本的可能途径

降低施工项目成本可从以下几方面考虑。

1.加强施工管理,提高施工组织水平

正确选择施工方案,合理布置施工现场;采用先进的施工方法和施工工艺,不断提高工业化、现代化水平;组织均衡生产,做好现场调度和协作配合;注意竣工收尾,加快工程进度,缩短工期。

2.加强技术管理,提高工程质量

研究推广新产品、新技术、新结构、新材料、新机器及其他技术革新措施,制订并贯彻降低成本的技术组织措施,提高经济效果;加强施工过程的技术质量检验制度,提高工程质量,避免返工损失。

3.加强劳动工资管理,提高劳动生产率

改善劳动组织,合理使用劳动力,减少窝工浪费;执行劳动定额,实行合理的工资和奖励制度;加强技术教育和培训工作,提高工人的文化技术水平和操作熟练程度;加强劳动纪律,提高工作效率,压缩非生产用工和辅助用工,严格控制非生产人员比例。

4.加强机械设备管理,提高机械使用率

正确选配和合理使用机械设备,做好机械设备的保养和修理,提高机械的完好率、利用率和使用效率,从而加快施工进度,增加产量,降低机械使用费。

5.加强材料管理,节约材料费用

改进材料的采购、运输、收发、保管等方面的工作,减少各个环节的损耗,节约采购费用;合理堆置现场材料,组织分批进场,避免和减少二次搬运;严格执行材料进场验收和限额领料制度;制订并采取节约材料的技术措施,合理使用材料,尤其是"三大材"(钢材、水泥、木材);推行"节约代用、修旧利废和废料回收",综合利用一切资源。

6.加强费用管理,节约施工管理费

精减管理机构,减少管理层次,压缩非生产人员,实行定额管理,制定费用分项分部门的定额指标,有计划地控制各项费用开支。

积极采用降低成本的新管理技术,如系统工程、工业工程、全面质量管理、价值工程等,其中价值工程是寻求降低成本途径的行之有效的方法。

五、降低成本措施效果的计算

降低成本的技术组织措施项目确定后,要计算其采用后预期的经济效果。这实际上也是对降低成本目标保证程度的预测。

(1)由于劳动生产率提高,超过平均工资增长而使成本降低。

(2)由于材料、燃料消耗降低而使成本降低。

成本降低率=材料、燃料等消耗降低率×材料成本占工程成本的比重

(3)由于多完成工程任务,使固定费用相对降低从而使成本降低。

成本降低率=(1−1/生产增长率)×固定费用占工程成本的比重

(4)由于节约管理费而使成本降低。

成本降低率=管理费节约率×管理费占工程成本的比重

(5)由于减少废品、返工损失而使成本降低。

成本降低率=废品返工损失降低率×废品返工损失占工程成本的比重

机械使用费和其他直接费的节约额,也可以根据要采用的措施计算出来。将以上各项成本降低率相加,就可以测算出总的成本降低率。

模块四　项目成本控制

一、项目成本控制的步骤

(1)收集实际成本数据。

(2)将实际成本数据与成本计划目标进行比较。

(3)分析成本偏差及其原因。

(4)纠偏。

（5）必要时修改成本计划。

（6）按照规定的时间间隔编制成本报告。

二、项目成本控制的方法

（一）价值工程方法

价值工程（Value Engineering，简称 VE），也称为价值分析（Value Analysis，简称 VA），是指以产品或作业的功能分析为核心，以提高产品或作业的价值为目的，力求以最低寿命周期成本实现产品或作业使用所要求的必要功能的一项有组织的创造性活动，有些人也称其为功能成本分析。价值工程涉及价值、功能和成本三个基本要素。

价值工程方法

1. 价值

价值工程中所说的"价值"有其特定的含义，与哲学、政治经济学、经济学等学科关于价值的概念有所不同。价值工程中的"价值"是一种"评价事物有益程度的尺度"。若价值高，则说明该事物的有益程度高、效益大、好处多；若价值低，则说明有益程度低、效益差、好处少。例如，人们在购买商品时，总是希望"物美而价廉"，即花费最少的代价换取最多、最好的商品。价值工程中把"价值"定义为："对象所具有的功能与获得该功能的全部费用之比"，即

$$V = \frac{F}{C}$$

式中，V 为价值，F 为功能，C 为成本。

价值 V 是指对象具有的必要功能与取得该功能的总成本的比例，即效用或功能与费用之比。功能 F 是指产品或劳务的性能或用途，即所承担的职能，其实质是产品的使用价值。成本 C 是指产品或劳务在全寿命周期内所花费的全部费用，是生产费用与使用费用之和。

2. 功能

价值工程认为，功能对于不同的对象有着不同的含义。对于物品来说，功能就是它的用途或效用；对于作业或方法来说，功能就是它所起的作用或要达到的目的；对于人来说，功能就是他应该完成的任务；对于企业来说，功能就是它应为社会提供的产品和效用。总之，功能是对象满足某种需求的一种属性。价值工程中所阐述的"功能"内涵，实际上等同于使用价值的内涵，也就是说，功能是使用价值的具体表现形式。任何功能，无论是针对机器还是针对工程，最终都是针对人类主体的一定需求目的，且最终都是为了人类主体的生存与发展服务，因而最终将体现为相应的使用价值。因此，价值工程中所谓的"功能"，实际上就是使用价值的产出量。

3.成本

价值工程中的成本,是指人力、物力和财力资源的耗费。其中,人力资源实际上就是劳动价值的表现形式,物力和财力资源就是使用价值的表现形式。因此价值工程中所谓的"成本",实际上就是价值资源(劳动价值或使用价值)的投入量。

4.价值工程的基本特点

(1)以使用者的功能需求为出发点。

(2)对功能进行分析。

(3)系统研究功能与成本之间的关系。

(4)努力方向是提高价值。

(5)需要由多方协作,有组织、有计划、按程序地进行。

(二)赢得值法

赢得值法(Earned Value Management,简称 EVM)作为一项先进的项目管理技术,最初是美国国防部于 1967 年首次确立的。目前,国际上先进的工程公司已普遍采用赢得值法进行工程项目的费用、进度综合分析控制。

1.赢得值法的三个基本参数

采用赢得值法进行费用、进度综合分析控制的基本参数有三项,即已完工作预算费用、计划工作预算费用和已完工作实际费用。

(1)已完工作预算费用。

已完工作预算费用(Budgeted Cost for Work Performed,简称 BCWP)是指在某一时间已经完成的工作 (或部分工作),以批准认可的预算为标准所需要的资金总额。由于发包人正是根据这个值为承包人完成的工作量支付相应的费用,也就是承包人获得(持得)的金额,故称为赢得值或挣值。

$$已完工作预算费用(BCWP)=已完成工作量×预算单价$$

(2)计划工作预算费用。

计划工作预算费用(Budgeted Cost for Work Scheduled,简称 BCWS)是指根据进度计划,在某一时刻应当完成的工作(或部分工作),以预算为标准所需要的资金总额。一般来说,除非合同有变更,BCWS 在工程实施过程中应保持不变。

$$计划工作预算费用(BCWS)=计划工作量×预算单价$$

(3)已完工作实际费用。

已完工作实际费用(Actual Cost for Work Performed,简称 ACWP)即到某一时刻为止,已完成的工作(或部分工作)实际花费的总金额。

$$已完工作实际费用(ACWP)=已完成工作量×实际单价$$

2.赢得值法的四个评价指标

在这三个基本参数的基础上,可以确定赢得值法的四个评价指标,它们都是时间的函数。

(1)费用偏差 CV(Cost Variance)。

$$费用偏差(CV)=已完工作预算费用(BCWP)-已完工作实际费用(ACWP)$$

当费用偏差 CV 为负值时,表示项目运行超出预算费用;当费用偏差 CV 为正值时,表示项目运行节支,实际费用没有超出预算费用。

(2)进度偏差 SV(Schedule Variance)。

进度偏差(SV)=已完工作预算费用(BCWP)-计划工作预算费用(BCWS)

当进度偏差 SV 为负值时,表示进度延误,即实际进度落后于计划进度;当进度偏差 SV 为正值时,表示进度提前,即实际进度快于计划进度。

(3)费用绩效指数(CPI)。

费用绩效指数(CPI)=已完工作预算费用(BCWP)/已完工作实际费用(ACWP)

当费用绩效指数 CPI<1 时,表示超支,即实际费用高于预算费用;当费用绩效指数 CPI>1 时,表示节支,即实际费用低于预算费用。

(4)进度绩效指数(SPI)。

进度绩效指数(SPI)=已完工作预算费用(BCWP)/计划工作预算费用(BCWS)

当进度绩效指数 SPI<1 时,表示进度延误,即实际进度比计划进度慢;当进度绩效指数 SPI>1 时,表示进度提前,即实际进度比计划进度快。

费用(进度)偏差反映的是绝对偏差,结果很直观,有助于费用管理人员了解项目费用出现偏差的绝对数额,并依此采取一定措施,制定或调整费用支出计划和资金筹措计划。但是,绝对偏差有其不容忽视的局限性。例如,同样是 10 万元的费用偏差,对于总费用为 1000 万元的项目和总费用为 1 亿元的项目而言,其严重性显然是不同的。因此,费用(进度)偏差仅适合于对同一项目做偏差分析。费用(进度)绩效指数反映的是相对偏差,它不受项目层次的限制,也不受项目实施时间的限制,因而在同一项目和不同项目比较中均可采用。在项目的费用、进度综合控制中引入赢得值法,可以克服过去进度、费用分开控制的缺点,即当发现费用超支时,很难立即知道是由于费用超出预算,还是由于进度提前;相反,当发现费用低于预算时,也很难立即知道是由于费用节省,还是由于进度延误。引入赢得值法即可定量地判断进度、费用的执行效果。

模块五　项目成本核算

一、项目成本核算的概念

项目成本核算是通过一定的方式方法对项目施工过程中发生的各种费用成本进行逐一统计考核的一种科学管理活动。项目成本核算的作用有:

(1)可以正确计算出各项工程的实际成本,将它与预算成本进行比较,以检查预算成本的执行情况。

(2)可以及时反映施工过程中人力、物力、财力的耗费,检查人工费、材料费、机械使用费、措施费用的耗用情况和间接费用定额的执行情况,挖掘降低工程成本的潜力,节约活劳动和物化劳动。

(3)可以计算施工企业各个施工单位的经济效益和各项承包工程合同的盈亏,分清各个单位的成本责任。

(4)可以为各种不同类型的工程积累经济技术资料,为修订预算定额、施工定额提供依据。

二、项目成本核算的方法

最常用的项目成本核算方法有会计核算方法、业务核算方法与统计核算方法，三种方法互为补充，各具特点，形成完整的项目成本核算体系。

会计核算法是以传统的会计方法为主要的手段，货币为度量单位，会计记账凭证为依据，对各项资金来源去向进行综合、系统、完整地记录、计算、整理汇总的一种方法。

业务核算法是对项目中的各项业务的各个程序环节，用各种凭证进行具体核算管理的一种方法。

统计核算法是建立在会计核算与业务核算基础之上的一种成本核算方法，主要的统计内容有产值指标、物耗指标、质量指标、成本指标等。

三、项目成本核算的步骤

1. 发生成本的确认

进行项目成本核算，首先要对发生的各种成本和费用进行一一确认，确定应该记入项目成本的费用及费用数额。

2. 成本的归集与分配

成本归集是指在会计制度下，以有序的方式进行成本数据的搜集与汇总的过程；成本分配则是指将归集的成本分配给成本对象的过程。

项目实施过程中既有直接成本，也有间接成本。大多数直接成本的核算简单易行，可按照定额标准和单价直接核算；而间接成本则需要按照一定的标准进行归集与分配。

3. 确定实际发生成本

经过对项目成本的确认、归集与分配，完成了项目成本核算的主体工作。为确保核算结果的准确性，必须要对未完成的项目工程再次进行最后盘点，最终确定一定期间内完成项目的实际成本。

4. 提交项目成本核算报表

确认最终实际成本之后，要将已经完工的项目成本转入"项目结算成本"等科目中，并结转相关的期间费用，经过必要的会计处理之后，生成项目成本核算报表，并最终提交相关部门，对核算结果进行分析和总结，及时调整施工战略与方法。

项目成本
核算表

模块六 项目成本分析与考核

一、项目成本分析的方法

建筑工程成本分析方法共有两类：基本分析法和综合分析法。

（一）基本分析法

项目成本分析的基本分析法包括比较法、因素分析法、差额计算法、比率法。

1.比较法

比较法又称为指标对比分析法，是指对比技术经济指标，检查目标的完成情况，分析产生差异的原因，进而挖掘降低成本的方法。这种方法通俗易懂、简单易行、便于掌握，因而得到了广泛的应用，但在应用时必须注意各技术经济指标的可比性。比较法的应用通常采用以下形式：

（1）将实际指标与目标指标进行对比；

（2）将本期实际指标与上期实际指标进行对比；

（3）与本行业平均水平、先进水平进行对比。

2.因素分析法

因素分析法又称为连环置换法，可用来分析各种因素对成本的影响程度。在进行分析时，假定众多因素中的一个因素发生了变化，而其他因素不变，然后逐个替换，分别比较其计算结果，以确定各个因素的变化对成本的影响程度。

因素分析法

因素分析法的步骤如下：

（1）确定分析对象，计算实际与目标数的差异；

（2）确定该指标是由哪几个因素组成的，并按其相互关系进行排序（排序规则是先实物量，后价值量；先绝对值，后相对值）；

（3）以目标数为基础，将各因素的目标数相乘，作为分析替代的基数；

（4）将各个因素的实际数按照已确定的排列顺序进行替换计算，并将替换后的实际数保留下来；

（5）将每次替换计算所得的结果，与上一次的计算结果相比较，两者的差异即为该因素对成本的影响程度；

（6）各个因素的影响程度之和，应与分析对象的总差异相等。

3.差额计算法

差额计算法是因素分析法的一种简化形式，它利用各个因素的目标值与实际值的差额来计算其对成本的影响程度。

4.比率法

比率法是指用两个以上指标的比例进行分析的方法。它的基本特点是先把对比分析的数值变成相对数，再观察其相互之间的关系。

（二）综合分析法

综合分析法包括分部分项成本分析、月（季）度成本分析、年度成本分析、竣工成本分析。

二、项目成本考核

施工项目成本考核的目的在于贯彻落实责权利相结合的原则,促进成本管理工作的健康发展,更好地完成施工项目的成本目标。

组织应以项目成本降低额和项目成本降低率作为成本考核的主要指标。项目经理部应设置成本降低额和成本降低率等考核指标。发现偏离目标时,应及时采取改进措施。

(1)项目成本降低额:

$$项目成本降低额＝预算成本－目标成本$$

(2)项目成本降低率:

$$项目成本降低率＝(预算成本－目标成本)/预算成本$$

情境七　质量管理

5分钟看完
情境七

情境目标

1. 理解项目质量控制相关概念，熟悉项目质量的影响因素，了解全面质量管理思想和方法的应用。

2. 了解施工质量控制的依据与基本环节，掌握施工质量计划的内容与编制方法。

3. 掌握建设工程项目施工质量验收及施工质量不合格的处理。

4. 掌握数理统计方法在工程管理中的应用。

情境内容

1. 质量管理概述。

2. 建设工程项目施工质量控制。

3. 建设工程项目施工质量验收及施工质量不合格的处理。

4. 数理统计在工程管理中的应用。

情境七　质量管理微课

情境知识点和技能点

	知识单元		知识点
知识领域	核心知识单元	质量管理概述	1.项目质量控制相关概念； 2.项目质量的影响因素； 3.质量管理的八项原则； 4.全面质量管理思想和方法的应用
		建设工程项目施工质量控制	1.施工质量控制的依据与基本环节； 2.施工质量计划的内容与编制方法； 3.施工生产要素的质量控制； 4.施工准备的质量控制； 5.施工过程的质量控制
		建设工程项目施工质量验收及施工质量不合格的处理	1.建筑工程施工质量验收统一标准、规范体系的构成； 2.建筑工程施工质量验收； 3.建筑工程施工质量验收的程序和组织； 4.工程质量问题和质量事故的分类； 5.施工质量事故的预防； 6.施工质量问题和质量事故处理
		数理统计在工程管理中的应用	1.分层法的应用； 2.因果分析图法的应用； 3.排列图法的应用； 4.直方图法的应用
	拓展知识单元	质量管理概述	1.项目质量控制中的责任和义务； 2.项目质量管理体系的建立和运行； 3.施工企业质量管理体系的建立与认证
		建设工程项目施工质量控制	施工质量与设计质量的协调
		建设工程项目施工质量验收及施工质量不合格的处理	1.质量改进的意义及要求； 2.质量改进方法； 3.政府对工程项目质量的监督功能； 4.政府对工程项目质量的监督的内容

	技能单元		技能点
技能领域	核心技能单元	建设工程项目施工质量控制	质量计划的编制
		建设工程项目施工质量验收及施工质量不合格的处理	1.工程质量验收程序； 2.质量问题和质量事故的处理
	拓展技能单元	1.相关质量管理案例分析； 2.工程质量监督报告的编制	

情境案例

案例一　某工程建筑面积为 35000m²，建筑高度为 115m，为 36 层现浇框架-剪力墙结构，地下 2 层，抗震设防烈度为 8 度，由某市建筑公司总承包，工程于 2014 年 2 月 18 日开工。工程开工后，由项目经理部质量负责人组织编制施工项目质量计划。

问题：

(1)项目经理部质量负责人组织编制施工项目质量计划的做法对吗？为什么？

(2)施工项目质量计划的编制要求有哪些？

(3)项目质量控制的方针和基本程序是什么？

案例二　某承包商承接某工程，占地面积为 1.63 万平方米，建筑层数地上 22 层，地下 2 层，基础类型为桩基筏式承台板，结构形式为现浇剪刀墙。混凝土采用商品混凝土，强度等级有 C25、C30、C35、C40，钢筋采用 HRB355 级。屋面防水采用 SBS 改性沥青防水卷材，外墙面喷涂，内墙面和顶棚刮腻子和喷大白，屋面保温采用憎水珍珠岩，外墙保温采用聚苯保温板。根据要求，该工程实行工程监理。

问题：

(1)进场材料质量管理的基本要求是什么？

(2)承包商对进场材料如何向监理报验？

(3)该工程的钢筋工程验收要点有哪些？

模块一　质量管理概述

一、项目质量控制相关概念

1.质量

《质量管理体系　基础和术语》(GB/T 19000—2016)中关于"质量"的定义是"一组固有特性满足要求的程度"。该定义可理解为：质量不仅是指产品的质量，也包括产品生产活动或过程的工作质量，还包括质量管理体系运行的质量；质量由一组固有的特性来表征(所谓"固有的特性"，是指本来就有的、永久的特性)。这些固有的特性是指满足顾客和其他相关方要求的特性，以其满足要求的程度来衡量。而质量要求是指明示的、隐含的或必须履行的需要和期望，这些要求是动态的、发展的和相对的。也就是说，质量"好"或者"差"，以其固有特性满足质量要求的程度来衡量。

2.工程项目质量

工程项目质量是指通过项目实施形成的工程实体的质量，是反映建筑工程满足相关标准规定或合同约定的要求，包括其在安全、使用功能以及耐久性能、环境保护等方面所有明显和隐含能力的特性总和。其质量特性主要体现在适用性、安全性、耐久性、可靠性、经济性及与环境的协调性六个方面。

3.质量管理

《质量管理体系 基础和术语》(GB/T 19000—2016)关于质量管理的定义是:在质量方面指挥和控制组织的协调的活动。与质量有关的活动,通常包括质量方针和质量目标的建立、质量策划、质量控制、质量保证和质量改进等。因此,质量管理就是建立和确定质量方针、质量目标及职责,并在质量管理体系中通过质量策划、质量控制、质量保证和质量改进等手段来实施和实现全部质量管理职能的所有活动。

4.工程项目质量管理

工程项目质量管理是指在工程项目实施过程中,指挥和控制项目参与各方关于质量的相互协调的活动,是为了使工程项目满足质量要求而开展的策划、组织、计划、实施、检查、监督和审核等所有管理活动的总和。它是工程项目的建设、勘察、设计、施工、监理等单位的共同职责,项目参与各方的项目经理必须调动与项目质量有关的所有人员的积极性,共同做好本职工作,才能完成项目质量管理的任务。

5.质量控制

根据《质量管理体系 基础和术语》(GB/T 19000—2016)的定义,质量控制是质量管理的一部分,是致力于满足质量要求的一系列相关活动。这些活动主要包括:

(1)设定目标,即设定要求,确定需要控制的标准、区间、范围、区域;

(2)测量结果,测量满足所设定目标的程度;

(3)评价,即评价控制的能力和效果;

(4)纠偏,对不满足设定目标的偏差及时纠偏,保持控制能力的稳定性。

也就是说,质量控制是在明确的质量目标和具体的条件下,通过行动方案和资源配置的计划、实施、检查和监督,进行质量目标的事前预控、事中控制和事后纠偏控制,从而实现预期质量目标的系统过程。

6.工程项目质量控制

工程项目的质量要求(即项目的质量目标)是由业主方提出的,是业主的建设意图通过项目策划,包括项目的定义及建设规模、系统构成、使用功能和价值、规格、档次、标准等的定位策划和目标决策来确定的。所谓工程项目质量控制,就是在项目实施整个过程中,包括项目的勘察设计、招标采购、施工安装、竣工验收等各个阶段,项目参与各方致力于实现业主要求的项目质量总目标的一系列活动。

工程项目质量控制包括项目的建设、勘察、设计、施工、监理各方的质量控制活动。由于工程项目的质量目标最终是由项目工程实体的质量来体现的,而项目工程实体的质量最终是通过施工作业过程直接形成的,因此施工质量控制是项目质量控制的重点。

二、项目质量的影响因素

(一)工程建设各阶段对质量形成的作用与影响

工程建设各阶段对质量形成的作用与影响见表 7-1。

表 7-1	工程建设各阶段对质量形成的作用与影响	
工程建设阶段	对质量形成的作用	对质量形成的影响
项目可行性研究	1.项目决策和设计的依据； 2.确定工程项目的质量要求	直接影响项目的决策质量和设计质量
项目决策	1.充分反映业主的意愿； 2.与地区环境相适应,做到投资、质量、进度三者协调统一	确定工程项目应达到的质量目标和水平
工程勘察、设计	1.工程的地质勘察是为建设场地的选择和工程的设计与施工提供地质强度依据； 2.工程设计使得质量目标和水平具体化； 3.工程设计为施工提供充分的依据	工程设计质量是决定工程质量的关键环节
工程施工	将设计意图付诸实施,建成最终产品	决定了设计意图能否体现,是形成实体质量的决定性环节
工程竣工验收	1.考核项目质量是否达到设计要求； 2.是否符合决策阶段确定的质量目标和水平； 3.通过验收确保工程项目的质量	保证最终产品的质量

(二)施工质量的影响因素

建设工程项目施工质量的影响因素包括人的因素、机械因素、材料因素、方法因素和环境因素等(简称人、机、料、法、环)。

1.人的因素

在工程项目质量管理中,人的因素起决定性的作用。项目质量控制应以控制人的因素为基本出发点。影响项目质量的人的因素包括两个方面:一是指直接履行项目质量职能的决策者、管理者和作业者个人的质量意识及质量活动能力；二是指承担项目策划、决策或实施的建设单位、勘察设计单位、咨询服务机构、工程承包企业等实体组织的质量管理体系及其管理能力。前者是个体的人,后者是群体的人。我国实行建筑业企业经营资质管理制度、市场准入制度、执业资格注册制度、作业及管理人员持证上岗制度等,从本质上说,都是对从事建设工程活动的人的素质和能力进行必要的控制。人,作为控制对象,其工作应避免失误；作为控制动力,应充分调动人的积极性,发挥人的主导作用。因此,必须有效控制项目参与各方的人员素质,不断提高人的质量活动能力,才能保证项目质量。

2.机械因素

机械包括工程设备、施工机械和各类施工工器具。工程设备是指组成工程实体的工艺设备和各类机具,如各类生产设备、装置和辅助配套的电梯、泵机,以及通风空调、消防、环保设备等,它们是工程项目的重要组成部分,其质量的优劣直接影响工程使用功能的发挥。施工机械和各类施工工器具是指施工过程中使用的各类机具设备,包括运输设备、吊装设备、操作工具、测量仪器、计量器具以及施工安全设施等。施工机械设备是所有施工方案和工法得以实施的重要物质基础,合理选择和正确使用施工机械设备是保证项目施工质量和安全的重要条件。

3.材料因素

材料包括工程材料和施工用料,又包括原材料、半成品、成品、构配件和周转材料等。各类材料是工程施工的基本物质条件,材料质量是工程质量的基础,材料质量不符合要求,工程质量就不可能达到标准。所以,加强对材料的质量控制是保证工程质量的基础。

4.方法因素

方法因素也可以称为技术因素,包括勘察、设计、施工所采用的技术和方法,以及工程检测、试验的技术和方法等。从某种程度上说,技术方案和工艺水平决定了项目质量的优劣。依据科学的理论,采用先进、合理的技术方案和措施,按照规范进行勘察、设计、施工,必将对保证项目的结构安全和满足使用功能,对组成质量因素的产品精度、强度、平整度、清洁度、耐久性等物理、化学特性方面起到良好的推进作用。比如建设主管部门在建筑业中推广应用的多项新技术,包括地基基础和地下空间工程技术、高性能混凝土技术、高强度钢筋和预应力技术、新型模板及脚手架应用技术、钢结构技术、建筑防水技术以及 BIM 等信息技术,对消除质量通病,保证建设工程质量起到了积极作用,也收到了明显的效果。

5.环境因素

影响项目质量的环境因素,包括项目的自然环境因素、社会环境因素、管理环境因素和作业环境因素。

(1)自然环境因素。

自然环境因素主要是指工程地质、水文、气象条件和地下障碍物以及其他不可抗力等影响项目质量的因素。例如,复杂的地质条件必然对建设工程的地基处理和基础设计提出更高的要求,处理不当就会对结构安全造成不利影响;在地下水位高的地区,若在雨期进行基坑开挖,遇到连续降雨或排水困难的情况,就会发生基坑塌方或地基被水浸泡从而影响承载力等;在寒冷地区冬期施工措施不当,工程会因冻融而影响质量;在基层未干燥或大风天进行卷材屋面防水层的施工,会导致粘贴不牢及空鼓等质量问题。

(2)社会环境因素。

社会环境因素主要是指会对项目质量造成影响的各种社会环境因素,包括国家建设法律法规的健全程度及其执法力度,建设工程项目法人决策的理性化程度以及经营者的经营管理理念,建筑市场(包括建设工程交易市场和建筑生产要素市场)的发育程度及交易行为的规范程度,政府的工程质量监督及行业管理成熟程度,建设咨询服务业的发展程度及其服务水准的高低,廉政管理及行风建设的状况等。

(3)管理环境因素。

管理环境因素主要是指项目参建单位的质量管理体系、质量管理制度和各参建单位之间的协调等因素。比如,参建单位的质量管理体系是否健全,运行是否有效,决定了该单位的质量管理能力。在项目施工中根据承发包的合同结构,理顺管理关系,建立统一的现场施工组织系统和质量管理的综合运行机制,确保工程项目质量保证体系处于良好的状态,创造良好的质量管理环境和氛围,是施工顺利进行,提高施工质量的保证。

（4）作业环境因素。

作业环境因素主要指项目实施现场平面和空间环境条件，各种能源介质供应，施工照明、通风、安全防护设施，施工场地给排水，以及交通运输和道路条件等因素。这些条件是否良好，都直接影响施工能否顺利进行，以及施工质量能否得到保证。

上述因素对项目质量的影响，具有复杂多变和不确定性的特点。对这些因素进行控制，是项目质量控制的主要内容。

三、企业质量管理体系

建筑业企业质量管理体系是按照我国质量管理体系标准进行建立和认证的，该标准是我国按照等同原则，采用国际标准化组织颁布的 ISO 9000 质量管理体系族标准。

1. 质量管理体系八项原则

质量管理体系八项原则是 ISO 9000 族标准（2000 版）的编制基础，是世界各国质量管理成功经验的科学总结，其中不少内容与我国全面质量管理的经验吻合。它的贯彻执行能促进企业管理水平的提高，并能提高顾客对其产品或服务的满意程度，帮助企业达到持续成功的目的。质量管理体系八项原则的具体内容如下。

（1）以顾客为关注焦点。

组织（指从事一定范围生产经营活动的企业）依存于其顾客。组织应理解顾客当前的和未来的需求，满足顾客要求并争取超越顾客的期望。这是组织进行质量管理的基本出发点和归宿点。

（2）领导作用。

领导者确立本组织统一的质量宗旨和方向，并营造和保持使员工充分参与实现组织目标的内部环境。因此，领导在企业的质量管理中起着决定的作用。只有领导重视，各项质量活动才能有效开展。

（3）全员参与。

各级人员都是组织之本，只有全员充分参加，才能使他们的才干为组织带来收益。产品质量是产品形成过程中全体人员共同努力的结果，其中也包含为他们提供支持的管理、检查、行政人员的贡献。企业领导应对员工进行质量意识等各方面的教育，激发他们的积极性和责任感，为其能力的提高、知识的扩展、经验的积累提供机会，发挥创造精神，鼓励持续改进，给予必要的物质和精神奖励，使全员积极参与，为达到让顾客满意的目标而奋斗。

（4）过程方法。

将相关的资源和活动作为过程进行管理，可以更高效地得到期望的结果。任何使用资源的生产活动和将输入转化为输出的一组相关联的活动都可视为过程。ISO 9000 族标准是建立在过程控制的基础上的。一般在过程的输入端、不同位置及输出端都存在着可以进行测量、检查的机会和控制点，对这些控制点实行测量、检测和管理，便能控制过程的有效实施。

（5）管理的系统方法。

将相互关联的过程作为系统加以识别、理解和管理，有助于组织提高实现其目标的有效性和效率。不同企业应根据自己的特点，建立资源管理、过程实现、测量分析改进等方面的关联关系，并加以控制，即采用过程网络的方法建立质量管理体系，实施系统管理。

一般建立实施质量管理体系内容包括：

①确定顾客期望；

②建立质量目标和方针；

③确定实现目标的过程和职责；

④确定必须提供的资源；

⑤规定测量过程有效性的方法；

⑥实施测量，确定过程的有效性；

⑦确定防止不合格并清除产生原因的措施；

⑧建立和应用持续改进质量管理体系的过程。

(6)持续改进。

持续改进总体业绩是组织的一个永恒目标，其作用在于增强企业满足质量要求的能力，包括产品质量、过程及体系的有效性和效率的提高。持续改进是增强和满足质量要求能力的循环活动，使企业的质量管理步入良性循环的轨道。

(7)基于事实的决策方法。

有效的决策应建立在数据和信息分析的基础上，数据和信息分析是事实的高度提炼。以事实为依据做出决策，可防止决策失误。因此，企业领导应重视数据信息的收集、汇总和分析，以便为决策提供依据。

(8)与供方互利的关系。

组织与供方是相互依存的，建立双方的互利关系可以增强双方创造价值的能力。供方提供的产品是企业提供产品的一个组成部分。处理好与供方的关系，涉及企业能否持续稳定提供顾客满意产品的重要问题。因此，对供方不能只讲控制，不讲合作互利，特别是关键供方，更要建立互利关系，这对企业与供方双方都有利。

2.企业质量管理体系文件构成

(1)质量管理体系文件的作用。

我国质量管理体系标准文件提出明确要求，企业应具有完整和科学的质量体系文件。

我国质量管理体系实际上就是对 ISO 9000 体系框架进行总体和详细的设计，它具有下列作用。

①规范质量活动的法规。

质量管理体系文件是指导企业开展各项质量活动的法规，是各级管理人员和全体员工都应遵守的工作规范。俗话说："无规矩不成方圆。"企业的质量管理也需要立出"规矩"，才能有序地进行，从而达到预期的目的。作为企业的质量管理法规，质量管理体系文件具有强制性，企业有关人员必须认真遵守和执行，以保证工作质量和产品质量。

②达到所要求的(产品)质量和预期管理目标的保障。

质量管理体系文件中规定的质量活动都是为了达到产品质量要求及为此提供必要的信任，最终实现顾客满意的产品。保障产品质量满足顾客的要求，是质量管理体系文件的基本目标之一。通过质量管理体系文件明确管理职责、工作程序及控制要求，通过保证质量活动的工作质量来确保产品质量符合要求。执行文件对保持产品质量的一致性和可追溯性，是非常必要的。同理，其他管理目标(诸如提高生产率，降低材料、能源的消耗，降低成本等)也要借助于质量管理体系文件，实现实施过程的规范化，保障预期目标的实现，从而不断提高市场竞争力。因此,质量管理体系文件是一个组织参与市场竞争的重要资源。

③评价企业质量管理体系有效性和持续适宜性的依据。

质量管理体系文件本身就是证明企业存在质量管理体系的重要证据。无论是进行外部质量体系审核活动还是内部质量体系审核活动,在评价质量管理体系是否符合所选体系的要求,是否有效,是否适宜时,都要把体系文件作为基本依据。程序文件可以证明过程已被确定,程序已被批准,程序更改处于受控状态。

④质量改进的保障。

质量管理体系文件对质量改进起着重要的保障作用,它有助于发现目标,评价结果,巩固绩效。

⑤制订培训需求的依据。

质量管理体系的各项质量活动都需要由相应的人来完成。质量管理体系文件实施的协调性和绩效,取决于人的技能,为保证人员的素质,需要根据质量管理体系文件的要求,来安排相应的培训。

质量管理体系文件本身就是重要的培训教材,文件要求的程序与经培训可能达到的技能要相适应,从这个意义上说,体系文件的水平决定了培训应达到的水准。

综上所述,质量管理体系文件起着沟通意图、统一目标、促使行动一致和证实体系存在及保证其运行效果的重要作用。因此,编写和使用文件应是动态的高增值活动。

(2)质量管理体系文件的构成。

质量管理体系文件的构成有:

①形成文件的质量方针和质量目标;

②质量手册;

③质量管理标准所要求的各种生产、工作和管理的程序性文件;

④质量管理标准所要求的质量记录。

3.质量管理体系文件的要求

以上各类文件的详略程度无统一规定,以适合企业使用,使过程受控为准则。

(1)质量方针和质量目标。

质量方针和质量目标一般都以简明的文字来表述,是企业质量管理的方向目标,应反映用户及社会对工程质量的要求及企业相应的质量水平和服务承诺,也是企业质量经营理念的反映。

(2)质量手册的要求。

质量手册是规定企业组织建立质量管理体系的文件,其对企业质量管理体系作系统、完整和概要的描述。其内容一般包括:企业的质量方针、质量目标,组织机构及质量职责,体系要素或基本控制程序,质量手册的评审、修改和控制的管理办法。

质量手册作为企业质量管理系统的纲领性文件,应具备指令性、系统性、协调性、先进性、可行性和可检查性。

(3)程序性文件的要求。

质量体系程序性文件是质量手册的支持性文件,是企业各职能部门为落实质量手册要求而规定的细则。企业为落实质量管理工作而建立的各项管理标准、规章制度都属于程序性文件范畴。各企业程序文件的内容及详略可视企业情况而定。一般有以下六个方面的程序为通用性管理程序,各类企业都应在程序性文件中制定。

①文件控制程序；

②质量记录管理程序；

③内部审核程序；

④不合格品控制程序；

⑤纠正措施控制程序；

⑥预防措施控制程序。

除以上六个程序以外，涉及产品质量形成过程各环节控制的程序文件，如生产过程、服务过程、管理过程、监督过程等管理程序，不作统一规定，可视企业质量控制的需要而制定。

为确保过程的有效运行和控制，在程序性文件的指导下，企业还可按管理需要编制相关文件，如作业指导书、具体工程的质量计划等。

（4）质量记录的要求。

质量记录是产品质量水平和质量体系中各项质量活动过程及结果的客观反映。对质量管理体系程序文件所规定的运行过程及控制测量检查的内容如实加以记录，用以证明产品质量达到合同要求及质量保证的满足程度。如在控制体系中出现偏差，则质量记录不仅需反映偏差情况，还应反映出针对不足之处所采取的纠正措施及纠正效果。

质量记录应完整地反映质量活动实施、验证和评审的情况，并记载关键活动的过程参数，具有可追溯性的特点。质量记录按规定的形式和程序进行，并有实施、验证、审核等签署意见。

4．企业质量管理体系的建立和运行

（1）企业质量管理体系的建立。

①企业质量管理体系的建立，是在确定市场及顾客需求的前提下，按照八项质量管理原则制定企业的质量方针、质量目标、质量手册、程序性文件及质量记录等体系文件，并将质量目标分解落实到相关层次、相关岗位的职能和职责中，形成企业质量管理体系的执行系统。

②企业质量管理体系的建立还包含组织企业不同层次的员工进行培训，使体系的工作内容和执行要求为员工所了解，为形成全员参与的企业质量管理体系的运行创造条件。

③企业质量管理体系的建立需识别并提供实现质量目标和持续改进所需的资源，包括人员、基础设施、环境、信息等。

（2）企业质量管理体系的运行。

①企业质量管理体系的运行是在生产及服务的全过程中，按质量管理体系文件所制定的程序、标准、工作要求及目标分解的岗位职责进行运作。

②在企业质量管理体系运行的过程中，按各类体系文件的要求，监视、测量和分析过程的有效性和效率，做好文件规定的质量记录，持续收集、记录并分析过程的数据和信息，全面反映产品质量和过程是否符合要求，并具有可追溯的效能。

③按文件规定的办法进行质量管理评审和考核。对于过程运行的评审考核工作，应针对发现的主要问题，采取必要的改进措施，使这些过程达到所策划的结果并实现对过程的持续改进。

④为确保系统内部审核的效果，企业领导应发挥决策领导作用，制定审核政策和计划，组织内审人员队伍，落实内审条件，并对审核发现的问题采取纠正措施和提供人、财、物等方面的支持。落实质量管理体系的内部审核程序，有组织、有计划地开展内部质量审核活动，其主要目的是：

a. 评价质量管理程序的执行情况及适用性；

b. 揭露过程中存在的问题，为质量改进提供依据；

c. 建立质量管理体系运行的信息；

d. 向外部审核单位提供有效的证据。

5. 企业质量管理体系的认证与监督

（1）企业质量管理体系认证的程序。

①申请和受理。

具有法人资格，并已按我国质量管理体系标准或其他国际公认的质量管理体系规范建立了文件化的质量管理体系，且在生产经营全过程贯彻执行的企业可提出申请。申请单位须按要求填写申请书，认证机构经审查符合后接受申请，如不符合则不接受申请，但均予发出书面通知书。

②审核。

认证机构派出审核组对申请方质量管理体系进行检查和评定，包括文件审查、现场审核，并提出审核报告。

③审批与注册发证。

认证机构对审核组提出的审核报告进行全面审查，符合标准者批准并予以注册，发认证证书（内容包括证书号，注册企业名称、地址，认证和质量体系覆盖产品的范围、评价依据、质量保证模式标准及说明，发证机构，签发人和签发日期）。

（2）获准认证后的维持与监督管理。

企业获准认证的有效期为 3 年。企业获准认证后，应通过经常性的内部审核，维持质量管理体系的有效性，并接受认证机构对企业质量管理体系实施监督管理。获准认证后的质量管理体系的维持与监督管理内容如下。

①企业通报。

认证合格的企业质量管理体系在运行中出现较大变化时，需向认证机构通报，认证机构接到通报后，视情况采取必要的监督检查措施。

②监督检查。

监督检查是指认证机构对认证合格单位质量维持情况进行监督性现场检查，包括定期和不定期的监督检查。定期检查通常是每年一次，不定期检查视需要临时安排。

③认证注销。

注销是企业的自愿行为。在企业质量管理体系发生变化或证书有效期届满时未提出重新申请等情况下，认证持证者提出注销的，认证机构予以注销，收回体系认证证书。

④认证暂停。

认证暂停是认证机构对获证企业质量管理体系发生不符合认证要求情况时采取的警告措施。认证暂停期间，企业不得使用质量管理体系认证证书作宣传。企业在规定期间采取纠正措施满足规定条件后，认证机构撤销认证暂停；否则将撤销认证注册，收回认证合格证书。

⑤认证撤销。

当获证企业发生与质量管理体系存在严重不符合，或在认证暂停的规定期限未予以整改，或发生其他构成撤销体系认证资格情况时，认证机构做出撤销认证的决定。企业不服可提出申诉。撤销认证的企业一年后可重新提出认证申请。

⑥复评。

认证合格有效期满前,如企业愿继续延长,可向认证机构提出复评申请。

⑦重新换证。

在认证证书有效期内,出现体系认证标准变更、体系认证范围变更、体系认证证书持有者变更,可按规定重新换证。

四、全面质量管理思想和方法的应用

国际标准化组织(International Organization for Standardization,简称 ISO),是一个全球性的非政府组织,是国际标准化领域中一个十分重要的组织。ISO 国际标准组织成立于 1946 年,中国是 ISO 的正式成员,代表中国参加 ISO 的国家机构是中华人民共和国国家质量监督检验检疫总局。

(一)全面质量管理(TQC)的思想

全面质量管理方法的基本原理就是强调在企业或组织最高管理者的质量方针指引下,实行全面、全过程和全员参与的质量管理。建设工程项目的质量管理,同样应贯彻"三全"管理的思想和方法。

TQC 的主要特点是以顾客满意为宗旨,领导参与质量方针和目标的制定,提倡预防为主、科学管理、用数据说话等。

1. 全面质量管理

建设工程项目的全面质量管理是指建设工程项目参与各方所进行的工程项目质量管理的总称,包括工程(产品)质量和工作质量的全面管理。

2. 全过程质量管理

全过程质量管理是指根据工程质量的形成规律,从源头抓起,全过程推进。要控制的主要过程有:项目策划与决策、勘察设计、施工采购、施工组织与准备、检测设备控制与计量、施工生产的检验试验、工程质量的评定、工程竣工验收与交付、工程回访维修服务过程等。

3. 全员参与质量管理

组织的最高管理者确定了质量方针和目标,就应组织和动员全体员工参与实施质量方针的系统活动中去,发挥员工的角色作用。开展全员参与质量管理的重要手段就是运用目标管理方法,将组织的质量总目标逐级进行分解,使之形成自上而下的质量目标分解体系和自下而上的质量目标保证体系,发挥组织系统内部每个工作岗位、部门或团队在实现质量总目标过程中的作用。

(二)质量管理的 PDCA 循环

在长期的生产实践和理论研究中形成的 PDCA 循环,是建立质量体系和进行质量管理的基本方法。

1. 计划 P(Plan)

计划由目标和实现目标的手段组成,所以说计划是一条"目标-手段链"。质量管理的计划职能包括确定质量目标和制定实现质量目标的行动方案两方面。实践表明,质量计划的严谨周密、经济合理和切实可行,是保证工作质量、产品质量和服务质量的前提条件。

建设工程项目的质量计划,是由项目参与各方根据其在项目实施中所承担的任务、责任范围和质量目标,分别制定质量计划而形成的质量计划体系。其中,建设单位的工程项目质量计划包括确定和论证项目总体的质量目标,制定项目质量管理的组织、制度、工作程序、方法和要求。项目其他各参与方,则根据国家法律法规和工程合同规定的质量责任和义务,在明确各自质量目标的基础上,制定实施相应范围质量管理的行动方案,包括技术方法、业务流程、资源配置、检验试验要求、质量记录方式、不合格处理及相应管理措施等具体内容和做法的质量管理文件,同时也须对其实现预期目标的可行性、有效性、经济合理性进行分析论证,并按照规定的程序与权限,经过审批后执行。

2. 实施 D(Do)

实施职能在于将质量的目标值,通过生产要素的投入、作业技术活动和产出过程,转换为质量的实际值。为保证工程质量的产出或形成过程能够达到预期的结果,在各项质量活动实施前,要根据质量管理计划进行行动方案的部署和交底。交底的目的在于使具体的作业者和管理者明确计划的意图和要求,掌握质量标准及其实现的程序与方法。在质量活动的实施过程中,要求严格执行计划的行动方案,规范行为,把质量管理计划的各项规定和安排落实到具体的资源配置和作业技术活动中去。

3. 检查 C(Check)

检查是指对计划实施过程进行各种检查,包括作业者的自检、互检和专职管理者专检。各类检查都包含两大方面:一是检查是否严格执行了计划的行动方案,实际条件是否发生了变化,不执行计划的原因;二是检查计划执行的结果,即产出的质量是否达到标准的要求,对此进行确认和评价。

4. 处置 A(Action)

对于质量检查所发现的质量问题或质量不合格,及时进行原因分析,采取必要的措施予以纠正,保持工程质量形成过程的受控状态。处置分为纠偏和预防改进两个方面。前者是采取有效措施,解决当前的质量偏差、问题或事故;后者是将目前质量状况信息反馈到管理部门,反思问题症结或计划时的不周,确定改进目标和措施,为今后类似质量问题的预防提供借鉴。

(三)质量控制

质量控制的基本原理是运用全面全过程质量管理的思想和动态控制的原理,进行事前质量预控、事中质量控制和事后质量控制。

1. 事前质量预控

事前质量预控就是要求预先进行周密的质量计划,包括质量策划、管理体系、岗位设置,把各项质量职能活动(包括作业技术和管理活动)建立在有充分能力、条件保证和运行机制的基础上。对于建设工程项目,施工阶段的质量预控就是通过施工质量计划或施工组织设计或施工项目管理实施规划的制定过程,运用目标管理的手段,实施工程质量事前预控,或称为质量的计划预控。

事前质量预控必须充分发挥组织的技术和管理方面的整体优势,把长期形成的先进技术、管理方法和经验智慧创造性地应用于工程项目中。

事前质量预控要求针对质量控制对象的控制目标、活动条件、影响因素进行周密分析，找出薄弱环节，制定有效的控制措施和对策。

2.事中质量控制

事中质量控制也称为作业活动过程质量控制，是指质量活动主体的自我控制和他人监控的控制方式。自我控制是第一位的，即作业者在作业过程中对自己质量活动行为的约束和技术能力的发挥，以完成预定质量目标的作业任务；他人监控是指作业者的质量活动过程和结果，接受来自企业内部管理者和企业外部有关方面的检查检验，如工程监理机构、政府质量监督部门等的监控。事中质量控制的目标是确保工序质量合格，杜绝质量事故发生。

由此可知，事中质量控制的关键是增强质量意识，发挥操作者自我约束、自我控制，即坚持质量标准是根本的，他人监控是必要的补充，没有前者或用后者取代前者都是不正确的。因此，有效进行事中质量控制，就在于创造一种事中质量控制的机制和活力。

3.事后质量控制

事后质量控制也称为事后质量把关，使不合格的工序或产品不流入后道工序，不流入市场。事后质量控制的任务就是对质量活动结果进行评价、认定，对工序质量偏差进行纠正，对不合格产品进行整改和处理。建设工程项目质量的事后控制，具体体现在施工质量验收各个环节的控制方面。

从理论上分析，对于建设工程项目，如果计划预控过程所制定的行动方案考虑得越周密，事中自控能力越强，监控越严格，实现质量预期目标的可能性就越大。理想的状况就是各项作业活动"一次成活""一次交验合格率达100%"。但要达到这样的管理水平和质量形成能力是相当不容易的，即使坚持不懈地努力，也还可能有个别工序或分部分项施工质量会出现偏差。这是因为在作业过程中不可避免地会存在一些计划时难以预料的因素，包括系统因素和偶然因素的影响。

以上系统控制的三大环节，不是孤立和截然分开的，它们之间构成有机的系统过程，实质上也就是质量管理PDCA循环的具体化，并在每一次滚动循环中不断提高，达到质量管理和质量控制的持续改进。

模块二　建设工程项目施工质量控制

一、施工质量控制的依据与基本环节

1.施工质量的基本要求

工程项目施工是实现项目设计意图、形成工程实体的阶段，是最终形成项目质量和实现项目使用价值的阶段。项目施工质量控制是整个工程项目质量控制的关键和重点。施工质量要达到的最基本要求是通过施工形成的项目工程实体质量经检查验收合格。

项目施工质量验收合格应符合下列要求：

(1)符合《建筑工程施工质量验收统一标准》(GB 50300—2013)和相关专业验收规范的规定；

（2）符合工程勘察、设计文件的要求；

（3）符合施工承包合同的约定。

"合格"是对项目质量的最基本要求。

2. 施工质量控制的依据

（1）共同性依据：法律法规性文件。

（2）专业技术性依据：专业技术规范文件。

（3）项目专用性依据：工程建设合同、勘察设计文件、设计交底及图纸会审记录等。

3. 施工质量控制的基本环节

（1）事前质量控制。

事前质量控制即在正式施工前进行的事前主动质量控制，通过编制施工质量计划，明确质量目标，制定施工方案，设置质量管理点，落实质量责任，分析可能导致质量目标偏离的各种影响因素，针对这些影响因素制定有效的预防措施，防患于未然。

（2）事中质量控制。

事中质量控制的目标是确保工序质量合格，杜绝质量事故发生；控制的关键是坚持质量标准；控制的重点是工序质量、工作质量和质量控制点的控制。

（3）事后质量控制。

事后质量控制也称为事后质量把关，使不合格的工序或最终产品（包括单位工程或整个工程项目）不流入下道工序，不进入市场。事后控制包括对质量活动结果的评价、认定，对工序质量偏差的纠正，对不合格产品进行整改和处理；控制的重点是发现施工质量方面的缺陷，并通过分析提出施工质量改进的措施，保持质量处于受控状态。

二、施工质量计划的编制

按照我国质量管理体系标准，质量计划是质量管理体系文件的组成内容。在合同环境下，质量计划是企业向顾客表明质量管理方针、目标及其具体实现的方法、手段和措施，体现企业对质量责任的承诺和实施的具体步骤。

1. 施工质量计划的编制主体和范围

（1）施工质量计划的编制主体。

施工质量计划应由自控主体即施工承包企业进行编制。在平行承发包方式下，各承包单位应分别编制施工质量计划；在总分包模式下，施工总承包单位应编制总承包工程范围的施工质量计划，各分包单位编制相应分包范围的施工质量计划，作为施工总承包方质量计划的深化和组成。施工总承包方有责任对各分包施工质量计划的编制进行指导和审核，并承担相应施工质量的连带责任。

（2）施工质量计划的编制范围。

按工程项目质量控制的要求，施工质量计划编制的范围，应与建筑安装工程施工任务的实施范围一致，以保证整个项目建筑安装工程的施工质量总体受控；对具体施工任务承包单位而言，施工质量计划的编制范围应能满足其履行工程承包合同质量责任的要求。建设工程项目的施工质量计划，应在施工程序、控制组织、控制措施、控制方式等方面，形成一个有机的质量计划系统，确保对项目质量总目标和各分解目标的控制能力。

2. 施工质量计划的方式和内容

质量计划是质量管理体系标准的一个质量术语和职能,在建筑施工企业的质量管理体系中,以施工项目为对象的质量计划称为施工质量计划。

(1) 现行施工质量计划的方式。

目前,我国除了已经建立质量管理体系的部分施工企业直接采用施工质量计划的方式外,通常还使用工程项目施工组织设计或在施工项目管理实施规划中包含质量计划的内容。因此,施工质量计划有以下三种方式:

①工程项目施工质量计划;

②工程项目施工组织设计(含施工质量计划);

③施工项目管理实施规划(含施工质量计划)。

(2) 施工质量计划的基本内容。

在已经建立质量管理体系的情况下,质量计划的内容必须全面体现和落实企业质量管理体系文件的要求(也可引用质量体系文件中的相关条文),编制程序、内容和依据要符合有关规定,同时结合本工程的特点,在质量计划中编写专项管理要求。施工质量计划的基本内容一般应包括:

①工程特点及施工条件分析(合同条件、法规条件和现场条件);

②质量总目标及其分解目标;

③质量管理组织机构、岗位职责、人员及资源配置计划;

④确定施工工艺与操作方法的技术方案和施工任务的流程组织方案;

⑤施工材料、设备、物资等的质量管理及控制措施;

⑥施工质量检验、检测、试验工作的计划安排及其实施方法与接收准则;

⑦施工质量控制点及其跟踪控制的方式与要求;

⑧记录的要求等。

3. 施工质量计划的审批程序与执行

施工单位的项目施工质量计划或施工组织设计文件编成后,应按照工程施工管理程序进行审批,包括施工企业内部的审批和项目监理机构的审查。

(1) 施工企业内部的审批。

施工单位的项目施工质量计划或施工组织设计的编制与审批,应根据企业质量管理程序性文件规定的权限和流程进行,通常是由项目经理部主持编制,报企业组织管理层批准,并报送项目监理机构核准确认。

施工质量计划或施工组织设计文件的审批过程,是施工企业自主技术决策和管理决策的过程,也是发挥企业职能部门与施工项目管理团队的智慧和经验的过程。

(2) 项目监理机构的审查。

实施工程监理的施工项目,按照我国《建设工程监理规范》(GB/T 50319—2013)的规定,施工承包单位必须填写"施工组织设计(方案)报审表"并附施工组织设计(方案),报送项目监理机构审查。该规范规定项目监理机构"在工程开工前,总监理工程师应组织专业监理工程师审查承包单位报送的施工组织设计(方案)报审表,提出意见,并经总监理工程师核、签认后报建设单位"。

（3）审批关系的处理原则。

正确执行施工质量计划的审批程序，是正确理解工程质量目标和要求，保证施工部署、技术工艺方案和组织管理措施的合理性、先进性和经济性的重要环节，也是进行施工质量事前预控的重要方法。因此，在执行审批程序时，必须正确处理施工企业内部审批和监理工程师审批的关系，其基本原则如下：

①充分发挥质量自控主体和监控主体的共同作用，在坚持项目质量标准和质量控制能力的前提下，正确处理承包人利益和项目利益的关系；施工企业内部的审批首先应从履行工程承包合同的角度，审查实现合同质量目标的合理性和可行性，以项目质量计划给予发包方信任。

②施工质量计划在审批过程中，对监理工程师审查所提出的建议、希望、要求等意见是否采纳以及采纳的程度，应由负责质量计划编制的施工单位自主决策。在满足合同和相关法规要求的情况下，确定质量计划的调整、修改和优化，并承担相应执行结果的责任。

③经过按规定程序审查批准的施工质量计划，在实施过程如因条件变化需要对某些重要决定进行修改时，其修改内容仍应按照相应程序经过审批后执行。

4. 施工质量控制点的设置与管理

（1）施工质量控制点的设置。

施工质量控制点的设置，是根据工程项目施工管理的基本程序，结合项目特点，在制定项目总体质量计划后，列出各基本施工过程对局部和总体质量水平有影响的项目，作为具体实施的质量控制点。如在高层建筑施工质量管理中，基坑支护与地基处理，工程测量与沉降观测，大体积钢筋混凝土施工，工程的防排水，钢结构的制作、焊接及检测，大型设备吊装及有关分部分项工程中必须进行重点控制的内容或部位，可列为质量控制点。又如在工程功能性检测的控制程序中，可设立建筑物（构筑物）防雷检测、消防系统调试检测、通风设备系统调试检测、智能化系统调试检测等专项质量控制点；工程采用的新材料、新技术、新工艺、新设备要有具体的施工方案、技术标准、材料要求、质量检验措施等，也必须列入专项质量控制点。

通过施工质量控制点的设定，质量控制的目标及工作重点就更加明晰，事前质量控制的措施也就更加明确。施工质量控制点的事前质量控制工作包括明确质量控制的目标与控制参数；制定技术规程和控制措施，如施工操作规程及质量检测评定标准；确定质量检查检验方式及抽样的数量与方法；明确检查结果的判断标准及质量记录与信息反馈要求等。

（2）施工质量控制点的实施。

施工质量控制点的实施主要是通过控制点的动态设置和动态跟踪管理来实现的。所谓动态设置，是指一般情况下在工程开工前、设计交底和图纸会审时，可确定一批整个项目的施工质量控制点，随着工程的展开、施工条件的变化，随时或定期进行控制点范围的调整和更新。动态跟踪是应用动态控制原理，落实专人负责跟踪和记录控制点质量控制的状态及效果，并及时向项目管理组织的高层管理者反馈质量控制信息，保证施工质量控制点的受控状态。

实施建设工程监理的施工项目，应根据现场工程监理机构的要求，对施工作业质量控制点，按照不同的性质和管理要求，细分为"见证点"和"待检点"进行施工质量的监督和检查。凡属于"见证点"的施工作业，如重要部位、特种作业、专门工艺等，施工方必须在该项作业开始前24h，书面通知现场监理机构到位旁站，见证施工作业过程；凡属于"待检点"的施工作业，如隐蔽工程等，施工方必须在完成施工质量自检的基础上，提前24h通知项目监理机构进行检查验收之后,才能进行工程隐蔽或下道工序的施工。未经过项目监理机构检查验收合格的,不得进行工程隐蔽或下道工序的施工。

三、施工生产要素的质量控制

施工生产要素是施工质量形成的物质基础,其质量的含义包括:作为劳动主体的施工人员,即直接参与施工的管理者、作业者的素质及其组织效果;作为劳动对象的建筑材料、半成品、工程用品、设备等的质量;作为劳动方法的施工工艺及技术措施的水平;作为劳动手段的施工机械、设备、工具、模具等的技术性能;施工环境,包括现场水文、地质、气象等自然环境,通风、照明、安全等作业环境以及协调配合的管理环境。

1. 施工人员的质量控制

施工人员的质量包括参与工程施工各类人员的施工技能、文化素养、生理体能、心理状态等方面的个体素质,以及经过合理组织和激励发挥个体潜能综合形成的群体素质。因此,企业应通过择优录用、加强思想教育及技能方面的教育培训,合理组织、严格考核,并辅以必要的激励机制,使企业员工的潜在能力得到充分的发挥和最好的组合,使施工人员在质量控制系统中发挥主体自控作用。

施工企业必须坚持执业资格注册制度和作业人员持证上岗制度;对所选派的施工项目领导者、组织者进行教育和培训,使其质量意识和组织管理能力能满足施工质量控制的要求;对所属施工队伍进行全员培训,加强质量意识的教育和技术训练,提高每位作业者的质量活动能力和自控能力;对分包单位进行严格的资质考核和施工人员的资格考核,其资质、资格必须符合相关法规的规定,与其分包的工程相适应。

2. 材料设备的质量控制

原材料、半成品及工程设备是工程实体的构成部分,其质量是项目工程实体质量的基础。加强原材料、半成品及工程设备的质量控制,不仅是提高工程质量的必要条件,还是实现工程项目投资目标和进度目标的前提。

对原材料、半成品及工程设备进行质量控制的主要内容为:控制材料设备的性能、标准、技术参数与设计文件的相符性;控制材料、设备各项技术性能指标、检验测试指标与标准规范要求的相符性;控制材料、设备进场验收程序的正确性及质量文件资料的完备性;优先采用节能低碳的新型建筑材料和设备,禁止使用国家明令禁用或淘汰的建筑材料和设备等。

施工单位应在施工过程中贯彻执行企业质量程序性文件中关于材料和设备封样、采购、进场检验、抽样检测及质保资料提交等方面明确规定的一系列控制标准。

3. 工艺方案的质量控制

施工工艺的先进、合理是直接影响工程质量、工程进度及工程造价的关键因素,施工工艺的合理、可靠也直接影响工程施工安全。因此在工程项目质量控制系统中,制定和采用技术先进、经济合理、安全可靠的施工技术工艺方案,是工程质量控制的重要环节。

4. 施工机械的质量控制

施工机械是指在施工过程中使用的各类机械设备,包括起重运输设备、人货两用电梯、加工机械、操作工具、测量仪器、计量器具以及专用工具和施工安全设施等。施工机械设备是所有施工方案和工法得以实施的重要物质基础,合理选择和正确使用施工机械设备是保证施工质量的重要措施。

5.施工环境因素的控制

施工环境的因素主要包括施工现场自然环境因素、施工质量管理环境因素和施工作业环境因素。环境因素对工程质量的影响,具有复杂多变和不确定的特点,还具有明显的风险性。要减少其对施工质量的不利影响,主要措施是采取预测预防的风险控制方法。

四、施工准备工作的质量控制

(一)施工技术准备工作的质量控制

施工技术准备是指在正式开展施工作业活动前进行的技术准备工作。这类工作内容繁多,主要在室内进行,如熟悉施工图纸,组织设计交底和图纸审查;进行工程项目检查验收的项目划分和编号;审核相关质量文件,细化施工技术方案和施工人员、机具的配置方案,编制施工作业技术指导书,绘制各种施工详图(如测量放线图、大样图及配筋、配板、配线图表等),进行必要的技术交底和技术培训。

技术准备工作的质量控制,包括对技术准备工作成果的复核审查,检查这些成果是否符合设计图纸和相关技术规范、规程的要求;依据经过审批的质量计划审查、完善施工质量控制措施;针对施工质量控制点,明确施工质量控制的重点对象和控制方法;尽可能地提高上述工作成果对施工质量的保证程度等。

(二)现场施工准备工作的质量控制

1.计量控制

这是施工质量控制的一项重要基础工作。施工过程中的计量,包括施工生产时的投料计量、施工测量、监测计量以及对项目、产品或过程的测试、检验、分析计量等。开工前要建立和完善施工现场计量管理的规章制度,明确计量控制责任者和配置必要的计量人员,严格按规定对计量器具进行维修和校验,统一计量单位,组织量值传递,保证量值统一,从而保证施工过程中计量的准确性。

2.测量控制

工程测量放线是建设工程产品由设计转化为实物的第一步。施工测量质量的好坏,直接决定工程的定位和标高是否正确,并且制约着施工过程有关工序的质量。因此,施工单位在开工前应编制测量控制方案,经项目技术负责人批准后实施。要对建设单位提供的原始坐标点、基准线和水准点等测量控制点线进行复核,并将复测结果上报监理工程师审核,经监理工程师批准后施工单位才能建立施工测量控制网,进行工程定位和标高基准的控制。

3.施工平面图控制

建设单位应按照合同约定并充分考虑施工的实际需要,事先划定并提供施工用地和现场临时设施用地的范围,协调平衡和审查批准各施工单位的施工平面设计。施工单位要严格按照批准的施工平面布置图,科学、合理地使用施工场地,正确安装、设置施工机械设备和其他临时设施,保证现场施工道路畅通无阻和通信设施完好,合理控制材料的进场与堆放,保持良好的防洪排水能力,保证充分的给水和供电。

建设(监理)单位应会同施工单位制定严格的施工场地管理制度、施工纪律和相应的奖惩措施,严禁乱占场地和擅自断水、断电、断路,及时制止和处理各种违纪行为,并做好施工现场的质量检查记录。

(三)工程质量检查验收的项目划分

工程质量检查验收应逐级划分为单位(子单位)工程、分部(子分部)工程、分项工程和检验批。

(1)单位(子单位)工程的划分应按下列原则确定:

①具备独立施工条件并能形成独立使用功能的建筑物或构筑物为一个单位工程;

②建筑规模较大的单位工程,可将其能形成独立使用功能的部分划为若干个子单位工程。

(2)分部(子分部)工程的划分应按下列原则确定:

①分部工程的划分应按专业性质、建筑部位确定;

②当分部工程较大或较复杂时,可按材料种类、施工特点、施工程序、专业系统及类别等划分为若干子分部工程。

(3)分项工程应按主要工种、材料、施工工艺、设备类别等进行划分。

(4)分项工程可由一个或若干个检验批组成,检验批可根据施工及质量控制和专业验收需要按楼层、施工段、变形缝等进行划分。

(5)室外工程可根据专业类别和工程规模划分单位(子单位)工程,一般室外单位工程可划分为室外建筑环境工程和室外安装工程。

五、施工过程的质量控制

施工过程的作业质量控制,是在工程项目质量实际形成过程中的事中质量控制。从项目管理的立场看,工序作业质量的控制,第一是质量生产者(即作业者)的自控,在施工生产要素合格的条件下,作业者能力及其发挥的状况是决定作业质量的关键;第二,来自作业者外部的各种作业质量检查、验收和对质量行为的监督,是不可缺少的设防和把关的管理措施。

(一)工序施工质量控制

施工过程的质量控制,必须以工序作业质量控制为基础和核心。工序施工质量控制主要包括工序施工条件质量控制和工序施工效果质量控制。

1.工序施工条件质量控制

其控制的手段主要有检查、测试、试验、跟踪监督等;控制的依据主要是设计质量标准、材料质量标准、机械设备技术性能标准、施工工艺标准以及操作规程等。

2.工序施工效果质量控制

工序施工效果质量控制就是控制工序产品的质量特征和特性指标能否达到设计质量标准以及施工质量验收标准的要求。工序施工效果控制属于事后质量控制,其控制的主要途径是实测获取数据,统计分析所获取的数据,判断认定质量等级和纠正质量偏差。

按有关施工验收规范规定,下列工序质量必须进行现场质量检测,合格后才能进行下道工序：①地基基础工程；②主体结构工程；③建筑幕墙工程；④钢结构及管道工程。

(二)施工作业质量的自控

1.施工作业质量自控的意义

施工承包方和供应方在施工阶段是质量自控主体，他们不能因为监控主体的存在和监控责任的实施而减轻或免除其质量责任。

施工方作为工程施工质量的自控主体，既要遵循本企业质量管理体系的要求，也要通过具体项目质量计划的编制与实施，有效地实现施工质量的自控目标。

2.施工作业质量自控的程序

施工作业质量自控过程包括作业技术交底、作业活动的实施和作业质量的自检自查、互检互查以及专职管理人员的质量检查等。

施工作业交底是最基层的技术和管理交底活动，施工总承包方和工程监理机构都要对施工作业交底进行监督。

3.施工作业质量自控的要求

(1)预防为主：认真进行作业技术交底，落实各项作业技术组织措施。

(2)重点控制：建立工序作业控制点，深化工序作业的重点控制。

(3)坚持标准：严格进行质量自检，通过自检不断改善作业。

(4)记录完整：形成可追溯性的质量保证依据。

4.施工作业质量自控的有效制度

施工作业质量自控的有效制度有：①质量自检制度；②质量例会制度；③质量会诊制度；④质量样板制度；⑤质量挂牌制度；⑥每月质量讲评制度等。

(三)施工作业质量的监控

1.施工作业质量的监控主体

建设单位、监理单位、设计单位及政府的工程质量监督部门，在施工阶段依据法律法规和工程施工承包合同，对施工单位的质量行为和质量状况实施监督控制。

设计单位应当就审查合格的施工图纸设计文件向施工单位做出详细说明；应当参与建设工程质量事故分析，并对因设计造成的质量事故提出相应的技术处理方案。

2.现场质量检查

现场质量检查是施工作业质量监控的主要手段。

(1)现场质量检查的内容，包括：①开工前的检查；②工序交接检查；③隐蔽工程的检查；④停工后复工的检查；⑤分项、分部工程完工后的检查；⑥成品保护的检查。

(2)现场质量检查的方法，有：

①目测法，其手段可概括为"看、摸、敲、照"四个字。

②实测法，其手段可概括为"靠、量、吊、套"四个字。

③试验法，是指通过必要的试验手段对质量进行判断的检查方法，主要包括如下内容。

a. 理化试验，根据规定有时还需进行现场试验，例如，对桩或地基的静载试验、下水管道的通水试验、压力管道的耐压试验、防水层的蓄水或淋水试验等。

b. 无损检测，常用的无损检测方法有超声波探伤、X 射线探伤、γ 射线探伤等。

3. 技术核定与见证取样送检

(1) 技术核定。

施工方对施工图纸的某些要求不甚明白，或图纸内容存在某些矛盾，或工程材料的调整与代用，或建筑节点构造、管线位置或走向的改变等，需要通过设计单位明确或确认的，施工方必须以技术核定单的方式向监理工程师提出，报送设计单位核准确认。

(2) 见证取样送检。

工程所使用的主要材料、半成品、构配件以及施工过程留置的试块、试件等应实行现场见证取样送检。见证人员由建设单位及工程监理机构中有相关专业知识的人员担任，送检的试验室应具备经国家或地方工程检验检测主管部门核准的相关资质。

检测机构应当建立档案管理制度。检测合同、委托单、原始记录、检测报告应当按年度统一编号，编号应当连续，不得随意抽撤、涂改。

(四) 隐蔽工程验收与成品质量保护

1. 隐蔽工程验收

如地基基础工程、钢筋工程、预埋管线等均属于隐蔽工程。加强隐蔽工程质量验收，是施工质量控制的重要环节。要求施工方首先完成自检并合格，然后填写专用的"隐蔽工程验收单"。

2. 施工成品质量保护

建设工程项目已完施工的成品保护的目的是避免已完施工成品受到来自后续施工以及其他方面的污染或损坏。成品形成后可采取防护、覆盖、封闭、包裹等相应措施进行保护。

模块三　建设工程项目施工质量验收及施工质量不合格的处理

《建筑工程施工质量验收统一标准》(GB 50300—2013)

一、建筑工程施工质量验收统一标准、规范体系的构成

建筑工程施工质量验收统一标准、规范体系由《建筑工程施工质量验收统一标准》(GB 50300—2013)和各专业验收规范共同组成，它们必须配套使用。

其他规范的名称及编号如下：

(1)《建筑地基基础工程施工质量验收规范》(GB 50202—2002)；

(2)《砌体工程施工质量验收规范》(GB 50203—2011)；

(3)《混凝土结构工程施工质量验收规范》(GB 50204—2011)；

(4)《钢结构工程施工质量验收规范》(GB 50205—2001)；

(5)《木结构工程施工质量验收规范》(GB 50206—2012)；

(6)《屋面工程质量验收规范》(GB 50207—2012)；

(7)《地下防水工程质量验收规范》(GB 50208—2011)；

(8)《建筑地面工程施工质量验收规范》(GB 50209—2010)；

(9)《建筑装饰装修工程质量验收规范》(GB 50210—2001)；

(10)《建筑给水排水及采暖工程施工质量验收规范》(GB 50242—2002)；

(11)《通风与空调工程施工质量验收规范》(GB 50243—2016)；

(12)《建筑电气工程施工质量验收规范》(GB 50303—2015)；

(13)《电梯工程施工质量验收规范》(GB 50310—2002)；

(14)《智能建筑工程质量验收规范》(GB 50339—2013)；

(15)《民用建筑工程室内环境污染控制规范》(GB 50325—2010)。

二、建筑工程施工质量验收

(一)检验批的质量验收

1.检验批合格质量规定

(1)主控项目和一般项目的质量经抽样检验合格。

(2)具有完整的施工操作依据、质量检查记录。

检验批的质量验收包括质量资料的检查和主控项目、一般项目的检验两方面的内容。

2.检验的验收

(1)质量资料检查；

(2)主控项目和一般项目的检验；

(3)检验批的抽样方案；

(4)检验批的质量验收记录。

(二)分项工程质量验收

1.分项工程质量验收合格的规定

(1)分项工程所含的检验批均应符合合格质量规定。

(2)分项工程所含的检验批的质量验收记录应完整。

2.分项工程质量验收记录

分项工程质量应由监理工程师(建设单位项目专业技术负责人)组织项目专业技术负责人等进行验收，并按表记录。

(三)分部(子分部)工程质量验收

1.分部(子分部)工程质量验收合格的规定

(1)分部(子分部)工程所含分项工程的质量均应验收合格;

(2)质量控制资料应完整;

(3)地基与基础、主体结构和设备安装等分部工程有关安全及功能的检验和抽样检测结果应符合有关规定;

(4)观感质量验收应符合要求。

2.分部(子分部)工程质量验收记录

分部(子分部)工程质量应由总监理工程师(建设单位项目专业负责人)组织施工项目经理和有关勘察、设计单位项目负责人进行验收,并按表记录。

(四)单位(子单位)工程质量验收

1.单位(子单位)工程质量验收合格的规定

(1)单位(子单位)工程所含分部(子分部)工程的质量应验收合格;

(2)质量控制资料应完整;

(3)单位(子单位)工程所含分部工程有关安全和功能的检验资料应完整;

(4)主要功能项目的抽查结果应符合相关专业质量验收规范的规定;

(5)观感质量验收应符合要求。

2.单位(子单位)工程质量竣工验收记录

单位(子单位)工程质量竣工验收记录由施工单位填写,验收结论由监理(建设)单位填写。综合验收结论由参加验收各方共同商定,建设单位填写,应对工程质量是否符合设计和规范要求及总体质量水平做出评价。

(五)工程施工质量不符合要求时的处理

(1)经返工重做或更换器具、设备检验批,应重新进行验收;

(2)经有资质的检测单位鉴定达到设计要求的检验批,应予以验收;

(3)经有资质的检测单位鉴定达不到设计要求,但经原设计单位核算认可能满足结构安全和使用功能的检验批,可予以验收;

(4)经返修或加固的分项、分部工程,虽然外形尺寸改变但仍能满足安全使用要求,可按技术处理方案和协商文件进行验收;

(5)通过返修或加固后仍不能满足安全使用要求的分部工程、单位(子单位)工程,禁止验收。

三、建筑工程施工质量验收的程序和组织

(一)检验批和分项工程的验收程序与组织

(1)组织:检验批和分项工程是建筑工程施工质量的基础,因此,所有检验批和分项工程

均应由监理工程师或建设单位项目技术负责人组织验收。

(2)验收:验收前,施工单位先填好"检验批和分项工程的验收记录"(有关监理记录和结论不填),并由项目专业质量检验员和项目专业技术负责人分别在检验批和分项工程质量检验记录相关栏目中签字,然后由监理工程师组织,严格按规定程序进行验收。

(二)分部(子分部)工程的验收程序与组织

(1)组织:分部(子分部)工程应由总监理工程师(建设单位项目负责人)组织施工单位项目负责人和技术、质量负责人等进行验收。

(2)验收:由于地基与基础、主体结构技术性能要求严格,技术性强,关系整个工程的安全,因此与地基基础、主体结构分部工程相关的勘察、设计单位工程项目负责人和施工单位技术、质量部门负责人应参加相关分部工程验收。

(三)单位(子单位)工程的验收程序与组织

1.竣工预验收的程序

(1)施工单位填写工程竣工报验单,申请验收;

(2)总监理工程师组织竣工预验收;

(3)总监理工程师签署工程竣工报验单,提出质量评估报告。

2.正式验收

建设单位收到工程验收报告后,应由建设单位(项目)负责人组织施工(含分包单位)、设计、监理等单位(项目)负责人进行单位(子单位)工程验收。

竣工验收应具备的条件如下:

(1)完成建设工程设计和合同约定的各项内容;

(2)有完整的技术档案和施工管理资料;

(3)有工程使用的主要建筑材料、建筑构配件和设备的进场试验报告;

(4)有勘察、设计、施工、工程监理等单位分别签署的质量合格文件;

(5)有施工单位签署的工程保修书。

(四)单位工程竣工验收备案

单位工程质量验收合格后,建设单位应在规定时间内将工程验收报告和有关文件,报建设行政管理部门备案。

凡在中华人民共和国境内新建、改建、扩建的各类房屋建筑工程项目市政基础设施工程的竣工验收,均应按有关规定进行备案。国务院建设行政主管部门和有关专业部门负责全国工程竣工验收的监督管理工作。县级以上地方政府建设行政主管部门负责本行政区域工程的竣工验收备案管理工作。

四、工程质量问题和质量事故的分类

(一)工程质量不合格

1.质量不合格和质量缺陷

凡工程产品没有满足某个规定的要求,就称为质量不合格;而未满足某个与预期或规定用途有关的要求,则称为质量缺陷。

2.质量问题和质量事故

凡是工程质量不合格,影响使用功能或工程结构安全,造成永久质量缺陷或存在重大质量隐患,甚至直接导致工程倒塌或人身伤亡,必须进行返修、加固或报废处理的,按照因此造成直接经济损失的大小分为质量问题和质量事故。

(二)工程质量事故

1.按事故造成损失的程度分级

工程质量事故按事故造成损失的程度分为 4 个等级,即特别重大事故、重大事故、较大事故和一般事故,具体如下:

(1)特别重大事故,指造成 30 人以上死亡,或者 100 人以上重伤,或者 1 亿元以上直接经济损失的事故;

(2)重大事故,指造成 10 人以上 30 人以下死亡,或者 50 人以上 100 人以下重伤,或者 5000 万元以上 1 亿元以下直接经济损失的事故;

(3)较大事故,指造成 3 人以上 10 人以下死亡,或者 10 人以上 50 人以下重伤,或者 1000 万元以上 5000 万元以下直接经济损失的事故;

(4)一般事故,指造成 3 人以下死亡,或者 10 人以下重伤,或者 100 万元以上 1000 万元以下直接经济损失的事故。

2.按事故责任分类

工程质量事故按事故责任分为指导责任事故、操作责任事故、自然灾害事故。

五、施工质量事故的预防

施工质量控制的所有措施和方法,都是预防施工质量事故的措施。施工质量事故的预防,要从寻找和分析可能导致施工质量事故发生的原因入手,抓住影响施工质量的各种因素和施工质量形成过程的各个环节,采取针对性的有效预防措施。

1.施工质量事故发生的原因

施工质量事故发生的原因大致有如下四类:①技术原因;②管理原因;③社会、经济原因;④人为事故和自然灾害原因。

2.施工质量事故预防的具体措施

(1)严格按照基本建设程序办事;

（2）认真做好工程地质勘察；

（3）科学地加固、处理好地基；

（4）进行必要的设计审查复核；

（5）严格把好建筑材料及制品的质量关；

（6）对施工人员进行必要的技术培训；

（7）加强施工过程的管理；

（8）做好应对不利施工条件和各种灾害的预案；

（9）加强施工安全与环境管理。

六、施工质量问题和质量事故的处理

1.施工质量事故处理的依据

（1）质量事故的实况资料；

（2）有关合同及合同文件；

（3）有关的技术文件和档案；

（4）相关的建设法规。

2.施工质量事故的处理程序

施工质量事故处理的一般程序如图 7-1 所示。

（1）事故报告。

施工质量事故发生后，事故现场有关人员应当立即向工程建设单位负责人报告；工程建设单位负责人接到报告后，应于 1h 内向事故发生地县级以上人民政府住房和城乡建设主管部门及有关部门报告，同时应按照应急预案采取相应措施。

（2）事故调查。

事故调查要按规定区分事故的大小，分别由相应级别的人民政府直接或授权委托有关部门组织事故调查组进行调查。未造成人员伤亡的一般事故，县级人民政府也可以委托事故发生单位组织事故调查组进行调查。

（3）事故的原因分析。

分析事故发生的直接原因和间接原因，必要时组织对事故项目进行检测鉴定和专家技术论证。

（4）制定事故处理的技术方案。

编制的事故处理技术方案应安全可靠、技术可行、不留隐患、经济合理，具有可操作性，满足项目的安全和使用功能要求。

（5）事故处理。

事故处理内容包括事故的技术处理和事故的责任处罚。

（6）事故处理的鉴定验收。

事故处理是否达到预期的目的，是否依然存在隐患，应当通过检查鉴定和验收做出确认。

（7）提交事故处理报告。

提交事故处理报告时应注意事故报告、事故调查报告、事故处理报告内容的区别。

```
                          ┌─────────────┐
                          │  发现质量问题 │
                          └──────┬──────┘
                          ┌──────┴──────────┐
                          │ 直接经济损失是否小于5000元│
                          └──────┬──────────┘
              是                               否
```

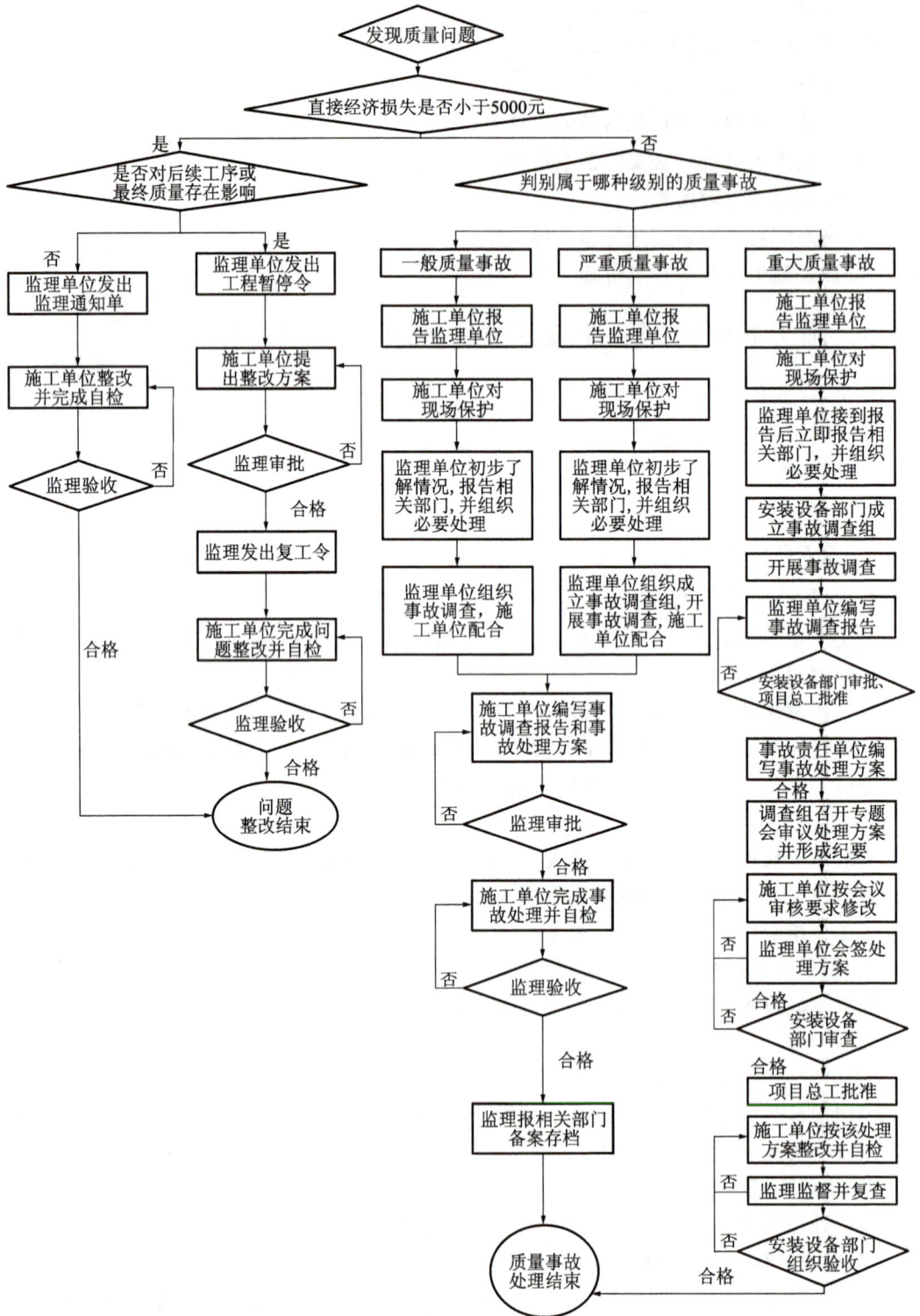

图 7-1　施工质量事故处理流程图

这是一个复杂的流程图，主要内容如下：

起点：发现质量问题 → 直接经济损失是否小于5000元

左侧分支（是，小于5000元）：
是否对后续工序或最终质量存在影响

- 否 → 监理单位发出监理通知单 → 施工单位整改并完成自检 → 监理验收（不合格返回）→ 合格
- 是 → 监理单位发出工程暂停令 → 施工单位提出整改方案 → 监理审批（否返回）→ 合格 → 监理发出复工令 → 施工单位完成问题整改并自检 → 监理验收（否返回）→ 合格 → 问题整改结束

右侧分支（否，不小于5000元）：
判别属于哪种级别的质量事故

一般质量事故：
施工单位报告监理单位 → 施工单位对现场保护 → 监理单位初步了解情况，报告相关部门，并组织必要处理 → 监理单位组织事故调查，施工单位配合 → 施工单位编写事故调查报告和事故处理方案 → 监理审批（否返回）→ 合格 → 施工单位完成事故处理并自检 → 监理验收（否返回）→ 合格 → 监理报相关部门备案存档 → 质量事故处理结束

严重质量事故：
施工单位报告监理单位 → 施工单位对现场保护 → 监理单位初步了解情况，报告相关部门，并组织必要处理 → 监理单位组织成立事故调查组，开展事故调查，施工单位配合 →（汇入一般质量事故流程）

重大质量事故：
施工单位报告监理单位 → 施工单位对现场保护 → 监理单位接到报告后立即报告相关部门，并组织必要处理 → 安装设备部门成立事故调查组 → 开展事故调查 → 监理单位编写事故调查报告 → 安装设备部门审批、项目总工批准（否返回）→ 合格 → 事故责任单位编写事故处理方案 → 调查组召开专题会审议处理方案并形成纪要 → 施工单位按会议审核要求修改 → 监理单位会签处理方案（否返回）→ 合格 → 安装设备部门审查（否返回）→ 合格 → 项目总工批准 → 施工单位按该处理方案整改并自检 → 监理监督并复查（否返回）→ 安装设备部门组织验收（否返回）→ 合格 → 质量事故处理结束

3.施工质量事故处理的基本要求

（1）目标：质量事故的处理应达到安全可靠、不留隐患、满足生产和使用要求、施工方便、经济合理的目的。

（2）原因与原则：消除造成事故的原因，注意综合治理，防止事故再次发生。

（3）处理方案：正确确定技术处理的范围和正确选择处理的时间和方法。

（4）事后控制：切实做好事故处理的检查验收工作，认真落实防范措施。

（5）事中控制：确保事故处理期间的安全。

4.施工质量事故处理的基本方法

（1）返修处理。

（2）加固处理。

（3）返工处理。

（4）限制使用。

（5）不作处理。一般可不作专门处理的情况有以下几种：

①不影响结构安全、生产工艺和使用要求的。例如，某些部位的混凝土表面养护不够而干缩微裂，不影响使用和外观，可不作处理。

②后道工序可以弥补的质量缺陷。混凝土结构表面的轻微麻面，可通过后续的抹灰、刮涂、喷涂等弥补，可不作处理；混凝土现浇楼面的平整度偏差达到 10mm，但可由后续垫层和面层的施工弥补，也可不作处理。

③法定检测单位鉴定合格的。

④出现的质量缺陷经检测鉴定达不到设计要求，但经原设计单位核算，仍能满足结构安全和使用功能的。

（6）报废处理。

模块四　数理统计在工程管理中的应用

统计质量管理是 20 世纪 30 年代发展起来的科学管理理论与方法，它把数理统计方法应用于产品生产过程的抽样检验，利用样本质量特性数据的分布规律，分析和推断生产过程总体质量的状况，改变了传统的事后把关的质量控制方式，为工业生产的事前质量控制和过程质量控制提供了有效的科学手段。它的作用和贡献成为质量管理有代表性的一个历史发展阶段，至今仍是质量管理不可缺少的工具。可以说，没有数理统计方法就没有现代工业质量管理，建筑业虽然是现场型的单件性建筑产品生产，数理统计方法直接在现场生产过程工序质量检验中的应用受到客观条件的限制，但在进场材料的抽样检验、试块试件的检测试验等方面仍然有广泛的用途。尤其是数理统计原理所创立的分层法、因果分析法、直方图法、排列图法、管理图法、分布图法、检查表法等定量和定性方法，对施工现场质量管理都有实际的应用价值。

一、分层法

1.分层法的基本原理

工程质量形成的影响因素多,因此对工程质量状况的调查和质量问题的分析,必须分门别类地进行,以便准确、有效地找出问题及其原因,这就是分层法的基本思想。

2.分层法的实际应用

调查分析的层次划分,根据管理需要和统计目的,通常可按照以下分层方法取得原始数据。

(1)按施工时间分:月、日、上午、下午、白天、晚间、季节。

(2)按地区部位分:区域、城市、乡村、楼层、外墙、内墙。

(3)按产品材料分:产地、厂商、规格、品种。

(4)按检测方法分:方法、仪器、测定人、取样方式。

(5)按作业组织分:工法、班组、工长、工人、分包商。

(6)按工程类型分:住宅、办公楼、道路、桥梁、隧道。

(7)按合同结构分:总承包、专业分包、劳务分包。

二、因果分析图法

1.因果分析图法的基本原理

因果分析图法也称为质量特性要因分析法,其基本原理是对每一个质量特性或问题,逐层深入排查可能原因,然后确定其中最主要原因,进行有的放矢的处置和管理。

2.因果分析图法的简单示例

因果分析图法的简单示例如图 7-2 所示。

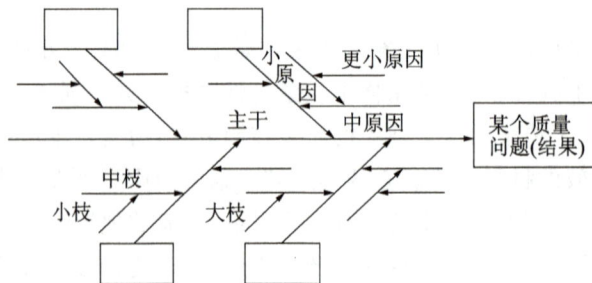

图 7-2 因果分析图法的简单示例

例如,混凝土强度不合格的原因分析中,首先把混凝土施工的生产要素(即人、机械、材料、施工方法和施工环境)作为第一层面的因素进行分析;然后对第一层面的各个因素,进行第二层面的可能原因的深入分析;依次类推,直至把所有可能的原因分层次地罗列出来,选择出现数量多、影响大的关键因素,做出△标识,如图 7-3 所示。

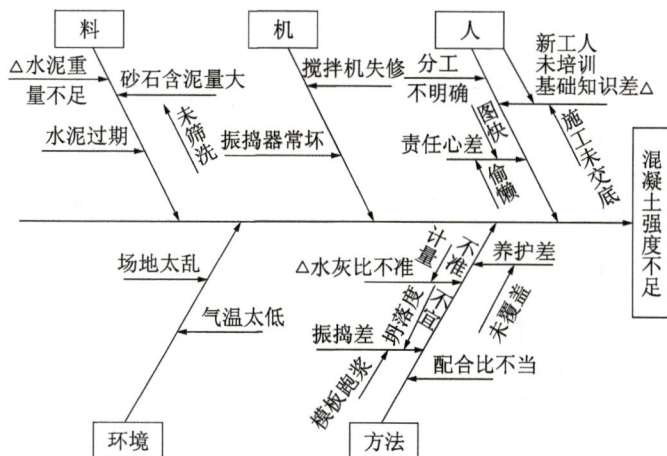

图 7-3 混凝土强度不合格的因果分析图

3.因果分析图法应用时的注意事项

(1)一个质量特性或一个质量问题使用一张图分析;

(2)通常采用 QC 小组活动的方式进行,集思广益,共同分析;

(3)必要时可以邀请小组以外的有关人员参与,广泛听取意见;

(4)分析时要充分发表意见,层层深入,列出所有可能的原因;

(5)在充分分析的基础上,由各参与人员采用投票或其他方式,从中选择 1~5 项多数人达成共识的最主要原因。

三、排列图法

在质量管理过程中,通过抽样检查或检验试验所得到的质量问题、偏差、缺陷、不合格等统计数据,以及造成质量问题的原因分析统计数据,均可采用排列图法进行状况描述,它具有直观、主次分明的特点,如图 7-4 所示。

将累计频率在 0~80%区间的问题定为 A 类问题,即主要问题,进行重点管理;将累计频率在 80%~90%区间的问题定为 B 类问题,即次要问题,作为次重点管理;将其余累计频率在 90%~100%区间的问题定为 C 类问题,即一般问题,按照常规适当加强管理。以上方法称为 ABC 分类管理法。

四、直方图法

直方图法即频数分布直方图法,它是将收集到的质量数据进行分组整理,绘制成频数分布直方图,用以描述质量分布状态的一种分析方法,所以又称为质量分布图法。

(一)直方图法的主要用途

通过直方图的观察与分析,可了解产品质量的波动情况,掌握质量特性的分布规律,以便对质量状况进行分析判断。同时可通过质量数据特征值的计算,估算施工生产过程总体的不合格品率,评价过程能力等。

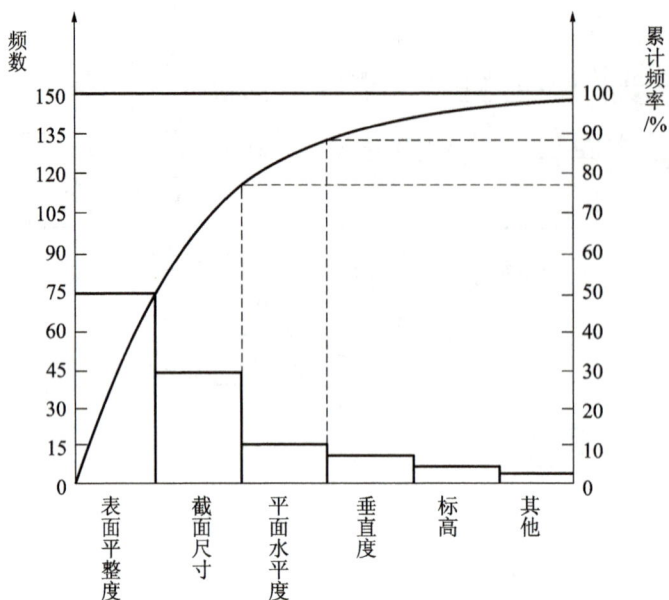

图 7-4　排列图法示例

(二)直方图的观察与分析

1.观察直方图的形状,判断质量分布状态

首先要认真观察直方图的整体形状,看其是否属于正常型直方图。正常型直方图是中间高、两侧低、左右接近对称的图形,如图 7-5(a)所示。

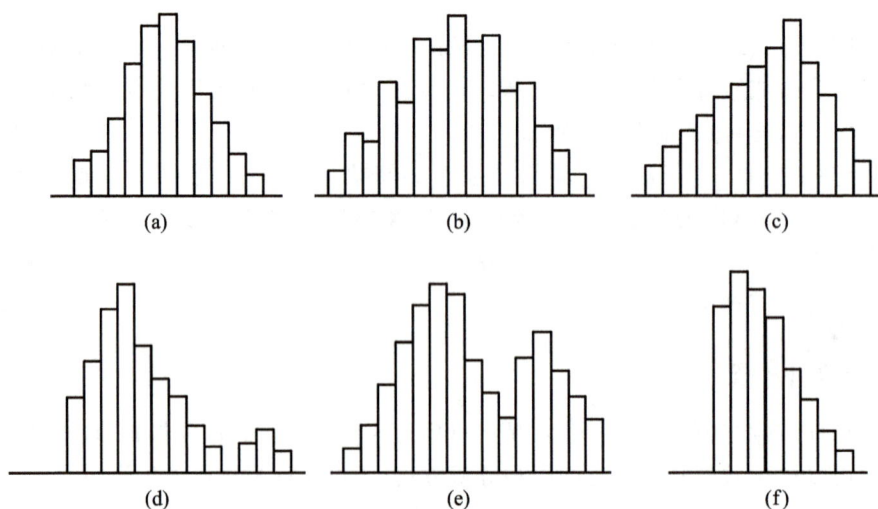

图 7-5　常见直方图类型
(a)正常型;(b)折齿型;(c)左缓坡型;(d)孤岛型;(e)双峰型;(f)绝壁型

出现非正常型直方图时,表明生产过程或收集数据、作图有问题。这就要求进一步分析判断,找出原因,从而采取措施加以纠正。凡属于非正常型的直方图,其图形分布有各种不

同缺陷,归纳起来一般有五种类型。

(1)折齿型[图 7-5(b)],是由于分组组数不当或者组距确定不当出现的直方图。

(2)左(或右)缓坡型[图 7-5(c)],主要由于操作中对上限(或下限)控制太严造成。

(3)孤岛型[图 7-5(d)],由于原材料发生变化,或者临时他人顶班作业造成。

(4)双峰型[图 7-5(e)],是由于用两种不同方法或两台设备或两组工人进行生产,然后把两个方面数据混在一起整理产生的。

(5)绝壁型[图 7-5(f)],是由于数据收集不正常,可能有意识地去掉下限以下的数据,或是在检测过程中存在某种人为因素所造成的。

2.将直方图与质量标准比较,判断实际生产过程能力

作出直方图后,除了观察直方图形状,分析质量分布状态外,还要将正常型直方图与质量标准作比较,从而判断实际生产过程能力。正常型直方图与质量标准相比较,一般有以下六种情况,如图 7-6 所示。

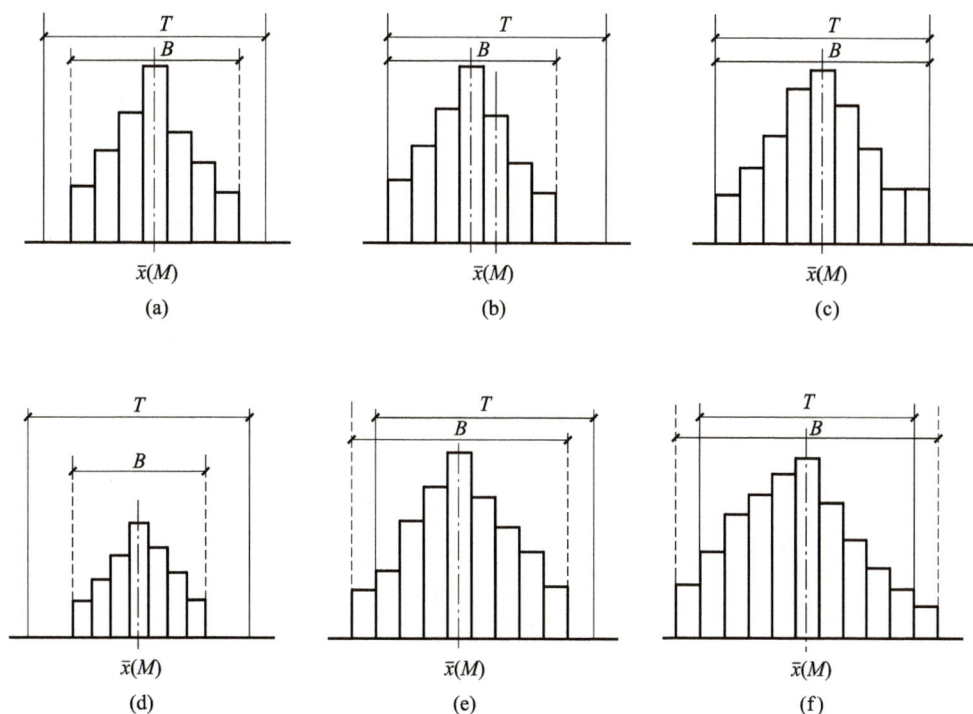

图 7-6 正常型直方图与质量标准相比较
T—质量标准要求界限;B—实际质量特性分布范围

(1)如图 7-6(a)所示,B 在 T 中间,质量分布中心 x 与质量标准中心 M 重合,实际数据分布与质量标准相比较两边还有一定余地。这样的生产过程质量是很理想的,说明生产过程处于正常的稳定状态。在这种情况下生产出来的产品可认为全都是合格品。

(2)如图 7-6(b)所示,B 虽然落在 T 内,但质量分布中心 x 与 T 的中心 M 不重合,偏向一边。此时如果生产状态一旦发生变化,就可能超出质量标准下限而出现不合格品。出现这种情况时,应迅速采取措施,使直方图移到中间来。

(3)如图7-6(c)所示,B 在 T 中间,且 B 的范围接近 T 的范围,没有余地,生产过程一旦发生小的变化,产品的质量特性值就可能超出质量标准。出现这种情况时,必须立即采取措施,以缩小质量分布范围。

(4)如图7-6(d)所示,B 在 T 中间,但两边余地太大,说明加工过于精细,不经济。在这种情况下,可以对原材料、设备、工艺、操作等控制要求适当放宽些,有目的地使 B 扩大,从而有利于降低成本。

(5)如图7-6(e)所示,B 已超出 T 下限之外,说明已出现不合格品。此时必须采取措施进行调整,使质量分布位于 T 之内。

(6)如图7-6(f)所示,B 完全超出了 T 上、下界限,散差太大,产生许多废品,说明过程能力不足,应提高过程能力,使 B 缩小。

情境八 环境管理

5分钟看完情境八

情境目标

1. 了解环境管理背景,掌握环境管理体系,了解环境法律及制度。

2. 了解绿色建筑的评价,掌握绿色施工及管理。

3. 掌握建筑施工现场环境保护,熟悉文明施工。

4. 了解现场平面布置的依据及内容,熟悉现场平面布置的步骤。

5. 了解室内污染物的种类及来源,掌握室内空气质量检测及合格评定。

情境内容

1. 环境管理体系及相关知识。

2. 绿色建筑。

3. 文明施工。

4. 现场平面布置。

5. 室内环境污染控制。

情景八　环境管理微课

情境知识点和技能点

知识领域		知识单元	知识点
知识领域	核心知识单元	环境管理体系	1.环境管理体系; 2.环境法律及制度
		绿色施工及管理	1.绿色施工; 2.绿色管理
		文明施工	1.建筑施工现场环境保护; 2.文明施工的内容; 3.文明施工的检查评定
		现场平面布置	1.现场平面布置的依据; 2.现场平面布置的内容; 3.现场平面布置的步骤及要点
		室内环境污染控制	1.室内污染物的种类及主要来源; 2.民用建筑的分类; 3.材料放射性及污染物的测定; 4.材料的进场检验; 5.室内空气质量验收
	拓展知识单元	绿色建筑	1.绿色建筑的定义; 2.绿色建筑的发展; 3.绿色建筑的评价
技能领域		技能单元	技能点
技能领域	核心技能单元	现场平面布置及绘图	1.设置大门及围墙; 2.布置大型机械; 3.布置仓库、堆场; 4.布置加工厂; 5.布置内部临时道路; 6.布置临时房屋; 7.布置临时水电管网、消防、排污等
		室内环境空气质量检测	1.室内检测点的布置; 2.检查结果的评定
	拓展技能单元	文明施工的检查评定	6个保证项目和5个一般项目的评分

情境案例

某工程地下 1 层，地上 16 层，总建筑面积为 28000m²，首层建筑面积为 2400m²，建筑红线内占地面积为 6000m²，该工程位于闹市中心，现场场地狭小。

施工单位为了降低成本，现场只设置了一条 3m 宽的施工道路兼作消防通道，现场平面呈长方形，在其斜对角布置了两个临时消火栓，两者间相距 85m，其中一个消火栓距拟建建筑物 3m，另一个消火栓距路边 6m。

为了迎接上级单位检查，施工单位临时在工地大门入口处的临时围墙上悬挂了"五牌""二图"，检查小组离开后，项目经理立即派人将之拆下并运至工地仓库保管，以备再查时用。

问题：

(1)该工程设置的消防通道是否合理？请说明理由。

(2)该工程设置的临时消火栓是否合理？请说明理由。

(3)该工程还需考虑哪些临时用水？在该工程临时用水总量中，起决定性作用的是哪种临时用水？

(4)该工程对现场"五牌""二图"的管理是否合理？请说明理由。

模块一　环境管理体系及相关知识

一、环境管理背景

1.全球性环境问题

目前，全球性环境问题主要有温室效应、淡水资源缺乏与水污染、臭氧层破坏、酸雨、部分生物灭绝、海洋污染、危险废物。

全球十大环境污染事件

2.我国当前环境状况

(1)我国空气污染严重，酸雨面积占国土面积的 30%，是世界三大酸雨区之一。

(2)城市噪声扰民现象，在开展区域环境噪声监测的城市中，一半以上的城市属于中度或较重噪声污染城市。

(3)城市生活垃圾和固体废弃物污染日益严重。

(4)土地退化十分严重，荒漠化、盐碱化土地面积不断增大。

(5)扬尘、浮尘、沙尘暴以及雾霾天气频繁发生。

(6)七大水系主干流、各大淡水湖泊、城市湖泊和近海海域均受到不同程度的污染。

3.环境管理的必要性

环境管理逐步国际化,我国已在 2001 年年底正式成为 WTO 的成员,面对全球经济一体化,参与国际竞争的我国企业的经济活动必须遵循 WTO 的准则。

二、环境管理体系

1.国际标(ISO 14000 环境管理系列标准)

环境管理技术委员会(ISO/TC207)目前已发布了八个国际标准:
(1)《环境管理体系——规范及使用指南》(ISO 14001);
(2)《环境管理体系——原则、体系和支持技术通用指南》(ISO 14004);
(3)《环境审核指南——通用原则》(ISO 14010);
(4)《环境审核指南——审核程序—环境管理体系审核》(ISO 14011);
(5)《环境审核指南——环境审核员资格要求》(ISO 14012);
(6)《环境标志与声明——基本原则》(ISO 14020);
(7)《生命周期评价——原则和框架》(ISO 14040);
(8)《环境管理——术语和定义》(ISO 14050)。

2.国标(环境管理体系标准)

我国环境管理体系标准包括:《环境管理体系 要求及使用指南》(GB/T 24001—2016)、《环境管理体系 原则、体系和支持技术通用指南》(GB/T 24004—2004)。

三、我国环境法律及制度

1.环境法体系

(1)环境保护基本法:《中华人民共和国环境保护法》。
(2)环境保护单项法(5 部):《中华人民共和国海洋环境保护法》《中华人民共和国水污染防治法》《中华人民共和国大气污染防治法》《中华人民共和国固体废物污染环境防治法》《中华人民共和国环境噪声污染防治法》。
(3)资源保护法(10 部):《中华人民共和国森林法》《中华人民共和国草原法》《中华人民共和国矿产资源法》《中华人民共和国土地管理法》《中华人民共和国水法》《中华人民共和国野生动物保护法》《中华人民共和国水土保持法》《中华人民共和国煤炭法》《中华人民共和国节约能源法》《中华人民共和国风景名胜区法》。

2.与环境相关制度

1979 年,我国在《中华人民共和国环境保护法(试行)》中已规定了与环境相关的三项制度,即环境影响评价制度、"三同时"制度、征收排污费制度。随着环境法的完善,目前比较成熟的五项新的制度有限期治理制度、环境保护目标责任制度、申报登记与排污许可证制度、城市环境综合整治定量考核制度、污染集中控制制度。

四、建筑工程环境管理的一般规定

(1)项目经理部应根据环境管理系列标准建立项目环境监控体系,不断反馈监控信息,采取整改措施。

（2）施工现场泥浆和污水未经处理不得直接排入城市排水设施和河流、湖泊、池塘。

（3）除有符合规定的装置外，不得在施工现场熔化沥青和焚烧油毡、油漆，也不得焚烧其他可产生有毒有害烟尘和恶臭气味的废弃物，禁止将有毒有害废弃物作土方回填。

（4）建筑垃圾、渣土应在指定地点堆放，每日进行清理。高空施工的垃圾及废弃物应采用密闭式串筒或其他措施清理搬运。装载建筑材料、垃圾或渣土的车辆，应采取防止尘土飞扬、洒落或流溢的有效措施。施工现场应根据需要设置机动车辆冲洗设施，冲洗污水应进行处理。

（5）在居民和单位密集区域进行爆破、打桩等施工作业前，项目经理部应按规定申请批准，还应将作业计划、影响范围、程度及有关措施等情况，向受影响范围的居民和单位通报说明，取得协作和配合；对施工机械的噪声与振动扰民，应采取相应措施予以控制。

（6）经过施工现场的地下管线，应由发包人在施工前通知承包人，标出位置，加以保护。施工时发现文物、古迹、爆炸物、电缆等，应当停止施工，保护好现场，及时向有关部门报告，按照有关规定处理后方可继续施工。

（7）施工中需要停水、停电、封路而影响环境时，必须经有关部门批准，事先告示。在行人、车辆通行的地方施工，应当设置沟、井、坎、穴覆盖物和标志。

（8）高温季节施工宜对施工现场进行绿化布置。

模块二　绿色建筑

一、绿色建筑的背景

1. 绿色建筑的定义

绿色建筑是指在建筑的全寿命周期内，最大限度地节约资源（节能、节地、节水、节材），保护环境和减少污染，为人们提供健康、适用和高效的使用空间，与自然和谐共生的建筑。绿色建筑的三大效益分别为经济效益、环境效益、社会效益。

2. 国内外绿色建筑等级划分

国内外绿色建筑等级划分见表8-1。

表 8-1　　　　国内外绿色建筑等级划分

国家或行政区	等级划分
BREEAM（英）	通过、好、很好、优秀
LEED（美）	认证奖（26～32）、银牌（33～38）、金牌（39～51）、白金（52～69）
NABERS（澳）	0～5 星级
CASBEE（日）	根据环境性能效率指标 BEE，给予评价，表现为 QL 二维图
HK-BEAM（港）	满意、好、很好、优秀

国家或行政区	等级划分
ESCALE(法)	较差工程、标准工程、优秀工程
ESFGB(中)	★、★★、★★★

3.中国绿色建筑发展及现状

(1)我国绿色建筑评价发展如下:

①《绿色建筑技术导则》(2005年);

②全国绿色建筑创新奖(2005年);

③《绿色建筑评价标准》(GB/T 50378—2014);

④《绿色建筑评价技术细则》(2007年);

⑤《绿色建筑评价标识管理办法(试行)》(2007年);

⑥《绿色建筑评价技术细则补充说明》(2009年)。

(2)目前政府在绿色建筑方面的工作现状。

①首次列入国家中长期发展规划;

②每年召开国际绿色建筑与建筑节能大会暨新技术与产品博览会;

③每两年由政府颁发绿色建筑创新奖;

④开展绿色建筑科学研究工作;

⑤加强标准规范的编制;

⑥成立绿色建筑和节能专业技术委员会;

⑦用示范工程来推进绿色建筑的发展;

⑧推行绿色建筑星级认证。

二、中国绿色建筑评价

1.《绿色建筑评价标准》(GB/T 50378—2014)

绿色建筑评价贯穿于建筑的全寿命周期,即建设设计、施工、运营的整个过程。其评价体系内容包括:①控制项,强制要求,需全部满足;②一般项及优选项,按申请等级,达到所需各项数量;③评价方法,定性加定量方法。

2.绿色建筑评价标示

(1)"设计标示",仅包括设计阶段。

(2)"评价标示",包括设计、施工及运营阶段(通过工程验收,并使用一年以上)。

3.绿色建筑评定指标体系(四节一环一运)

绿色建筑评定指标体系见表8-2。

表 8-2
绿色建筑评定指标体系

绿色建筑评定指标体系	节地与环境	建筑场地
		节地
		降低环境负荷
		绿化
		交通设施
	节能与能源利用	降低建筑能耗负荷
		提高系统用能效率
		使用可再生能源
	节水与水资源利用	提高用水效率
		雨污水处理与排放
		节水指标
	节材与材料资源	使用绿色建材
		建筑节材
	室内环境质量	采光与视野
		热舒适性
		照明
		声环境
		室内空气质量
		可改造性
	运营管理	智能化系统
		物业管理
		建立 ISO 14000 环境管理系统

三、绿色施工

1.绿色施工的含义

绿色施工是指工程建设过程中,在保证质量、安全等基本要求的前提下,通过科学管理和技术进步,最大限度地节约资源并减少对环境负面影响,从而实现节能、节地、节水、节材和环境保护的施工活动。

2.绿色施工的原则

(1)尊重基地环境,减少施工干扰,如场地平整、土方开挖、施工降水、永久及临时设施建设和场地废物处理等均会造成影响,应尽量减小影响。

(2)注重环境品质,减少施工造成的环境污染(如灰尘、噪声、有毒有害气体、废物等)。

(3)结合气候、气象条件,合理安排施工计划。承包商在选择施工方法、施工机械,安排施工顺序,布置施工场地时应尽量结合项目所在地的气候特征。

（4）关注工程项目的可持续发展，合理利用资源、能源。在施工中应尽量做到节约利用水资源、电能，减少材料损害和注重其他资源的节约利用。

3.绿色施工的管理

（1）组织管理。

①建立体系，制订目标。

②项目经理为绿色施工第一责任人。

（2）规划管理。

规划管理要求编制绿色施工方案，包括"四节一环一运"。

（3）实施管理。

①实现对施工全过程的动态管理，加强对各个阶段的管理和监督。

②有针对性地宣传绿色施工，营造良好的氛围。

（4）评价管理。

①对照指标体系，结合工程特点，对绿色施工采用的新技术、新设备、新材料与新工艺和实施后的效果进行自评估。

②成立专家评估小组，对施工方案、实施过程直至项目竣工，进行综合评估。

（5）人员安全与健康管理。

①制订施工防尘、防毒、防辐射等职业危害的措施，保障施工人员的长期职业健康。

②合理布置施工场地，保护生活及办公区不受施工活动的有害影响。建立卫生急救、保健防疫制度，在安全事故和疾病疫情出现时及时提供救助。

③提供卫生、健康的工作与生活环境，加强对施工人员的住宿、膳食、饮用水等生活环境卫生的管理，改善施工人员的生活条件。

模块三　文　明　施　工

一、建筑施工现场环境保护

（1）现场建立环保、卫生管理及检查制度。

（2）开工15d前到环保主管部门申报登记。

（3）办理夜间施工许可证。

（4）夜间照明加灯罩；电焊采取遮挡措施，以免弧光外泄，造成光污染。

（5）签署污水排放许可协议，申领临时排水许可证。

（6）有毒材料、油料仓库作防渗处理，食堂设隔油池。

（7）废弃物分类存放，到环卫部门登记。

（8）道路硬化，裸露场地覆盖、固化、绿化。

（9）搅拌厂封闭、降尘。

（10）防止噪声扰民。

（11）停水、停电、封路需批准和告示。

（12）现场动火审批制和动火监护制。

二、现场文明施工

1. 文明施工的主要内容

（1）抓好项目文化建设；

（2）规范场容，保持作业环境整洁卫生；

（3）创造文明有序安全生产的条件；

（4）减少对居民和环境的不利影响。

2. 文明施工方案的编制

（1）施工前应该由工程技术人员、安全管理人员编制文明施工专项方案；

（2）文明施工专项方案应由施工单位技术负责人审批，项目总监、建设单位项目负责人审核并签字确认；

（3）文明施工专项方案应包括围墙、临时设施搭设、场容场貌、卫生管理、环境保护、消防等主要内容。

3. 文明施工的检查评定

文明施工的检查评定内容包括保证项目（现场围挡、封闭管理、施工场地、现场材料、现场住宿、现场防火）和一般项目（治安综合治理、施工现场标牌、生活设施、保健急救、社区服务）。

（1）现场围挡。

城市主干道路旁边的围墙高度不低于 2.5m，一般道路及城市次干道路围墙高度不低于 1.8m，如图 8-1 所示。

图 8-1　现场围挡

（2）封闭管理。

施工现场实施封闭式管理。大门及门头、门柱的设置应符合相应的要求；应设门卫室，并建立门卫制度，进入现场的工作人员要佩戴企业统一的胸牌，有条件的还可设置指纹识别系统或刷卡进门。

（3）施工场地。

场内应按要求设置旗台，工地地面要做硬化处理，道路要畅通，搞好环境绿化工作，并设置饮水处、吸烟室；在工地大门口设置车辆冲洗槽，并设排水、排污、防泥浆等措施；设专人打扫现场，洒水、降尘、防暑。

现场文明
施工动画

（4）现场材料。

建筑材料、构配件等应按照总平面布置的要求，分门别类、整齐有序地堆放，并立好相应的标牌，做到"工完料净场地清"；建筑垃圾也要分类整齐堆放，易燃易爆品设专人保管，分类存放。

（5）现场住宿。

施工作业区应与办公、生活区明显划分开来。在建工程内不得设置宿舍，宿舍人均面积不宜小于 $2m^2$，床铺不得超过 2 层；夏季要有消暑和防蚊措施，冬季应有采暖设施。

（6）现场防火。

施工现场要制定防火制度与消防措施，按要求配备干砂、灭火器材、消火栓。消火栓至建筑物的距离不能小于 5m，也不能大于 25m。消火栓至道路的距离不超过 2m。现场明火作业要办理动火审批手续，作业时设专人监护。

（7）治安综合治理。

生活区还应设置学习、娱乐活动场所。建立健全治安综合防范治理的措施，将责任落实到个人，杜绝失盗。

（8）施工现场标牌。

现场出入口处应悬挂"五牌一图"，即工程概况牌、管理人员名单及监督电话牌、安全生产、消防保卫牌、文明施工牌以及现场平面图，内容完整、齐全、规范。现场要有安全标语及宣传栏，安全防护措施的设置应符合相关要求。

（9）生活设施。

施工现场应建立卫生安全责任制，食堂要求整洁、卫生，炊事人员须持有健康证等相关证件。卫生间、盥洗室的设置应满足相关要求，生活垃圾应装入容器，及时清理，设专人负责。

（10）保健急救。

施工现场应配有经过专业培训的急救人员，备有急救的药品和器材，制定有效可行的急救措施，开展卫生及安全宣传教育活动。

（11）社区服务。

施工现场要有防尘、防噪声及不扰民措施，未经允许不得夜间施工，不得在现场焚烧有毒有害的物质。

模块四　现场平面布置

一、现场平面布置的依据

（1）建筑总平面图及施工场地的地质地形；

（2）工地及周围生活、道路交通、电力电源、水源等的情况；

（3）各种建筑材料、预制构件、半成品、建筑机械的现场存储量及进场时间；

（4）单位工程施工进度计划及主要施工过程的施工方法；

（5）现有可用的房屋及生活设施，包括临时建筑物、仓库、水电设施、食堂、锅炉房、浴室等；

(6)已建及拟建的房屋和地下管道；

(7)建筑区域的竖向设计和土方调配图。

二、现场平面布置图

现场平面布置图应按照实际情况并结合相关规定分阶段绘制（如基础阶段平面布置图、主体阶段平面布置图、装饰装修阶段施工平面布置图），采用的比例一般为 $1:500 \sim 1:200$。

三、现场平面布置图的内容

(1)工程施工场地状况；

(2)拟建及原有建（构）筑物的位置、轮廓尺寸、层数等；

(3)工程施工现场的加工区、存贮区、办公和生活用房等的位置和面积；

(4)布置在工程施工现场的垂直运输设施、供电设施、供水供热设施、排水排污设施和临时施工道路等；

(5)施工现场必备的安全、消防、保卫和环境保护等设施。

四、现场平面布置的步骤及要点

(1)设置大门，引入场外道路。尽量设置 2 个以上的大门，宽度、高度满足运输车辆的要求。

(2)布置大型机械（如塔吊、施工电梯、混凝土泵等），布置时应考虑覆盖范围和使用方便。

(3)布置仓库、堆场，应接近使用地点，保证运输方便，装卸时间长的仓库应远离路边。

(4)布置加工厂，应使材料、构件运输量小，关联的加工厂适当集中。

(5)布置内部临时道路。主干道宽度，单行道不小于 4m，双行道不小于 6m。木材场两侧应有 6m 宽通道，端头处应有 $12m \times 12m$ 回车场。消防车道宽度不小于 4m，载重车转弯半径不宜小于 15m。

(6)布置临时房屋，如办公室、宿舍、食堂、浴室、厕所、门卫室、饮水处、吸烟处等。

(7)布置临时水电管网、消防设施、排污设施等。

模块五　室内环境污染控制

一、室内污染物的种类及主要来源

1.室内污染物的种类

室内污染物常见的种类有五种，即甲醛、苯、氡、氨、TVOC 总挥发性有机气体。

2.危害及主要来源

(1)甲醛。

危害：被世界卫生组织确认为一类致癌物，可引起恶心、呕吐、咳嗽、胸闷、哮喘甚至肺气肿；长期接触低剂量甲醛，可引起人体慢性呼吸道疾病，引起女性月经紊乱、妊娠综合症，引起新生儿体质降低、染色体异常，引起少年儿童智力下降；甲醛还可引起人类的鼻咽癌、鼻腔癌和鼻窦癌;损伤人的造血功能,可引发白血病。

主要来源:夹板、大芯板、中密度板等人造板材及其制造的家具、木地板等;壁纸、地毯、油漆、涂料、胶黏剂等;车椅座套、坐垫和车顶内衬等装饰布上的阻燃剂。

(2)苯系物(苯、甲苯、二甲苯)。

危害:属于致癌物质。影响中枢神经系统,并伴有头痛、头晕、恶心,影响造血机能,对肝、肾及免疫系统产生伤害,长期接触可引发各种癌症,特别是白血病。

主要来源:油漆、涂料、布艺沙发、皮革沙发、防水布料(含装修用胶、合成橡胶、人造皮)、合成消毒剂,各种油漆、涂料的添加剂和稀释剂、各种溶剂型塑胶剂。

(3)氨。

危害:对皮肤、呼吸道、眼睛有刺激损伤,可引发支气管炎、皮炎,减弱人体对疾病的抵抗力。短期内吸入大量氨气后可出现流泪、咽痛、声音嘶哑、咳嗽、痰带血丝、胸闷、呼吸困难,可伴有头晕、头痛、恶心、呕吐、乏力等症状,严重者可发生肺水肿、成人呼吸窘迫综合征,同时可能发生呼吸道刺激症状。

主要来源:混凝土防冻剂、装饰装修材料中的添加剂和增白剂。

(4)氡。

危害:放射线体外辐射,对造血器官、神经系统、生殖系统、消化系统造成损伤,导致肺癌等。

主要来源:水泥、砖、砂、石材、瓷砖、地质断裂带等。

(5)TVOC(总挥发性有机气体)。

危害:引起头晕、口痛、乏力,影响中枢神经及消化系统,出现变态反应等。当 TVOC 浓度为 3.0~25mg/m³ 时,会产生刺激和不适,可能会出现头痛等症状。当 TVOC 浓度大于 25mg/m³ 时,可能会出现神经毒性作用。常见症状有眼睛不适,浑身赤热、干燥,头痛等。

主要来源:室内装修材料、建筑材料、装饰材料、纤维材料、家用化学品、生活及办公用品等。

二、民用建筑的分类及室内环境污染物浓度限值

民用建筑工程是指新建、扩建和改建的民用建筑结构工程和装修工程的统称,按照使用功能不同其可以分为如下两类:

(1)Ⅰ类,包括住宅、医院、老年建筑、幼儿园、学校教室等;

(2)Ⅱ类,包括办公楼、商店、旅馆、文化娱乐场所、书店、图书馆、展览馆、体育馆、公共交通等候室、餐厅、理发店等。

民用建筑工程室内环境污染物浓度限值见表 8-3。

表 8-3   **民用建筑工程室内环境污染物浓度限值**

污染物	Ⅰ类民用建筑	Ⅱ类民用建筑	污染物	Ⅰ类民用建筑	Ⅱ类民用建筑
氡/(Bq/m³)	≤200	≤400	氨/(mg/m³)	≤0.2	≤0.5
甲醛/(mg/m³)	≤0.08	≤0.12	TVOC/(mg/m³)	≤0.5	≤0.6
苯/(mg/m³)	≤0.09	≤0.09			

注:除氡外,均应以同步测定的室外上风向空气相应值为空白值。

三、室内空气质量验收

1.抽样时间

抽样应在工程完工 7d 以后交付使用前进行。

进行民用建筑工程室内环境中游离甲醛、苯、氨、TVOC(总挥发性有机化合物)浓度检测时,对采用集中空调的民用建筑工程,应在空调正常运转的条件下进行;对采用自然通风的民用建筑工程,应在对外门窗关闭 1h 后进行。

民用建筑工程室内环境中进行氡浓度检测时,对采用集中空调的民用建筑工程,应在空调正常运转的条件下进行;对采用自然通风的民用建筑工程,检测应在对外门窗关闭 24h 后进行。

2.抽检代表间数量

民用建筑工程验收时,应抽检有代表性的房间室内环境污染物浓度,检测数量不得少于 5%,并不得少于 3 间;房间总数少于 3 间时,应全数检测。

3.室内检测点的布置

民用建筑工程验收时,室内环境污染物浓度检测点应按房间面积设置,具体如下:

(1)房间面积小于 50m² 时,设 1 个检测点;

(2)当房间面积为 50~100m² 时,设 2 个检测点;

(3)房间面积大于 100m² 时,设 3~5 个检测点。

民用建筑工程验收时,环境污染物浓度现场检测点应距内墙面不小于 0.5m,距楼地面高度为 0.8~1.5m。检测点应均匀分布,避开通风道和通风口。

4.检测结果判定

室内环境全部污染物浓度的检测结果符合技术标准规定,可判定合格;当不符合检测结果时,应查找原因并进行处理;采取措施后对不合格项再次进行检测,再次检测时抽检数量增加 1 倍,并应包括不合格房间,再次检测全部污染物浓度的检测结果符合技术标准规定,可判定合格;质量验收不合格的工程严禁投入使用。

四、改善室内空气质量的绿色植物

(1)能有效吸收甲醛的植物:包括吊兰、仙人掌、龙舌兰、常春藤、绿萝、菊花、秋海棠、芦荟、绿帝王、紫露草、发财树等。

(2)能有效吸收苯的植物:包括虎尾兰、常春藤、苏铁、菊花、米兰、芦荟、龙舌兰、花叶万年青、冷水花等。

(3)能有效吸收氨的植物:包括女贞、无花果、绿萝、紫薇、蜡梅等。

室内环境检测

（4）能有效吸收氡的植物：包括冰岛罂粟等（能强烈吸收氡的植物比较少，目前发现的主要是冰岛罂粟）。

（5）部分植物实验结论如下。

①吊兰：一盆吊兰在 $10m^2$ 以内的房间中可除去 80% 的有害气体，吸收 85% 左右的甲醛。

②虎尾兰：一盆虎尾兰在 $10m^2$ 以内的房间中可除去 80% 以上的多种有害气体。

③龙舌兰：一盆龙舌兰在 $10m^2$ 以内的房间中可吸收 50% 左右的甲醛、70% 左右的苯以及 24% 左右的三氯乙烯。

④芦荟：一盆芦荟可以消灭 $1m^3$ 中 90% 左右的甲醛。

情境九　安全管理

5 分钟看完
情境九

情境目标

1.了解安全生产管理制度,理解施工安全技术措施,掌握施工安全技术交底。

2.了解职业伤害事故的分类,熟悉职业伤害事故的处理程序。

情境内容

1.建设工程安全生产管理。

2.建筑工程安全事故的分类和处理。

情境九　安全管理微课

情境知识点和技能点

	知识单元		知识点
知识领域	核心知识单元	建设工程安全生产管理	1.概述； 2.安全生产管理制度； 3.施工安全技术措施； 4.施工安全技术交底
		建设工程安全事故的分类和处理	1.职业伤害事故的分类； 2.职业伤害事故的处理
	拓展知识单元	安全事故	安全事故案例分析
	技能单元		技能点
技能领域	核心技能单元	建设工程安全生产管理	1.安全技术措施的编制； 2.施工项目安全生产管理计划； 3.施工安全技术交底
		建设工程安全事故的分类和处理	1.安全事故的处理； 2.制定施工现场安全事故应急救援预案
	拓展技能单元	安全事故报告的编制	

情境案例

案例一 某写字楼工程外墙装修用脚手架为一字形钢管脚手架,脚手架东西长68m,高36m。2013年10月10日,项目经理安排3名工人对脚手架进行拆除,由于违反拆除作业程序,当局部刚刚拆除到24m左右时,脚手架突然向外整体倾覆,正在脚手架上作业的3名工人一同坠落,后被紧急送往医院抢救,2人脱离危险,1人因抢救无效死亡。经调查,拆除脚手架作业的3名工人刚刚进场两天,并非专业架子工,进场后并没有接受三级安全教育。在拆除作业前,项目经理也没有对他们进行相应的安全技术交底。

问题:

(1)何谓特种作业?建筑工程施工中哪些人员为特种作业人员?

(2)何谓三级安全教育?请简述三级安全教育的内容和课时要求。

(3)建筑工程施工安全技术交底的基本要求及应包括的主要内容有哪些?

(4)建筑工程施工安全管理目标包含哪些具体控制指标?

案例二 某商厦建筑面积为14800m²,钢筋混凝土框架结构,地上5层,地下2层,由市建筑设计院设计,××建筑工程公司施工,2014年4月8日开工。在主体结构施工到地上2

层时,柱混凝土施工完毕。为使楼梯能跟上主体施工进度,施工单位在地下室楼梯未施工的情况下直接支模施工第一层楼梯混凝土。支模方法是:在0.00m处的地下室楼梯间侧壁混凝土墙板上放置四块预应力混凝土空心楼板,在楼梯上面进行一楼楼梯支模,在地下室楼梯间采取分层支模的方法对上述四块预制楼板进行支撑,地下1层的支撑柱直接顶在预制楼板下面。7月30日中午开始浇筑一层楼梯混凝土,当混凝土浇筑即将完工时,楼梯整体突然坍塌,致使7名现场施工人员坠落并被砸入地下室楼梯间内,造成4人死亡,3人轻伤,直接经济损失达10.5万元的重大事故。经事后调查发现,第一层楼梯混凝土浇筑的技术交底和安全交底均为施工单位为逃避责任而后补。

问题:

(1)本工程这起重大事故可定为哪种等级的重大事故?依据是什么?

(2)分部(分项)工程安全技术交底的要求和主要内容是什么?

(3)伤亡事故处理的程序是什么?

案例三 某工程项目部项目经理在7月中旬依据《建筑施工安全检查标准》(JGJ 59—2011),组织对现场脚手架和临时用电情况进行了专项检查。该现场搭设的是一双排落地式钢管脚手架,架高54m。临时用电系统为"三相五线制"TN-S系统。经检查评分,在"施工用电检查评分表"中,外电防护实得20分,接地与接零保护系统实得10分,配电箱与开关箱实得13分,现场照明实得6分,配电线路实得14分,电器装置实得9分,变配电装置实得0分,用电档案实得9分。

问题:

(1)落地式外脚手架检查评分表中哪几个检查项目为保证项目?保证项目在检查评分表中起何作用?

(2)计算施工用电检查评分表实得分为多少?换算到汇总表中应为多少分?

模块一　建设工程安全生产管理

安全生产管理是一个系统性、综合性的管理,其管理的内容涉及建筑生产的各个环节。因此,建筑施工企业在安全管理中必须坚持"安全第一,预防为主,综合治理"的方针,制定安全政策、计划和措施,完善安全生产组织管理体系和检查体系,加强施工安全管理。

一、安全生产管理概述

(一)安全与安全生产

1.安全

安全包括人身安全、财产安全、环境安全,即人平安无事,财产安稳可靠,环境安定良好。

2.安全生产

《辞海》中将安全生产定义为预防生产过程中发生人身、设备事故,形成良好劳动环境和工作秩序而采取的一系列措施和活动。

《中国大百科全书》中将安全生产定义为旨在保障劳动者在生产过程中的安全的一项方

针,也是企业管理必须遵循的一项原则,要求最大限度地减少劳动者的工伤和职业病,保障劳动者在生产过程中的生命安全和身体健康。

《安全科学技术词典》中将安全生产定义为企业事业单位在劳动生产过程中人身安全、设备安全和产品安全,以及交通运输安全等。

从上面的定义可以看出,其实质内容是一致的,突出了安全生产的本质,即要在生产过程中防止各种事故的发生,确保财产和人民生命安全。因此,安全生产是指生产、经营活动中的人身安全和财产安全以及环境安全。

安全与否是由相对危险的接受程度来判定的,是一个相对的概念。世上没有绝对安全的事物,任何事物都存在不安全的因素,即都具有一定的危险性,当危险降低到人们普遍接受的程度时,就认为是安全的。

(二)建筑施工安全管理中的不安全因素与安全管理特点

1. 建筑施工安全管理中的不安全因素

(1)人的不安全因素。

人的不安全因素是指对安全产生影响的人的方面的因素,即能够使系统发生故障或发生性能不良的事件的人员、个人的不安全因素以及违背设计和安全要求的错误行为。人的不安全因素可分为个人的不安全因素和人的不安全行为两大类。

①个人的不安全因素。

个人的不安全因素是指人员的心理、生理、能力中所具有的不能适应工作或作业岗位要求的影响安全的因素。个人的不安全因素主要包括:

a. 心理上的不安全因素,是指人在心理上具有影响安全的性格、气质和情绪,如急躁、懒散、粗心等。

b. 生理上的不安全因素,包括视觉、听觉等感觉器官,体能,年龄,疾病等不能适应工作或作业岗位要求的影响因素。

c. 能力上的不安全因素,包括知识技能、应变能力、资格等不能适应工作或作业岗位要求的影响因素。

②人的不安全行为。

人的不安全行为是指造成事故的人为错误,是人为地使系统发生故障或发生性能不良事件,是违背设计和操作规程的错误行为。

在施工现场,不安全行为按《企业职工伤亡事故分类》(GB 6441—1986)可分为 13 大类,具体如下:a. 操作失误,忽视安全,忽视警告;b. 造成安全装置失效;c. 使用不安全设备;d. 手工代替工具操作;e. 物体存放不当;f. 冒险进入危险场所;g. 攀坐不安全位置;h. 在起吊物下作业、停留;i. 在机器运转时进行检查、维修、保养等工作;j. 有分散注意力行为;k. 没有正确使用个人防护用品、用具;l. 不安全装束;m. 对易燃易爆等危险品处理错误。

不安全行为产生的主要原因有系统、组织的原因,思想、责任心的原因,工作的原因。诸多事故分析表明,绝大多数事故不是因技术解决不了造成的,多是违规、违章所致,是由于安全上降低标准、减少投入,不落实安全组织措施,不建立安全生产责任制,缺乏安全技术措施,没有安全教育、安全检查制度,不做安全技术交底,违章指挥、违章作业、违反劳动纪律等人为因素造成的,因此必须重视和防止产生人的不安全行为。

（2）施工现场物的不安全状态。

物的不安全状态是指能导致事故发生的物质条件,包括机械设备等物质或环境所存在的不安全因素。

①物的不安全状态的内容包括:a. 物(包括机器、设备、工具等)本身存在的缺陷;b. 防护保险方面的缺陷;c. 物的放置方法的缺陷;d. 作业环境场所的缺陷;e. 外部的和自然界的不安全状态;f. 作业方法导致的物的不安全状态;g. 保护器具信号、标志和个体防护用品的缺陷。

②物的不安全状态的类型包括:a. 防护等装置缺乏或有缺陷;b. 设备、设施、工具、附件等有缺陷;c. 个人防护用品、用具缺少或有缺陷;d. 施工生产场地环境不良。

（3）管理上的不安全因素。

管理上的不安全因素通常也称为管理上的缺陷,是事故潜在的不安全因素,作为间接的原因有以下方面:①技术上的缺陷;②教育上的缺陷;③生理上的缺陷;④心理上的缺陷;⑤管理工作上的缺陷;⑥教育和社会、历史上的原因造成的缺陷。

2. 建筑工程施工安全管理的特点

（1）产品的固定性与作业环境的局限性使安全管理的难度增加。

（2）建筑施工作业条件恶劣导致安全管理的艰巨性。

（3）建筑施工的高空作业致使安全管理的难度加大。

（4）施工作业的流动性导致安全管理的复杂性。

（5）手工操作多、体力消耗大、劳动强度大导致安全管理中个体劳动保护的艰巨性。

（6）建筑产品的多样性和单件性、施工工艺的多变性导致安全管理的复杂性。

（7）多工种立体交叉作业导致安全管理的复杂性。

二、安全生产管理制度

由于建设工程规模大、周期长、参与人数多、环境复杂多变,故安全生产的难度很大。因此,建立各项制度,规范建设工程的生产行为,对于提高建设工程安全生产水平是非常重要的。

《中华人民共和国建筑法》《中华人民共和国安全生产法》《安全生产许可证条例》《建设工程安全生产管理条例》《建筑施工企业安全生产许可证管理规定》等建设工程相关法律法规和部门规章对政府部门、有关企业及相关人员的建设工程安全生产和管理行为进行了全面的规范,确立了一系列建设工程安全生产管理制度。现阶段正在执行的主要安全生产管理制度包括:安全生产责任制度,安全生产许可证制度,政府安全生产监督检查制度,安全生产教育培训制度,安全措施计划制度,特种作业人员持证上岗制度,专项施工方案专家论证制度,危及施工安全的工艺、设备、材料淘汰制度,施工起重机械使用登记制度,安全检查制度,生产安全事故报告和调查处理制度,"三同时"制度,安全预评价制度,意外伤害保险制度等。

1. 安全生产责任制度

安全生产责任制度是最基本的安全管理制度,是所有安全生产管理制度的核心。安全生产责任制度是按照安全生产管理方针和"管生产的同时必须管安全"的原则,将各级负责人员、各职能部门及其工作人员和各岗位生产工人在安全生产方面应做的事情及应负的责任加以明确规定的一种制度。具体来说，就是将安全生产责任分解到相关单位的主要负责人、项目负责人、班组长以及每个岗位的作业人员身上。

根据《建设工程安全生产管理条例》和《建筑施工安全检查标准》(JGJ 59—2011)的相关规定，安全生产责任制度的主要内容如下：

(1)安全生产责任制度主要包括企业主要负责人的安全责任，负责人或其他副职的安全责任，项目负责人(项目经理)的安全责任，生产、技术、材料等各职能管理负责人及其工作人员的安全责任，技术负责人(工程师)的安全责任，专职安全生产管理人员的安全责任，施工人员的安全责任，班组长的安全责任和岗位人员的安全责任等。

(2)项目应对各级、各部门安全生产责任制规定检查和考核办法，并按规定期限进行考核，对考核结果及兑现情况应有记录。

(3)项目独立承包的工程在签订承包合同中必须有安全生产工作的具体指标和要求。工程由多个单位施工时，总分包单位在签订分包合同的同时要签订安全生产合同(协议)，签订合同前要检查分包单位的营业执照、企业资质证、安全资格证等，分包队伍的资质应与工程要求相符。在安全合同中应明确总分包单位各自的安全职责，原则上实行总承包的由总承包单位负责，分包单位向总承包单位负责，服从总承包单位对施工现场的安全管理，分包单位在其分包范围内建立施工现场安全生产管理制度，并组织实施。

(4)项目的主要工种，如砌筑、抹灰、混凝土、木工、电工、钢筋、机械、起重司机、信号指挥、脚手架、水暖、油漆、塔吊、电梯、电气焊等应有相应的安全技术操作规程，特殊作业应另行补充。应将安全技术操作规程列为日常安全活动和安全教育的主要内容，并应悬挂在操作岗位前。

(5)工程项目部专职安全人员的配备应按我国住房和城乡建设部的规定，1万平方米以下工程1人，1万~5万平方米的工程不少于2人，5万平方米以上的工程不少于3人。

总之，企业实行安全生产责任制必须做到在计划、布置、检查、总结、评比生产的同时，计划、布置、检查、总结、评比安全工作。其内容大体分为两个方面：一方面是各级人员的安全生产责任制，即从最高管理者、管理者代表到项目负责人(项目经理)、技术负责人(工程师)、专职安全生产管理人员、施工人员、班组长和岗位人员等各级人员的安全生产责任制；另一方面是各个部门的安全生产责任制，即各职能部门(如安全环保、设备、技术、生产、财务等部门)的安全生产责任制。只有这样，才能建立健全安全生产责任制，做到群防群治。

2. 安全生产许可证制度

《安全生产许可证条例》规定国家对建筑施工企业实施安全生产许可证制度。其目的是严格规范安全生产条件，进一步加强安全生产监督管理，防止和减少生产安全事故。

省、自治区、直辖市人民政府建设主管部门负责建筑施工企业安全生产许可证的颁发和管理，并接受国务院建设主管部门的指导和监督。

企业取得安全生产许可证，应当具备下列安全生产条件(组织管理、制度职责、人员管理、设备设施管理等方面)：

(1)建立健全安全生产责任制，制定完备的安全生产规章制度和操作规程；

(2)安全投入符合安全生产要求；

(3)设置安全生产管理机构，配备专职安全生产管理人员；

（4）主要负责人和安全生产管理人员经考核合格；

（5）特种作业人员经有关业务主管部门考核合格，取得特种作业操作资格证书；

（6）从业人员经安全生产教育和培训合格；

（7）依法参加工伤保险，为从业人员缴纳保险费；

（8）厂房、作业场所和安全设施、设备、工艺符合有关安全生产法律、法规、标准和规程的要求；

（9）有职业危害防治措施，并为从业人员配备符合国家标准或者行业标准的劳动防护用品；

（10）依法进行安全评价；

（11）有重大危险源检测、评估、监控措施和应急预案；

（12）有生产安全事故应急救援预案、应急救援组织或者应急救援人员，配备必要的应急救援器材、设备；

（13）法律、法规规定的其他条件。

企业进行生产前，应当依照该条例的规定向安全生产许可证颁发管理机关申请领取安全生产许可证，并提供规定的相关文件、资料。安全生产许可证颁发管理机关应当自收到申请之日起 4～5d 内审查完毕，经审查符合规定的安全生产条件的，予以颁发安全生产许可证；不符合规定的安全生产条件的，不予颁发安全生产许可证，书面通知企业并说明理由。

安全生产许可证的有效期为 3 年。安全生产许可证有效期满需要延期的，企业应当于期满前 3 个月向原安全生产许可证颁发管理机关办理延期手续。

企业在安全生产许可证有效期内，严格遵守有关安全生产的法律法规，未发生死亡事故的，安全生产许可证有效期届满时，经原安全生产许可证颁发管理机关同意，不再审查，安全生产许可证有效期延期 3 年。

企业不得转让、冒用安全生产许可证或者使用伪造的安全生产许可证。

3.政府安全生产监督检查制度

行政部门代表政府对企业实施监督管理。建设行政主管部门或者其他有关部门可以将施工现场安全监督检查工作委托给建设工程安全监督机构具体实施。

政府安全生产监督检查制度是指国家法律、法规授权的行政部门，代表政府对企业的安全生产过程实施监督管理。《建设工程安全生产管理条例》第五章"监督管理"对建设工程安全生产监督管理的规定如下：

（1）国务院负责安全生产监督管理的部门依照《中华人民共和国安全生产法》的规定，对全国建设工程安全生产工作实施综合监督管理。

（2）县级以上地方人民政府负责安全生产监督管理的部门依照《中华人民共和国安全生产法》的规定，对本行政区域内建设工程安全生产工作实施综合监督管理。

（3）国务院建设行政主管部门对全国的建设工程安全生产实施监督与管理。国务院铁路、交通、水利等有关部门按照国务院规定的职责分工，负责有关专业建设工程安全生产的监督管理。

（4）县级以上地方人民政府建设行政主管部门对本行政区域内的建设工程安全生产实施监督管理。县级以上地方人民政府交通、水利等有关部门在各自的职责范围内，负责本行政区域内的专业建设工程安全生产的监督管理。

（5）县级以上人民政府负有建设工程安全生产监督管理职责的部门在各自的职责范围内履行安全监督检查职责时，有权纠正施工中违反安全生产要求的行为，责令立即排除检查中发现的安全事故隐患，对重大隐患可以责令暂时停止施工。建设行政主管部门或者其他有关部门可以将施工现场安全监督检查工作委托给建设工程安全监督机构具体实施。

4. 安全生产教育培训制度

企业安全生产教育培训一般包括对管理人员、特种作业人员和企业员工的安全教育。

（1）管理人员的安全教育。

①企业领导的安全教育。

企业法定代表人安全教育的主要内容包括：a. 国家有关安全生产的方针、政策、法律、法规及有关规章制度；b. 安全生产管理职责、企业安全生产管理知识及安全文化；c. 有关事故案例及事故应急处理措施等。

②项目经理、技术负责人和技术干部的安全教育。

项目经理、技术负责人和技术干部安全教育的主要内容包括：a. 安全生产方针、政策和法律、法规；b. 项目经理部安全生产责任；c. 典型事故案例剖析。

③行政管理干部的安全教育。

行政管理干部安全教育的主要内容包括：a. 安全生产方针、政策和法律、法规；b. 基本的安全技术知识；c. 本职的安全生产责任。

④企业安全管理人员的安全教育。

企业安全管理人员安全教育的内容应包括：a. 国家有关安全生产的方针、政策、法律、法规和安全生产标准；b. 企业安全生产管理、安全技术、职业病知识、安全文件；c. 员工伤亡事故和职业病统计报告及调查处理程序；d. 有关事故案例及事故应急处理措施。

⑤班组长和安全员的安全教育。

班组长和安全员安全教育的内容包括：a. 安全生产法律、法规、安全技术及技能，职业病和安全文化的知识；b. 本企业、本班组和工作岗位的危险因素、安全注意事项；c. 本岗位安全生产职责；d. 典型事故案例；e. 事故抢救与应急处理措施。

（2）特种作业人员的安全教育。

①特种作业的定义。

根据《特种作业人员安全技术培训考核管理规定》（国家安全生产监督管理总局〔2010〕第 30 号），特种作业是指容易发生事故，对操作者本人、他人的安全健康及设备、设施的安全可能造成重大危害的作业。特种作业人员是指直接从事特种作业的从业人员。

②特种作业的范围。

根据《特种作业人员安全技术培训考核管理规定》（国家安全生产监督管理总局〔2010〕第 30 号），特种作业的范围主要有（未详细列出）：

a. 电工作业，包括高压电工作业、低压电工作业、防爆电气作业；

b. 焊接与热切割作业，包括熔化焊接与热切割作业、压力焊作业、钎焊作业；

c. 高处作业，包括登高架设作业，高处安装、维护、拆除作业；

d. 制冷与空调作业，包括制冷与空调设备运行操作作业、制冷与空调设备安装修理作业；

e. 煤矿安全作业；

f. 金属非金属矿山安全作业；

g. 石油天然气安全作业；

h. 冶金(有色)生产安全作业；

i. 危险化学品安全作业；

j. 烟花爆竹安全作业；

k. 国家安全监督管理总局认定的其他作业。

③特种作业人员应具备的条件。

a. 年满18周岁，且不超过国家法定退休年龄；

b. 经社区或者县级以上医疗机构体检健康合格，并无妨碍从事相应特种作业的器质性心脏病、癫痫病、美尼埃症、眩晕症、瘅症、震颤麻痹症、精神病、痴呆症以及其他疾病和生理缺陷；

c. 具有初中及初中以上文化程度；

d. 具备必要的安全技术知识与技能；

e. 相应特种作业规定的其他条件。

④特种作业人员安全教育要求。

特种作业人员必须经专门的安全技术培训并考核合格，取得"中华人民共和国特种作业操作证"后，方可上岗作业。

特种作业人员应当接受与其所从事的特种作业相应的安全技术理论培训和实际操作培训。已经取得职业高中、技工学校及中专以上学历的毕业生从事与其所学专业相应的特种作业，持学历证明经考核发证机关同意，可以免予相关专业的培训。

跨省、自治区、直辖市从业的特种作业人员，可以在户籍所在地或者从业所在地参加培训。

（3）企业员工的安全教育。

企业员工的安全教育主要有新员工上岗前的三级安全教育、改变工艺和变换岗位时的安全教育、经常性安全教育三种形式。

①新员工上岗前的三级安全教育。

三级安全教育通常是指进厂、进车间、进班组三级安全教育，对建设工程来说，具体是指企业（公司）、项目（或工区、工程处、施工队）、班组三级安全教育。

企业新员工上岗前必须进行三级安全教育，企业新员工须按规定通过三级安全教育和实际操作训练，并经考核合格后方可上岗。

a. 企业（公司）级安全教育由企业主管领导负责，企业职业健康安全管理部门会同有关部门组织实施，内容应包括安全生产法律、法规，通用安全技术、职业卫生和安全文化的基本知识，本企业安全生产规章制度及状况，劳动纪律和有关事故案例等内容。

b. 项目（或工区、工程处、施工队）级安全教育由项目级负责人组织实施，专职或兼职安全员协助，内容包括工程项目的概况、安全生产状况和规章制度、主要危险因素及安全事项、预防工伤事故和职业病的主要措施、典型事故案例及事故应急处理措施等。

c. 班组级安全教育由班组长组织实施，内容包括遵章守纪，岗位安全操作规程，岗位间工作衔接配合的安全生产事项，典型事故及发生事故后应采取的紧急措施，劳动防护用品（用具）的性能及正确使用方法等。

②改变工艺和变换岗位时的安全教育。

a. 企业（或工程项目）在实施新工艺、新技术或使用新设备、新材料时，必须对有关人员进行相应级别的安全教育,要按新的安全操作规程教育和培训参加操作的岗位员工和有关人员,使其了解新工艺、新设备、新产品的安全性能及安全技术,以适应新的岗位作业的安全要求。

b.当发生组织内部员工从一个岗位调到另一个岗位,或从某一工种改变为另一工种,或因放长假离岗一年以上重新上岗的情况,企业必须进行相应的安全技术培训和教育,以使其掌握现岗位安全生产特点和要求。

③经常性安全教育。

无论何种教育都不可能是一劳永逸的,安全教育同样如此,必须坚持不懈、经常进行,这就是经常性安全教育。在经常性安全教育中,安全思想、安全态度教育最重要。进行安全思想、安全态度教育,要通过采取多种形式的安全教育活动,激发员工搞好安全生产的热情,促使员工重视和真正实现安全生产。经常性安全教育的形式有每天的班前班后会上说明安全注意事项,安全活动日,安全生产会议,事故现场会,张贴安全生产招贴画、宣传标语及标志等。

5.安全措施计划制度

安全措施计划制度是指企业进行生产活动时,必须编制安全措施计划,它是企业有计划地改善劳动条件和安全卫生设施,防止工伤事故和职业病的重要措施之一,对企业加强劳动保护,改善劳动条件,保障职工的安全和健康,促进企业生产经营的发展都起着积极作用。

(1)安全措施计划的范围。

安全措施计划的范围应包括改善劳动条件,防止事故发生,预防职业病和职业中毒等内容,具体如下。

①安全技术措施。

安全技术措施是预防企业员工在工作过程中发生工伤事故的各项措施,包括防护装置、保险装置、信号装置和防爆炸装置等。

②职业卫生措施。

职业卫生措施是预防职业病和改善职业卫生环境的必要措施,包括防尘、防毒、防噪声、通风、照明、取暖、降温等措施。

③辅助用房间及设施。

辅助用房间及设施是为了保证生产过程安全卫生所必需的房间及一切设施,包括更衣室、休息室、淋浴室、消毒室、厕所和冬期作业取暖室等。

④安全宣传教育措施。

安全宣传教育措施是指为了宣传普及有关安全生产法律、法规、基本知识所需要的措施,其主要内容包括安全生产资料,安全生产展览,安全生产规章制度,安全操作方法训练设施,劳动保护和安全技术的研究与实验等。

(2)编制安全措施计划的依据。

①国家发布的有关职业健康安全政策、法规和标准;

②在安全检查中发现的尚未解决的问题;

③造成伤亡事故和职业病的主要原因和所采取的措施;

④生产发展需要所应采取的安全技术措施;

⑤安全技术革新项目和员工提出的合理化建议。

(3)编制安全技术措施计划的一般步骤。

安全技术措施计划可以按照下列步骤进行编制：①工作活动分类；②危险源识别；③风险确定；④风险评价；⑤制定安全技术措施计划；⑥评价安全技术措施计划的充分性。

6.特种作业人员持证上岗制度

《建设工程安全生产管理条例》第二十五条规定，垂直运输机械作业人员、起重机械安装拆卸工、爆破作业人员、起重信号工、登高架设作业人员等特种作业人员，必须按照国家有关规定经过专门的安全作业培训，并取得特种作业操作资格证书后，方可上岗作业。

特种作业人员必须按照国家有关规定经过专门的安全作业培训，并取得特种作业操作证后，方可上岗作业。专门的安全作业培训是指由有关主管部门组织的专门针对特种作业人员的培训，即特种作业人员在独立上岗作业前，必须进行与本工种相适应的、专门的安全技术理论学习和实际操作训练。经培训考核合格，取得特种作业操作证后，才能上岗作业。特种作业操作证在全国范围内有效，离开特种作业岗位6个月以上的特种作业人员，应当重新进行实际操作考试，经确认合格后方可上岗作业。对于未经培训考核即从事特种作业的，应对其进行行政处罚；造成重大安全事故，构成犯罪的，对直接责任人员，依照刑法的有关规定追究刑事责任。

特种作业操作证有国家安全生产监督管理总局统一式样、标准及编号。特种作业操作证有效期为6年，在全国范围内有效。特种作业操作证每3年复审1次。特种作业人员在特种作业操作证有效期内，连续从事本工种10年以上，严格遵守有关安全生产法律法规的，经原考核发证机关或者从业所在地考核发证机关同意，特种作业操作证的复审时间可以延长至每6年1次。特种作业操作证申请复审或者延期复审前，特种作业人员应当参加必要的安全培训并考试合格。安全培训时间不少于8个学时，主要培训法律、法规、标准、事故案例和有关新工艺、新技术、新装备等知识。

7.专项施工方案专家论证制度

《建设工程安全生产管理条例》第二十六条规定，施工单位应当在施工组织设计中编制安全技术措施和施工现场临时用电方案，对下列达到一定规模的危险性较大的分部分项工程编制专项施工方案，并附具安全验算结果，经施工单位技术负责人、总监理工程师签字后实施，由专职安全生产管理人员进行现场监督：基坑支护与降水工程，土方开挖工程，模板工程，起重吊装工程；脚手架工程；拆除、爆破工程；国务院建设行政主管部门或者其他有关部门规定的其他危险性较大的工程。

对上述所列工程中涉及深基坑、地下暗挖工程、高大模板工程的专项施工方案，施工单位还应当组织专家进行论证、审查。

8.危及施工安全的工艺、设备、材料淘汰制度

严重危及施工安全的工艺、设备、材料是指不符合生产安全要求，极有可能导致生产安全事故发生，致使人民生命和财产遭受重大损失的工艺、设备和材料。

《建设工程安全生产管理条例》第四十五条规定："国家对严重危及施工安全的工艺、设备、材料实行淘汰制度。具体目录由国务院建设行政主管部门会同国务院其他有关部门制定并公布。"也就是说，国家对严重危及施工安全的工艺、设备和材料实行淘汰制度。这一方面有利于保障生产安全，另一方面也体现了优胜劣汰的市场经济规律，有利于提高生产经营单位的工艺水平，促进设备更新。

根据该规定,对严重危及施工安全的工艺、设备和材料实行淘汰制度,需要国务院建设行政主管部门会同国务院其他有关部门确定哪些是严重危及施工安全的工艺、设备和材料,并且以明示的方法予以公布。对于已经公布的严重危及施工安全的工艺、设备和材料,建设单位和施工单位都应当严格遵守和执行,不得继续使用此类工艺和设备,也不得转让他人使用。

9. 施工起重机械使用登记制度

《建设工程安全生产管理条例》第三十五条规定:"施工单位应当自施工起重机械和整体提升脚手架、模板等自升式架设设施验收合格之日起三十日内,向建设行政主管部门或者其他有关部门登记。登记标志应当置于或者附着于该设备的显著位置。"

这是对施工起重机械的使用进行监督和管理的一项重要制度,能够有效防止不合格机械和设施投入使用;同时,还有利于监管部门及时掌握施工起重机械和整体提升脚手架、模板等自升式架设设施的使用情况,以利于监督管理。

进行登记时应当提交施工起重机械有关资料,包括:

(1)生产方面的资料,如设计文件、制造质量证明书、检验证书、使用说明书、安装证明等;

(2)使用的有关情况资料,如施工单位对这些机械和设施的管理制度和措施、使用情况、作业人员的情况等。

监管部门应当对登记的施工起重机械建立相关档案,及时更新,加强监管,减少生产安全事故的发生。施工单位应当将标志置于显著位置,便于使用者监督,保证施工起重机械的安全使用。

10. 安全检查制度

安全检查制度是清除隐患、防止事故、改善劳动条件的重要手段,是企业安全生产管理工作的一项重要内容。

(1)安全检查的目的。

安全检查制度是清除隐患、防止事故、改善劳动条件的重要手段,是企业安全生产管理工作的一项重要内容。安全检查可以发现企业及生产过程中的危险因素,以便有计划地采取措施,保证安全生产。

(2)安全检查的方式。

安全检查方式有企业组织的定期安全检查,各级管理人员的日常巡回检查,专业性检查,季节性检查,节假日前后的安全检查,班组自检、交接检查,不定期检查等。

(3)安全检查的内容。

安全检查的主要内容包括查思想、查制度、查管理、查隐患、查整改、查伤亡事故处理等。安全检查的重点是检查"三违"和安全责任制的落实。检查后应编写安全检查报告,报告应包括已达标项目、未达标项目、存在问题、原因分析、纠正和预防措施等内容。

(4)安全隐患的处理程序。

对查出的安全隐患,不能立即整改的要制定整改计划,定人、定措施、定经费、定完成日期,在消除安全隐患前,必须采取可靠的防范措施,如有危及人身安全的紧急险情,应立即停工。应按照"登记、整改、复查、销案"的程序处理安全隐患。

11. 生产安全事故报告和调查处理制度

《建设工程安全生产管理条例》第五十条规定:"施工单位发生生产安全事故,应当按照国家有关伤亡事故报告和调查处理的规定,及时、如实地向负责安全生产监督管理的部门、建设行政主管部门或者其他有关部门报告;特种设备发生事故的,还应当同时向特种设备安全监督管理部门报告。接到报告的部门应当按照国家有关规定,如实上报。"

12.“三同时”制度

“三同时”制度是指凡是我国境内新建、改建、扩建的基本建设项目(工程),技术改建项目(工程)和引进的建设项目,其安全生产设施必须符合国家规定的标准,必须与主体工程同时设计、同时施工、同时投入生产和使用。安全生产设施主要是指安全技术方面的设施、职业卫生方面的设施、生产辅助性设施。

13.安全预评价制度

开展安全预评价工作,是贯彻落实“安全第一,预防为主”方针的重要手段,是企业实施科学化、规范化安全管理的工作基础。安全预评价是在建设工程项目前期,应用安全评价的原理和方法对工程项目的危险性、危害性进行预测性评价。

科学、系统地开展安全预评价工作,不仅直接起到了消除危险及有害因素、减少事故发生的作用,有利于全面提高企业的安全管理水平,还有利于系统地、有针对性地加强对不安全状况的治理、改造,最大限度地降低安全生产风险。

14.意外伤害保险制度

根据《工伤保险条例》规定,工伤保险属于法定的强制性保险。工伤保险费的征缴按照《社会保险费征缴暂行条例》关于基本养老保险费、基本医疗保险费、失业保险费的征缴规定执行。

《中华人民共和国建筑法》第四十八条规定:“建筑施工企业应当依法为职工参加工伤保险缴纳工伤保险费。鼓励企业为从事危险作业的职工办理意外伤害保险,支付保险费。”《中华人民共和国建筑法》与《工伤保险条例》等法律法规的规定保持一致,明确了建筑施工企业作为用人单位,为职工参加工伤保险并缴纳工伤保险费是其应尽的法定义务,但为从事危险作业的职工投保意外伤害险并非强制性规定,是否投保意外伤害险由建筑施工企业自主决定。

三、建设工程施工安全技术措施

(一)施工安全控制

1.安全控制的概念

安全控制是指生产过程中涉及的计划、组织、监控、调节和改进等一系列致力于满足生产安全所进行的管理活动。

2.安全控制的目标

安全控制的目标是减少和消除生产过程中的事故,保证人员健康、安全和财产免受损失,具体应包括:

(1)减少或消除人的不安全行为的目标;

(2)减少或消除设备、材料的不安全状态的目标;

(3)改善生产环境和保护自然环境的目标。

3.施工安全控制的特点

建设工程施工安全控制的特点主要包括以下方面。

(1)控制面广。

由于建设工程规模较大,生产工艺复杂、工序多,在建造过程中流动作业多,高处作业多,作业位置多变,遇到的不确定因素多,因此安全控制工作涉及范围大、控制面广。

(2)控制的动态性。

a.建设工程项目的单件性,使得每项工程所处的条件不同,所面临的危险因素和防范措施也会有所改变。员工在转移工地后,熟悉一个新的工作环境需要一定的时间,有些工作制度和安全技术措施会有所调整,员工同样有个熟悉的过程。

b.由于建设工程项目施工的分散性,现场施工分散于施工现场的各个部位,尽管有各种规章制度和安全技术交底的环节,但是面对具体的生产环境时,仍然需要自己的判断和处理,有经验的人员还必须适应不断变化的情况。

(3)控制系统交叉性。

建设工程项目是开放系统,受自然环境和社会环境影响很大,同时也会对社会和环境造成影响,故安全控制需要把工程系统、环境系统及社会系统结合起来。

(4)控制的严谨性。

由于建设工程施工的危害因素复杂、风险程度高、伤亡事故多,因此预防控制措施必须严谨,如有疏漏则可能发展到失控,从而酿成事故,造成损失和伤害。

4.施工安全的控制程序

建设工程项目施工安全的控制程序如图 9-1 所示。

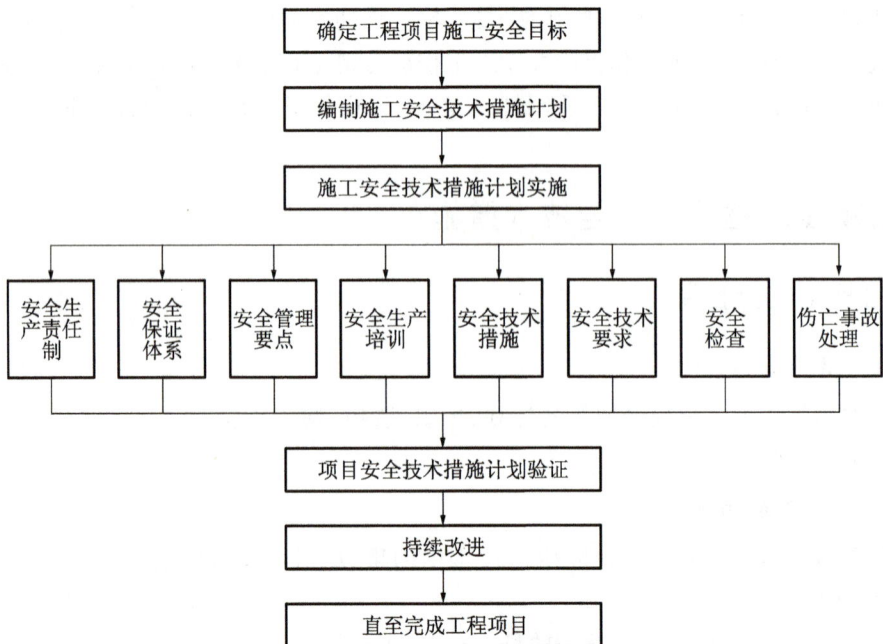

图 9-1　建设工程项目施工安全控制程序

(1)确定每项具体建设工程项目的安全目标。

按目标管理方法将安全目标在以项目经理为首的项目管理系统内进行分解,从而确定每个岗位的安全目标,实现全员安全控制。

(2)编制建设工程项目安全技术措施计划。

工程施工安全技术措施计划是对生产过程中的不安全因素,用技术手段加以消除和控制的文件,是落实"预防为主"方针的具体体现,是进行工程项目安全控制的指导性文件。

(3)安全技术措施计划的落实和实施。

安全技术措施计划的落实和实施包括建立健全安全生产责任制,设置安全生产设施,采用安全技术和应急措施,进行安全教育和培训,安全检查,事故处理,沟通和交流信息,通过一系列安全措施的贯彻落实,使生产作业的安全状况处于受控状态。

(4)安全技术措施计划的验证。

安全技术措施计划的验证是通过施工过程中对安全技术措施计划实施情况的安全检查,纠正不符合安全技术措施计划的情况,保证安全技术措施的贯彻和实施。

(5)持续改进。根据安全技术措施计划的验证结果,对不适宜的安全技术措施计划进行修改、补充和完善。

(二)施工安全技术措施的一般要求和主要内容

1.施工安全技术措施的一般要求

(1)施工安全技术措施必须在工程开工前制定。

施工安全技术措施是施工组织设计的重要组成部分,应在工程开工前与施工组织设计一同编制。为保证各项安全设施的落实,在工程图纸会审时,就应特别注意考虑安全施工的问题,并在开工前制定好安全技术措施,使得有较充分的时间对用于该工程的各种安全设施进行采购、制作和维护等准备工作。

(2)施工安全技术措施要具有全面性。

按照有关法律法规的要求,在编制工程施工组织设计时,应当根据工程特点制定相应的施工安全技术措施。对于大中型工程项目、结构复杂的重点工程,除必须在施工组织设计中编制施工安全技术措施外,还应编制专项工程施工安全技术措施,详细说明有关安全方面的防护要求和措施,确保单位工程或分部分项工程的施工安全。对爆破、拆除、起重吊装、水下、基坑支护和降水、土方开挖、脚手架、模板等危险性较大的作业,必须编制专项安全施工技术方案。

(3)施工安全技术措施要具有针对性。

施工安全技术措施是针对每项工程的特点而制定的,编制安全技术措施的技术人员必须掌握工程概况、施工方法、施工环境、条件等资料,并熟悉安全法规、标准等,才能制定出有针对性的安全技术措施。

(4)施工安全技术措施应力求全面、具体、可靠。

施工安全技术措施应把可能出现的各种不安全因素考虑周全,制定的对策措施方案应力求全面、具体、可靠,这样才能真正做到预防事故的发生。但是,全面、具体不等于罗列一般的操作工艺、施工方法以及日常安全工作制度、安全纪律等。这些制度性规定在安全技术措施中不需要再作抄录,但必须严格执行。

对于大型群体工程或一些面积大、结构复杂的重点工程,除必须在施工组织总设计中编制施工安全技术总体措施外,还应编制单位工程或分部分项工程安全技术措施,详细地制定有关安全方面的防护要求和措施,确保该单位工程或分部分项工程的安全施工。

(5)施工安全技术措施必须包括应急预案。

由于施工安全技术措施是在相应的工程施工实施之前制定的,所涉及的施工条件和危险情况大都是建立在可预测的基础上,而建设工程施工过程是开放的过程,施工期间的变化是经常发生的,还可能出现预测不到的突发事件或灾害(如地震、火灾、台风、洪水等),因此施工安全技术措施计划必须包括面对突发事件或紧急状态的各种应急设施、人员逃生和救援预案,以便在紧急情况下能及时启动应急预案,减少损失,保护人员安全。

(6)施工安全技术措施要有可行性和可操作性。

施工安全技术措施应能够在每个施工工序之中得到贯彻实施,既要考虑保证安全要求,又要考虑现场环境条件和施工技术条件。

2.施工安全技术措施的主要内容

(1)工程概况;

(2)管理目标;

(3)组织机构与职责权限;

(4)规章制度;

(5)风险分析与控制措施;

(6)安全专项施工方案;

(7)应急准备与响应;

(8)资源配置与费用投入计划;

(9)教育培训;

(10)检查评价、验证与持续改进。

施工安全技术措施必须包含施工总平面图,在图中必须对危险的油库、易燃材料库、变电设备、材料和构配件的堆放位置、塔式起重机、物料提升机(井架、龙门架)、施工用电梯、垂直运输设备、搅拌台等按照施工需求和安全规程的要求明确定位,并提出具体要求。危险性大、高温期长的工程,应单独编制季节性的施工安全措施。

3.应单独编制安全专项施工方案的工程

(1)危险性较大的分部分项工程。

①基坑支护、降水工程,指开挖深度超过 3m(含 3m)或虽未超过 3m 但地质条件和周边环境复杂的基坑(槽)支护、降水工程。

②土方开挖工程,指开挖深度超过 3m(含 3m)的基坑(槽)的土方开挖工程。

③模板工程及支撑体系,包括:a.各类工具式模板工程,包括大模板、滑模、爬模、飞模等工程;b.混凝土模板支撑工程,搭设高度 5m 及以上,搭设跨度 10m 及 10m 以上,施工总荷载在 $10kN/m^2$ 及 $10kN/m^2$ 以上,集中线荷载在 $15kN/m$ 及 $15kN/m^2$ 以上,高度大于支撑水平投影宽度且相对独立无联系构件的混凝土模板支撑工程;c.承重支撑体系,用于钢结构安装等满堂支撑体系。

④起重吊装及安装拆卸工程,包括:a.采用非常规起重设备、方法,且单件起吊重量在

10kN 及 10kN 以上的起重吊装工程;b. 采用起重机械进行安装的工程;c. 起重机械设备自身的安装、拆卸。

⑤脚手架工程,包括:a. 搭设高度在 24m 及 24m 以上的落地式钢管脚手架工程;b. 附着式整体和分片提升脚手架工程;c. 悬挑式脚手架工程;d. 吊篮脚手架工程;e. 自制卸料平台、移动操作平台工程;f. 新型及异型脚手架工程。

⑥拆除、爆破工程。

⑦其他,包括:a. 幕墙安装工程;b. 钢结构、网架和索膜结构安装工程;c. 人工挖孔桩工程;d. 地下暗挖、顶管及水下作业工程;e. 预应力工程;f. 采用"四新"的危险性较大的分部分项工程。

(2)超过一定规模的危险性较大的分部分项工程,施工单位应当组织专家对专项方案进行论证。

①深基坑工程,包括:a. 开挖深度超过 5m(含 5m)的基坑(槽)的土方开挖、支护、降水工程;b. 开挖深度虽未超过 5m,但地质条件、周围环境和地下管线复杂,或影响毗邻建筑(构筑)物安全的基坑(槽)的土方开挖、支护、降水工程。

②模板工程及支撑体系,包括:a. 工具式模板工程,包括滑模、爬模、飞模工程;b. 混凝土模板支撑工程,指搭设高度在 8m 及 8m 以上,搭设跨度在 18m 及 18m 以上,施工总荷载在 15kN/m² 及 15kN/m² 以上,集中线荷载在 20kN/m 及 20kN/m 以上的工程;c. 承重支撑体系,用于钢结构安装等满堂支撑体系,承受单点集中荷载 700kg 以上。

③起重吊装及安装拆卸工程,包括:a. 采用非常规起重设备、方法,且单件起吊重量在 100kN 及 100kN 以上的起重吊装工程;b. 起重量 300kN 及 300kN 以上的起重设备安装工程;高度在 200m 及 200m 以上内爬起重设备的拆除工程。

④脚手架工程,包括:a. 搭设高度 50m 及 50m 以上落地式钢管脚手架工程;b. 提升高度在 150m 及 150m 以上附着式整体和分片提升脚手架工程;c. 架体高度在 20m 及 20m 以上悬挑式脚手架工程。

⑤拆除、爆破工程,包括:a. 采用爆破拆除的工程;b. 码头、桥梁、高架、烟囱、水塔或拆除时容易引起有毒有害气(液)体或粉尘扩散、易燃易爆事故发生的特殊建、构筑物的拆除工程;c. 可能影响行人、交通、电力设施、通信设施或其他建(构)筑物安全的拆除工程;d. 文物保护建筑、优秀历史建筑或历史文化风貌区控制范围的拆除工程。

⑥其他,包括:a. 施工高度在 50m 及 50m 以上的建筑幕墙安装工程;b. 跨度大于 36m 及 36m 以上的钢结构安装工程,跨度大于 60m 及 60m 以上的网架和索膜结构安装工程;c. 开挖深度超过 16m 的人工挖孔桩工程。

4. 实行总包的专项施工方案

实行总包的专项施工方案由总包单位编制,但起重机械安拆工程、深基坑工程、附着式升降脚手架分包工程由分包单位编制。

5. 专项方案编制应当包括的内容

(1)工程概况;

(2)编制依据;

(3)施工计划;

（4）施工工艺技术；

（5）施工安全保证措施；

（6）劳动力计划；

（7）计算书及相关图纸。

6. 安全专项施工方案

安全专项施工方案应由施工企业专业工程技术人员编制，由施工企业技术部门的专业工程技术人员及监理单位专业监理工程师审核，审核合格后，由施工企业技术负责人（企业总工）、监理单位总监理工程师审批后执行。实行施工总承包的，安全专项方案应当由总承包单位技术负责人及相关专业承包单位技术负责人签字。

7. 专家论证会

施工总包单位组织召开专家论证会，下列人员应当参加专家论证会：

（1）专家组成员；

（2）建设单位项目负责人或技术负责人；

（3）监理单位项目总监理工程师及相关人员；

（4）施工单位分管安全的负责人、技术负责人、项目负责人、项目技术负责人、专项方案编制人员、项目专职安全生产管理人员；

（5）勘察、设计单位项目技术负责人及相关人员。

8. 专家组成员

专家组成员应当由5名及5名以上符合相关专业要求的专家组成。项目参建各方的人员不得以专家身份参加专家论证会。

9. 专家论证的主要内容

（1）专项方案内容是否完整、可行；

（2）专项方案计算书和验算依据是否符合有关标准规范；

（3）安全施工的基本条件是否满足现场实际情况。

专项施工方案编制后不得擅自修改，如果要修改需重新组织专家组论证。施工单位总工程师定期巡查专项施工方案的实施情况。

四、安全技术交底

1. 安全技术交底的内容

安全技术交底是一项技术性很强的工作，对于贯彻设计意图，严格实施技术方案，按图施工，循规操作，保证施工质量和施工安全至关重要。

安全技术交底的主要内容如下：

（1）本施工项目的施工作业特点和危险点；

（2）针对危险点的具体预防措施；

（3）应注意的安全事项；

（4）相应的安全操作规程和标准；

（5）发生事故后应及时采取的避难和急救措施。

2.安全技术交底的要求

(1)项目经理部必须实行逐级安全技术交底制度,纵向延伸到班组全体作业人员;

(2)技术交底必须具体、明确,针对性强;

(3)技术交底的内容应针对分部分项工程施工中给作业人员带来的潜在危险因素和存在的问题;

(4)应优先采用新的安全技术措施;

(5)对于涉及"四新"项目或技术含量高、技术难度大的单项技术设计,必须经过两阶段技术交底,即初步设计技术交底和实施性施工图技术设计交底;

(6)应将工程概况、施工方法、施工程序、安全技术措施等向工长、班组长进行详细交底;

(7)定期向由两个以上作业队和多工种进行交叉施工的作业队伍进行书面交底;

(8)保持书面安全技术交底签字记录。

五、安全生产检查

工程项目安全检查的目的是清除隐患,防止事故,改善劳动条件及提高员工安全生产意识,这是安全控制工作的一项重要内容。施工项目的安全生产检查应由项目经理组织,定期进行。

1.安全检查的主要类型

(1)全面安全检查。

全面安全检查应包括职业健康安全管理方针、管理组织机构及其安全管理的职责、安全设施、操作环境、防护用品、卫生条件、运输管理、危险品管理、火灾预防、安全教育和安全检查制度等内容。对全面安全检查的结果必须进行汇总分析,详细探讨所出现的问题及相应对策。

(2)经常性安全检查。

工程项目和班组应开展经常性安全检查,及时排除事故隐患。工作人员必须在工作前,对所用的机械设备和工具进行仔细的检查,发现问题立即上报;下班前,还必须进行班后检查,做好设备的维修保养和清整场地等工作,保证交接安全。

(3)专业或专职安全管理人员的专业安全检查。

操作人员在进行设备的检查时,往往是根据其自身的安全知识和经验进行主观判断,因而有很大的局限性,不能反映出客观情况。而专业或专职安全管理人员则有较丰富的安全知识和经验,通过其认真检查能够达到较为理想的效果。专业或专职安全管理人员在进行安全检查时,必须不徇私情,按章检查,发现违章操作情况要立即纠正,发现隐患应及时指出并提出相应防护措施,及时上报检查结果。

(4)季节性安全检查。

要对防风防沙、防涝抗旱、防雷电、防暑防害等工作进行季节性的检查,根据各个季节自然灾害的发生规律,及时采取相应的防护措施。

(5)节假日检查。

在节假日,坚持上班的人员较少,往往易放松警惕性,容易发生意外,而且一旦发生意外事故,也难以进行有效的救援和控制。因此,节假日必须安排专业安全管理人员进行安全检查,对重点部位进行巡视。同时配备一定数量的安全保卫人员,搞好安全保卫工作,绝不能麻痹大意。

(6)要害部门重点安全检查。

对于企业要害部门和重要设备必须进行重点检查。由于其重要性和特殊性,一旦发生意外,会造成重大伤害,给企业的经济效益和社会效益带来不良的影响。为了确保安全,对设备的运转和零件的状况要定时进行检查,一旦发现损伤则立刻更换,绝不能"带病"作业;一旦过有效年限即使没有故障,也应该予以更新,不能因小失大。

2. 安全检查的主要内容

(1)查思想。

检查企业领导和员工对安全生产方针的认识程度,对建立健全安全生产管理和安全生产规章制度的重视程度,对安全检查中发现的安全问题或安全隐患的处理态度等。

(2)查制度。

为了实施安全生产管理制度,工程承包企业应结合自身的实际情况,建立健全本企业的安全生产规章制度,并落实到具体的工程项目施工任务中。安全检查时,应对企业的施工安全生产规章制度进行检查。

(3)查管理。

主要检查安全生产管理是否有效,安全生产管理和规章制度是否真正得到落实。

(4)查隐患。

主要检查生产作业现场是否符合安全生产要求。检查人员应深入作业现场,检查工人的劳动条件、卫生设施、安全通道,零部件的存放,防护设施状况,电气设备、压力容器、化学用品的储存,具有粉尘及有毒有害气体作业部位点的达标情况,车间内的通风照明设施,个人劳动防护用品的使用是否符合规定等。对一些要害部位和设备要加强检查,如锅炉房、变电所等场所。

(5)查整改。

主要检查对过去提出的安全问题和发生安全生产事故及安全隐患后是否采取了安全技术措施和安全管理措施,进行整改的效果如何。

(6)查事故处理。

检查对伤亡事故是否及时报告,对责任人是否已经做出严肃处理。

在安全检查中必须成立一个适应安全检查工作需要的检查组,配备适当的人力物力。检查结束后应编写安全检查报告,说明已达标项目、未达标项目、存在问题、原因分析,给出纠正和预防措施的建议。

3. 安全检查的要求

(1)根据检查内容配备力量,抽调专业人员,确定检查负责人,明确分工。

(2)应有明确的检查目的和检查项目,内容及检查标准,重点、关键部位。对于大面积或数量多的项目,可采取系统的观感和一定数量的测点相结合的检查方法。检查时尽量采用检测工具,用数据说话。

(3)对现场管理人员和操作工人,不仅要检查是否有违章指挥和违章作业行为,还应进行"应知应会"的抽查,以便了解管理人员及操作工人的安全素质。对于违章指挥、违章作业行为,检查人员可以当场指出,进行纠正。

（4）认真、详细进行检查记录，特别是对隐患的记录必须具体，如隐患的部位、危险性程度及处理意见等。采用安全检查评分表的，应记录每项扣分的原因。

（5）检查中发现的隐患应该进行登记，并发出隐患整改通知书，引起整改单位的重视，以作为整改的备查依据。对凡是有即发型事故危险的隐患，检查人员应责令其停工，被查单位必须立即整改。

（6）尽可能系统、定量地做出检查结论，进行安全评价，以利于受检单位根据安全评价研究对策进行整改，加强管理。

（7）检查后应对隐患整改情况进行跟踪复查，查被检单位是否按"三定"原则（定人、定期限、定措施）落实整改，经复查整改合格后，进行销案。

4. 安全检查的方法

建筑工程安全检查在正确使用安全检查表的基础上，可以采用"听""问""看""量""测""运转试验"等方法进行。

（1）"听"，听取基层管理人员或施工现场安全员汇报安全生产情况，介绍现场安全工作经验、存在的问题、今后的发展方向。

（2）"问"，主要是指通过询问、提问，对以项目经理为首的现场管理人员和操作工人进行的"应知应会"抽查，以便了解现场管理人员和操作工人的安全意识和安全素质。

（3）"看"，主要是指查看施工现场安全管理资料和对施工现场进行巡视，例如查看项目负责人、专职安全管理人员、特种作业人员等的持证上岗情况，现场安全标志设置情况，劳动防护用品使用情况，现场安全防护情况，现场安全设施及机械设备安全装置配置情况等。

（4）"量"，主要是指使用测量工具对施工现场的一些设施、装置进行实测实量，例如对脚手架各种杆件间距的测量，对现场安全防护栏杆高度的测量，对电气开关箱安装高度的测量，对在建工程与外电边线安全距离的测量等。

（5）"测"，主要是指使用专用仪器、仪表等监测器具对特定对象关键特性技术参数的测试。例如，使用漏电保护器测试仪对漏电保护器漏电动作电流、漏电动作时间进行测试；使用地阻仪对现场各种接地装置接地电阻进行测试；使用兆欧表对电机绝缘电阻进行测试；使用经纬仪对塔吊、外用电梯安装垂直度进行测试等。

（6）"运转试验"，主要是指由具有专业资格的人员对机械设备进行实际操作、试验，检验其运转的可靠性或安全限位装置的灵敏性，例如对塔吊力矩限制器、变幅限位器、起重限位器等安全装置的试验，对施工电梯制动器、限速器、上下极限限位器、门连锁装置等安全装置的试验，对龙门架超高限位器、断绳保护器等安全装置的试验等。

5. 安全检查标准

《建筑施工安全检查标准》（JGJ 59—2011）使建筑工程安全检查由

《建筑施工安全检查标准》（JGJ 59—2011）

传统的定性评价上升到定量评价,使安全检查进一步规范化、标准化。安全检查内容包括保证项目和一般项目。

(1)"建筑施工安全检查评分汇总表"主要内容包括安全管理、文明施工、脚手架、基坑工程、模板支架、高处作业、施工用电、物料提升机与施工升降机、塔式起重机与起重吊装、施工机具10项,所得分作为对一个施工现场安全生产情况的综合评价依据。

(2)"安全管理检查评分表"检查评定的保证项目应包括安全生产责任制、施工组织设计及专项施工方案、安全技术交底、安全检查、安全教育、应急救援;一般项目应包括分包单位安全管理、持证上岗、生产安全事故处理、安全标志。

(3)"文明施工检查评分表"检查评定的保证项目应包括现场围挡、封闭管理、施工场地、材料管理、现场办公与住宿、现场防火;一般项目应包括综合治理、公示标牌、生活设施、社区服务。

(4)"脚手架检查评分表"分为"扣件式钢管脚手架检查评分表""悬挑式脚手架检查评分表""门式钢管脚手架检查评分表""碗扣式钢管脚手架检查评分表""承插型盘扣式钢管脚手架检查评分表""满堂脚手架检查评分表""高处作业吊篮检查评分表""附着式升降脚手架检查评分表"等8种脚手架的安全检查评分表。

(5)"基坑工程检查评分表"检查评定的保证项目包括施工方案、基坑支护、降排水、基坑开挖、坑边荷载、安全防护;一般项目包括基坑监测、支撑拆除、作业环境、应急预案。

(6)"模板支架检查评分表"检查评定的保证项目包括施工方案、支架基础、支架构造、支架稳定、施工荷载、交底与验收;一般项目包括杆件连接、底座与托撑、构配件材质、支架拆除。

六、安全隐患的处理

1.建设工程安全隐患

建设工程安全隐患包括人的不安全因素、物的不安全状态和组织管理上的不安全因素。组织管理上的缺陷,也是事故潜在的不安全因素。

2.建设工程安全隐患的处理

(1)安全事故隐患治理原则。

①冗余安全度治理原则。例如,道路上有一个坑,既要设防护栏及警示牌,又要设照明及夜间警示红灯。

②单项隐患综合治理原则。例如,某工地发生触电事故,不仅要进行人的安全用电操作教育,同时现场也要设置漏电开关,对配电箱、用电线路进行防护改造,还要严禁非专业电工乱接乱拉电线。

③事故直接隐患与间接隐患并治原则。对人、机、环境系统进行安全治理,同时还需制订安全管理措施。

④预防与减灾并重治理原则。

⑤重点治理原则。按对隐患的分析评价结果实行危险点分级治理,也可以用安全检查表打分,对隐患危险程度分级。

⑥动态治理原则。生产过程中发现问题及时治理,既可以及时消除隐患,又可以避免小

的隐患发展成大的隐患。

（2）安全事故隐患的处理。

这里仅从施工单位角度介绍事故安全隐患的处理方法。

①当场指正，限期纠正，预防隐患发生；

②做好记录，及时整改，消除安全隐患；

③分析统计，查找原因，制定预防措施；

④跟踪验证。

七、安全警示牌布置原则

1. 安全警示牌的类型

安全标志分为禁止标志、警告标志、指令标志、提示标志，如图 9-2 所示。

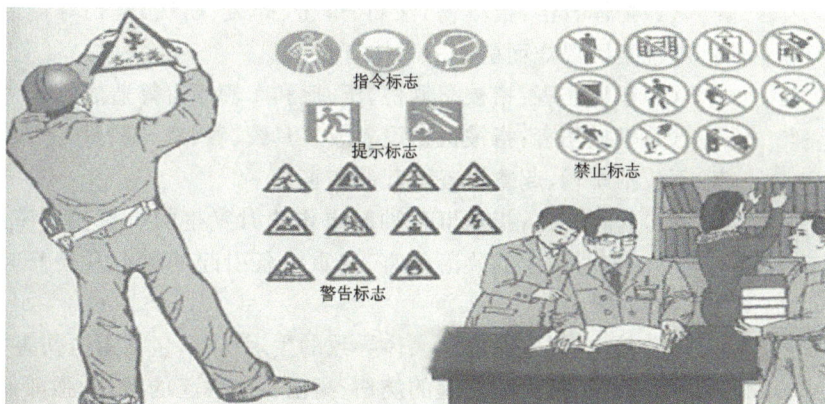

图 9-2　安全警示标牌

2. 不同安全警示牌的作用和基本形式

（1）禁止标志是用来禁止人们不安全行为的图形标志，基本形式是红色带斜杠的圆边框，图形是黑色，背景为白色。

（2）警告标志是用来提醒人们注意周围环境，以避免发生危险的图形标志，基本形式是黑色正三角形边框，图形是黑色，背景为黄色。

（3）指令标志是用来强制人们必须做出某种动作或必须采取一定防范措施的图形标志，基本形式是黑色圆形边框，图形是白色，背景为蓝色。

（4）提示标志是用来向人们提供目标所在位置与方向性信息的图形标志，基本形式是矩形边框，图形文字是白色，背景是所提供的标志，为绿色，消防设备提示标志是红色。

3. 安全警示牌的设置原则

安全警示牌的设置原则是标准、安全、醒目、便利、协调、合理。

多个安全警示牌在一起布置时，应按警告、禁止、指令、提示类型的顺序，先左后右、先上后下进行排列。安全警示牌之间的距离至少应为安全警示牌尺寸的 20%。

建筑施工五大
伤害事故
预防动画

模块二 建设工程安全事故的分类和处理

一、职业伤害事故的分类

职业健康安全事故分为两大类型,即职业伤害事故与职业病。职业伤害事故是指因生产过程及工作原因或与其相关的其他原因造成的伤亡事故。

1.按照事故发生的原因分类

按照《企业职工伤亡事故分类标准》(GB 6441—1986)规定,职业伤害事故分为20类,其中与建筑业有关的有以下12类。

(1)物体打击:指落物、滚石、锤击、碎裂、崩块、砸伤等造成的人身伤害,不包括因爆炸而引起的物体打击。

(2)车辆伤害:指被车辆挤、压、撞和车辆倾覆等造成的人身伤害。

(3)机械伤害:指被机械设备或工具绞、碾、碰、割、戳等造成的人身伤害,不包括车辆、起重设备引起的伤害。

(4)起重伤害:指从事各种起重作业时发生的机械伤害事故,不包括上下驾驶室时发生的坠落伤害、起重设备引起的触电及检修时制动失灵造成的伤害。

(5)触电:指电流经过人体导致的生理伤害,包括雷击伤害。

(6)灼烫:指火焰引起的烧伤、高温物体引起的烫伤、强酸或强碱引起的灼伤、放射线引起的皮肤损伤,不包括电烧伤及火灾事故引起的烧伤。

(7)火灾:指在火灾时造成的人体烧伤、窒息、中毒等。

(8)高处坠落:指由于危险势能差引起的伤害,包括从架子、屋架上坠落以及平地坠入坑内等。

(9)坍塌:指建筑物、堆置物倒塌以及土石塌方等引起的事故伤害。

(10)火药爆炸:指在火药的生产、运输、储藏过程中发生的爆炸事故。

(11)中毒和窒息:指煤气、油气、沥青、化学、一氧化碳中毒等。

(12)其他伤害:包括扭伤、跌伤、冻伤、野兽咬伤等。

这12类职业伤害事故中,在建设工程领域中最常见的是高处坠落、物体打击、机械伤害、触电、坍塌、中毒、火灾7类。

2.按事故后果严重程度分类

《企业职工伤亡事故分类》(GB 6441—1986)规定,按事故后果严重程度分类,事故分为:

(1)轻伤事故,一般每个受伤人员休息1个工作日以上,105个工作日以下的事故;

(2)重伤事故,造成每个受伤人员损失105个工作日以上的失能伤害的事故;

(3)死亡事故,一次事故中死亡职工1～2人的事故;

(4)重大伤亡事故,一次事故中死亡3人以上(含3人)的事故;

(5)特大伤亡事故,一次事故中死亡10人以上(含10人)的事故。

3.按事故造成的人员伤亡或者直接经济损失分类

(1)特别重大事故,指造成30人以上死亡,或者100人以上重伤(包括急性工业中毒,下同),或者1亿元以上直接经济损失的事故;

(2)重大事故,指造成10人以上30人以下死亡,或者50人以上100人以下重伤,或者5000万元以上1亿元以下直接经济损失的事故;

(3)较大事故,指造成3人以上10人以下死亡,或者10人以上50人以下重伤,或者1000万元以上5000万元以下直接经济损失的事故;

(4)一般事故,指造成3人以下死亡,或者10人以下重伤,或者1000万元以下直接经济损失的事故。

二、建设工程安全事故的处理

一旦事故发生,通过应急预案的实施,尽可能地防止事态的扩大和减少事故的损失。

1.事故处理的原则("四不放过"原则)

"四不放过"处理原则的具体内容如下:

(1)事故原因未查清不放过;

(2)事故责任人未受到处理不放过;

(3)事故责任人和周围群众没有受到教育不放过;

(4)事故没有制定切实可行的整改措施不放过。

2.建设工程安全事故处理措施

(1)按规定向有关部门报告事故情况;

(2)组织调查组,开展事故调查;

(3)现场勘查;

(4)分析事故原因;

(5)制定预防措施;

(6)提交事故调查报告;

(7)事故的审理和结案。

三、应急预案体系的构成

应急预案应形成体系,针对事故和所有危险源制订专项应急预案和现场应急处置方案,并明确事前、事发、事中、事后各个过程中相关部门和有关人员的职责。生产规模小、危险因素少的生产经营单位,其综合应急预案和专项应急预案可以合并编写。

1.综合应急预案

综合应急预案是从总体上阐述事故的应急方针、政策,应急组织结构及相关应急职责,应急行动、措施和保障等基本要求和程序,是应对各类事故的综合性文件。

2.专项应急预案

专项应急预案是针对具体的事故类别(如基坑开挖、脚手架拆除等事故)、危险源和应急保障而制定的计划或方案,是综合应急预案的组成部分,应按照综合应急预案的程序和要求组织制定,并作为综合应急预案的附件。专项应急预案应制定明确的救援程序和具体的应急救援措施。

3.现场处置方案

现场处置方案是针对具体的装置、场所或设施、岗位所制定的应急处置措施。现场处置方案应具体、简单,针对性强。现场处置方案应根据风险评估及危险性控制措施逐一编制,做到事故相关人员应知应会、熟练掌握,并通过应急演练做到迅速反应、正确处置。

四、生产安全事故应急预案的内容

综合应急预案编制的主要内容包括:①总则;②施工单位的危险性分析;③组织机构及职责;④预防与预警;⑤应急响应;⑥信息发布;⑦后期处置;⑧保障措施;⑨培训与演练;⑩奖惩;⑪附则。

专项应急预案编制的主要内容包括:①事故类型和危害程度分析;②应急处置基本原则;③组织机构及职责;④预防与预警;⑤信息报告程序;⑥应急处置;⑦应急物资与装备保障。

现场处置方案的主要内容包括:①事故特征;②应急组织与职责;③应急处置;④注意事项。

五、生产安全事故应急预案的管理

建设工程生产安全事故应急预案的管理包括应急预案的评审、备案、实施和奖惩。国家安全生产监督管理总局负责应急预案的综合协调管理工作。国务院其他负有安全生产监督管理职责的部门负责本行业、本领域内应急预案的管理工作。

情境十 项目收尾管理与后评价

5分钟看完情境十

情境目标

1. 掌握工程项目收尾管理的内容。
2. 掌握项目竣工验收的一般规定。
3. 理解项目竣工结算和竣工决算的区别及一般规定。
4. 了解项目考核评价的一般规定。
5. 理解项目后评价的任务。
6. 了解项目后评价的特点、范围和内容。

情境内容

1. 项目收尾管理。
2. 项目后评价。

情境十 项目收尾管理与
后评价微课

情境知识点和技能点

	知识单元			知识点
知识领域	核心知识单元	项目收尾管理		1.竣工收尾; 2.验收; 3.结算; 4.决算; 5.回访保修; 6.管理考核评价
		项目后评价		1.项目后评价的任务; 2.项目后评价的特点; 3.项目建成的理解; 4.后评价的范围和内容; 5.项目后评价的实施
	拓展知识单元	项目后评价基本指标		1.技术效果评价; 2.财务和经济效益评价; 3.环境影响评价; 4.项目社会影响评价; 5.项目的管理效果评价
	技能单元			技能点
技能领域	核心技能单元	项目收尾管理		结合项目管理规范,能对具体的项目进行收尾管理
		项目成功度评价		能根据给定的具体工程,进行成功度测评,得出成功度等级
		项目建成		能区分工程建成、技术建成、经济建成、效益建成

情境案例

某大型工程建设项目投资 5 亿元,现已进入竣工验收阶段,涉及竣工结算和竣工决算。建设单位将这两份文件全部交由施工单位来编制,施工单位编制完成后交给了建设单位。

问题:

(1)该建设单位的做法是否正确?

(2)竣工结算和竣工决算的区别是什么?

模块一　项目收尾管理

一、工程项目收尾管理的内容

项目收尾管理的内容是指项目收尾阶段的各项工作内容,主要包括竣工收尾、验收、结算、决算、回访保修和管理考核评价等方面的管理。

二、项目竣工收尾的一般规定

(1)项目经理部应全面负责项目竣工收尾工作,组织编制项目竣工计划,报上级主管部门批准后按期完成。

(2)竣工计划应包括下列内容:①竣工项目名称;②竣工项目收尾具体内容;③竣工项目质量要求;④竣工项目进度计划安排;⑤竣工项目文件档案资料整理要求。

(3)项目经理应及时组织项目竣工收尾工作,并与项目相关方联系,按有关规定协助验收。

三、项目竣工验收的一般规定

(1)项目完工后,承包人应自行组织有关人员进行检查评定,合格后向发包人提交工程竣工报告。

(2)规模较小且比较简单的项目,可进行一次性项目竣工验收。规模较大且比较复杂的项目,可以分阶段验收。

(3)项目竣工验收应依据有关法规,必须符合国家规定的竣工条件和竣工验收要求。

(4)文件的归档与整理应符合国家有关标准、法规的规定,移交工程档案应符合有关规定。

四、项目竣工结算的一般规定

工程项目竣工结算是指在一个建设项目全部竣工后,发承包双方根据现场施工记录、设计变更通知书、现场变更鉴定等进行合同价款的增减或调整,待发包方确认无误后,向承包方支付相应价款。

(1)项目竣工结算应由承包人编制,发包人审查,双方最终确定。

(2)编制项目竣工结算可依据的资料有:①合同文件;②竣工图纸和工程变更文件;③有关技术核准资料和材料代用核准资料;④工程计价文件、工程量清单、取费标准及有关调价规定;⑤双方确认的有关签证和工程索赔资料。

(3)项目竣工验收后,承包人应在约定的期限内向发包人递交项目竣工结算报告及完整的结算资料,经双方确认并按规定进行竣工结算。

(4)承包人应按照项目竣工验收程序办理项目竣工结算并在合同约定的期限内进行项目移交。

五、项目竣工决算的一般规定

工程项目竣工决算是指在工程竣工验收交付使用阶段,由建设单位编制的建设项目从筹建到竣工验收、交付使用全过程中实际支付的全部建设费用。竣工决算是整个建设工程的最终价格,是作为建设单位财务部门汇总固定资产的主要依据。

(1)组织进行项目竣工决算编制的主要依据有:①项目计划任务书和有关文件;②项目总概算和单项工程综合概算书;③项目设计图纸及说明书;④设计交底、图纸会审资料;⑤合同文件;⑥项目竣工结算书;⑦各种设计变更、经济签证;⑧设备、材料调价文件及记录;⑨竣工档案资料;⑩相关的项目资料、财务决算及批复文件。

(2)项目竣工决算应包括的内容有:①项目竣工财务决算说明书;②项目竣工财务决算报表;③项目造价分析资料表等。

(3)编制项目竣工决算应遵循的程序是:①收集、整理有关项目竣工决算依据;②清理项目账务、债务和结算物资;③填写项目竣工决算报告;④编写项目竣工决算说明书;⑤报上级审查。

六、项目回访保修的一般规定

(1)承包人应制定项目回访和保修制度并纳入质量管理体系。

(2)承包人应根据合同和有关规定编制回访保修工作计划,回访保修工作计划应包括的内容有:①主管回访与保修的部门;②执行回访保修工作的单位;③回访时间及主要内容和方式。

(3)回访可采取电话询问、登门座谈、例行回访等方式。回访应以业主对竣工项目质量的反馈及特殊工程采用新技术、新材料、新设备、新工艺等的情况为重点,并根据需要及时采取改进措施。

(4)签发工程质量保修书应确定质量保修范围、期限、责任和费用的承担等内容。

七、项目考核评价的一般规定

(1)组织应在项目结束后对项目的总体和各专业进行考核评价。

(2)项目考核评价的定量指标可包括工期、质量、成本、职业健康安全、环境保护等。

(3)项目考核评价的定性指标可包括经营管理理念,项目管理策划,管理制度及方法,新工艺、新技术的推广,社会效益及其社会评价等。

(4)项目考核评价应按下列程序进行:①制定考核评价办法;②建立考核评价组织;③确定考核评价方案;④实施考核评价工作;⑤提出考核评价报告。

(5)项目管理结束后,组织应按照下列内容编制项目管理总结:①项目概况;②组织机构、管理体系、管理控制程序;③各项经济技术指标完成情况及考核评价;④主要经验及问题处理;⑤其他需要提供的资料。

(6)项目管理总结和及时归档保存项目资料。

模块二 项目后评价

项目后评价是指对已完成项目的规划目的、执行过程、效益、作用和影响所进行的系统、客观的分析,是建立和实施政府问责制的一个重要基础。

一、项目后评价的任务

项目后评价的任务见表 10-1。

表 10-1　　　　　　　　　　　　　　　　项目后评价的任务

项目全过程的回顾和总结	从项目的前期准备到竣工验收,全面系统地总结各个阶段的实施过程,查找问题,分析原因
项目效果和效益的分析评价	对项目的工程技术成果、财务效益、经济效益、环境影响、社会影响等进行分析评价,对照项目可行性研究评估的结论和主要指标,找出变化和差别
项目目标和持续性的评价	对项目目标的实现程度及其适应性、项目的持续发展能力及问题、项目的成功度进行分析评价,得出项目后评价结论
总结经验教训,提出对策建议	对项目进行经验教训总结,并提出相应的对策和建议,以便为类似项目的开展提供指导和参考

二、项目后评价的特点

项目后评价应由独立的咨询机构或专家来完成,也可由投资评价决策者组织独立专家共同完成。项目后评价的特点是独立性和反馈功能。

(1)独立性:指评价不受任何内外的干扰,自始至终坚持客观、公正的原则。

(2)反馈功能:和项目前评价相比,项目后评价的最大特点是信息的反馈,评价的最终目标是将评价结果反馈到决策部门,作为新项目立项和评估的基础,作为调整投资规划和政策的依据。

三、项目建成的理解

(1)后评价通过工程、技术、经济、效益四个方面判定项目的成功度,如表 10-2 所示。

表 10-2　　　　　　　　　　　　　　　　项目建成的四个方面

工程建成	项目的实体建成,即项目的土建完工、设备安装调试完成,装置和设施经过试运行。此时可以进行竣工验收
技术建成	设施和设备的运行达到设计的技术指标,装置达到设计能力。一般项目需要 1～2 年
经济建成	项目财务和经济指标基本实现,包括运营(销售)收入、成本、利税、财务内部收益率、借款偿还期等。一般项目需要项目竣工后 3 年左右才能实现
效益建成	项目对国民经济、环境生态、社会发展所产生的宏观或长远的影响,一般需要 3～5 年或更久

(2)项目后评价与工程项目竣工验收的区别。

工程项目竣工验收是在项目工程建成时进行的以工程技术完成为主的项目总结和验收。项目后评价不仅仅是对项目工程和技术的总结评价,更重要的是对项目经济和效益的分析评价。两者的区别如下:

①时间上,后评价要对项目周期全过程的各个阶段进行分析评价;

②内容上,后评价要对项目涉及的工程技术、财务经济、环境生态、社会发展、管理制度等方面进行全方位的分析。

四、项目后评价的范围和内容

项目后评价的范围是对项目全过程的回顾和总结,即从项目的决策、实施到运营,全面、系统地对各个阶段进行总结,发现问题,分析原因。

1.项目全过程各个阶段的回顾与总结

项目后评价是对项目全过程的回顾和总结,一般分为前期决策、建设实施、投产运营三个阶段。

2.项目后评价基本指标

项目后评价的基本指标包括技术、经济、环境、社会和管理五方面,如表 10-3 所示。

表 10-3 项目后评价基本指标

技术效果评价	(1)技术先进性;(2)技术适用性;(3)技术经济性;(4)技术安全性
财务和经济效益评价	(1)财务效益分析。要进行项目的盈利性分析、清偿能力分析和生存能力分析。但在后评价中采用数据不能简单地使用实际数,应将实际数中包含的物价指数扣除,并使之与前评估中的各项评价指标在评价时点和计算效益的范围上都具有可比性。(2)经济效益分析。经济后评价结果同样要与前评估指标对比
环境影响评价	在审核已完成的环评报告和评价环境影响现状的同时,要对未来进行预测。对有可能产生突发性事故的项目,要有环境影响的风险分析。环境影响后评价一般包括五部分内容:项目的污染控制、区域的环境质量、自然资源的利用、区域的生态平衡和环境管理能力
项目社会影响评价	评价的调查提纲和分析方法的选择非常重要。主要分析项目对当地就业影响;对居民生活及地区收入分配影响;对社区安定、福利影响等。常用的方法是定量和定性的结合,以定性为主
项目的管理效果评价	重点是分析评价项目建设和运营中组织结构及能力。项目组织机构设计完成并投入运营后,应对其自身结构及其所具备的能力进行适时监测和评价,以分析项目组织机构选择的合理性,并及时进行调整

3.项目后评价的目标及可持续性评价

目标及可持续性评价是对建设项目立项的开发目标和项目能否持续运转以及怎样实现持续运转所作的评价。

(1)项目目标评价。

项目目标评价主要是对项目立项时所拟定的近期开发目标和远期开发目标的实现程度和原定目标的适应性进行分析,对照项目立项时确定的目标,从工程、技术、经济等方面分析项目的实施结果和作用,分析项目目标实现程度,评价其与原定目标的偏离程度。进一步分析项目原定目标是否正确,是否符合全局和宏观利益,是否得到政府政策的支持,是否符合项目的性质,是否符合项目当地的条件等。

(2)项目可持续性评价。

项目可持续性是指在项目的建设资金投入完成之后,项目的既定目标是否还能继续,项目法人是否愿意和可能依靠自身的力量去继续实现项目的目标,项目是否具有重复性,是否可以推广到其他地区和其他项目等。项目可持续性评价是对项目能否持续运转和怎样实现持续运转提出的评价。项目可持续性分析的要素为财务、技术、环保、管理、政策等。

4.项目成功度评价

(1)项目成功度的标准。项目评价的成功度可分为五个等级,如表 10-4 所示。

表 10-4　　　　　　　　　　　　　　　　项目成功度评价

完全成功	项目的各项目标都已全面实现或超过;相对成本而言,项目取得巨大的效益和影响
基本成功	项目的大部分目标已经实现;相对成本而言,项目达到了预期的效益和影响
部分成功	项目实现了原定的部分目标;相对成本而言,项目只取得了一定的效益和影响
不成功	项目实现的目标非常有限;相对成本而言,项目几乎没有产生正效益和影响
失败	项目的目标是不现实的,无法实现;相对成本而言,项目不得不终止

(2)成功度测评。通过对评价指标打分,得出成功度等级。

五、项目后评价的实施

1.项目后评价工作程序

(1)接受后评价任务,签订工作合同或评价协议;

(2)成立后评价小组,制定评价计划;

(3)设计调查方案,聘请有关专家;

(4)阅读文件,收集资料;

(5)开展调查,了解情况;

(6)分析资料,形成报告;

(7)提交后评价报告,反馈信息。

2.中央投资项目后评价

国家发展和改革委员会每年年初确定需要开展后评价的项目名单,制定项目后评价年度计划。列入计划内的单位,在计划下达 3 个月内向国家发展和改革委员会报送项目自我评价报告。国家发展和改革委员会委托独立的甲级咨询单位承担后评价工作。后评价内容主要包括项目概况、项目实施过程总结、项目效果评价、项目目标评价、项目建设的主要经验教训和相关建议五个方面。

3.中央企业固定资产投资项目后评价

后评价应注重分析、评价项目投资对行业布局、产业结构调整、企业发展、技术进步、投资效益和国有资产保值增值的作用和影响。对于中央企业投资项目,企业重要项目的业主在项目完工投产后 6～18 个月向主管中央企业上报项目自我评价报告,中央企业对自评报告进行评价。应避免在评价中"自己评价自己"。依据《中央企业固定资产投资项目后评价工作指南》,其评价内容包括项目全过程回顾和总结、项目绩效和影响评价、项目目标实现程度和可持续发展能力评价、项目经验教训和对策建议。

参 考 文 献

[1] 危道军.建筑施工组织[M].3 版.北京:中国建筑工业出版社,2014.

[2] 李君宏.建筑施工组织与项目管理[M].北京:中国建筑工业出版社,2012.

[3] 全国一级建造师执业资格考试用书编写委员会.建设工程项目管理[M].北京:中国建筑工业出版社,2016.

[4] 全国一级建造师执业资格考试用书编写委员会.建筑工程管理与实务[M].北京:中国建筑工业出版社,2016.

[5] 中国建设监理协会.建设工程质量控制[M].北京:中国建筑工业出版社,2016.

[6] 中国建设监理协会.建设工程监理概论[M].北京:中国建筑工业出版社,2016.

[7] 王雪青,杨秋波.工程项目管理[M].北京:高等教育出版社,2011.

[8] 中国工程咨询协会.工程项目管理导则(试行)[M].天津:天津大学出版社,2010.

[9] 中国工程咨询协会.工程项目管理指南[M].天津:天津大学出版社,2013.

[10] 中华人民共和国住房和城乡建设部.JGJ/T 121—2015 工程网络计划技术规程[S].北京:中国建筑工业出版社,2015.

[11] 阴成林.项目时间管理[M].北京:清华大学出版社,2014.

[12] 中国建筑监理协会.建设工程进度控制[M].北京:中国建筑工业出版社,2010.

[13] 全国造价工程师职业资格培训教材编审委员会.建设工程计价[M].北京:中国计划出版社,2013.